U0210972

本书列入

2017年国家社会科学基金重大委托项目

"十三五"国家重点图书出版规划项目

中华传统文化百部经典

王祯农书（节选）

王祯 著

孙显斌 解读

科学出版社

图书在版编目（CIP）数据

王祯农书：节选／（元）王祯著；孙显斌解读 . ——
北京：科学出版社，2022.6
（中华传统文化百部经典／袁行霈主编）
ISBN 978-7-03-071967-6

Ⅰ. ①王… Ⅱ. ①王… ②孙… Ⅲ. ①农学－中国－
元代 Ⅳ. ① S-092.47

中国版本图书馆 CIP 数据核字 (2022) 第 046555 号

科学出版社官方微信　　　　科学商城二维码

书　　名	王祯农书（节选）
著　　者	（元）王祯　著　孙显斌　解读
责任编辑	李春伶　李秉乾
责任校对	刘　芳
封面设计	敬人工作室　黄华斌

出版发行　科学出版社（100717　北京市东城区东黄城根北街 16 号）
　　　　　　010-64031293　64017321　64030059　64034548
　　　　　　64009435（图书馆）　64034142（网店）
E－Mail　lichunling@mail.sciencep.com
网　　址　www.sciencep.com
印　　装　北京科信印刷有限公司
版次印次　2022 年 6 月第 1 版　2022 年 6 月第 1 次印刷

开　　本　710×1000（毫米）　1/16
印　　张　26.75
字　　数　238 千字
书　　号　ISBN 978-7-03-071967-6
定　　价　78.00 元（精装）

版权所有　侵权必究
本书如有印装质量问题，请与读者服务部（010-64031293）联系调换。

中华传统文化百部经典

顾　问

饶宗颐	冯其庸	叶嘉莹	章开沅	张岂之
刘家和	乌丙安	程毅中	陈先达	汝　信
李学勤	钱　逊	王　蒙	楼宇烈	陈鼓应
董光璧	王　宁	李致忠	杜维明	

编委会

主任委员

袁行霈

副主任委员

饶　权	韩永进	熊远明

编　委

瞿林东	许逸民	陈祖武	郭齐勇	田　青
陈　来	洪修平	王能宪	万俊人	廖可斌
张志清	梁　涛	李四龙		

本册审订

许逸民　曾雄生　丁建川

中华传统文化百部经典
编纂办公室

张　洁　梁葆莉　张毕晓　马　超　华鑫文

编纂缘起

　　文化是民族的血脉，是人民的精神家园。党的十八大以来，围绕传承发展中华优秀传统文化，习近平总书记发表了一系列重要讲话，深刻揭示出中华优秀传统文化的地位和作用，梳理概括了中华优秀传统文化的历史源流、思想精神和鲜明特质，集中阐明了我们党对待传统文化的立场态度，这是中华民族继往开来、实现伟大复兴的重要文化方略。2017 年初，中共中央办公厅、国务院办公厅印发《关于实施中华优秀传统文化传承发展工程的意见》，从国家战略层面对中华优秀传统文化传承发展工作作出部署。

　　我国古代留下浩如烟海的典籍，其中的精华是培育民族精神和时代精神的文化基础。激活经典，熔古铸今，是增强文化自觉和文化自信的重要途径。多年来，学术界潜心研究，钩沉发覆、辨伪存真、提炼精华，做了许多有益工作。编纂《中华传统文化百部经典》（简称《百部经典》），就是在汲取已有成果基础上，力求编出一套兼具思想性、学术性和大众性的读本，使之成为广泛认同、传之久远的范本。《百部经典》所选图书上起先秦，下至辛亥革命，包括哲学、文学、历史、艺术、科技等领域的重要典籍。萃取其精华，加以解读，旨在搭建传统典籍与大众之间的桥梁，激活中华优秀传统文化，用优秀传统文化滋养当代中国人的精神世界，提振当代中国人的文化自信。

这套书采取导读、原典、注释、点评相结合的编纂体例，寻求优秀传统文化与社会主义核心价值观之间的深度契合点；以当代眼光审视和解读古代典籍，启发读者从中汲取古人的智慧和历史的经验，借以育人、资政，更好地为今人所取、为今人所用；力求深入浅出、明白晓畅地介绍古代经典，让优秀传统文化贴近现实生活，融入课堂教育，走进人们心中，最大限度地发挥以文化人的作用。

《百部经典》的编纂是一项重大文化工程。在中宣部等部门的指导和大力支持下，国家图书馆做了大量组织工作，得到学术界的积极响应和参与。由专家组成的编纂委员会，职责是作出总体规划，选定书目，制订体例，掌握进度；并延请德高望重的大家耆宿担当顾问，聘请对各书有深入研究的学者承担注释和解读，邀请相关领域的知名专家负责审订。先后约有 500 位专家参与工作。在此，向他们表示由衷的谢意。

书中疏漏不当之处，诚请读者批评指正。

2017 年 9 月 21 日

凡　例

一、《中华传统文化百部经典》的选书范围，上起先秦，下迄辛亥革命。选择在哲学、文学、历史、艺术、科技等各个领域具有重大思想价值、社会价值、历史价值和学术价值的一百部经典著作。

二、对于入选典籍，视具体情况确定节选或全录，并慎重选择底本。

三、对每部典籍，均设"导读""注释""点评"三个栏目加以诠释。导读居一书之首，主要介绍作者生平、成书过程、主要内容、历史地位、时代价值等，行文力求准确平实。注释部分解释字词、注明难字读音，串讲句子大意，务求简明扼要。点评包括篇末评和旁批两种形式。篇末评撮述原典要旨，标以"点评"，旁批萃取思想精华，印于书页一侧，力求要言不烦，雅俗共赏。

四、原文中的古今字、假借字一般不做改动，唯对异体字根据现行标准做适当转换。

五、每书附入相关善本书影，以期展现典籍的历史形态。

授時之說始於堯典自古有天文之官重黎以上其詳
不可得聞堯命羲和曆象日月星辰考四方之中星定
四時之仲月南方朱鳥七星之中殷仲春則厥民析而
東作之事起矣以東方大火房星之中正仲夏則厥民
因而南訛之事興矣以西方虛星之中殷仲秋則厥民
夷而西成之事舉矣以北方昴星之中正仲冬則厥民
隩而朔易之事定矣然所謂曆象之法猶未詳也舜在
璿璣玉衡以齊七政說者以為天文器後世言天之家
如洛下閎鮮于妄人輩述其遺制營之度之而作渾天
儀曆家推步少無越此器然而未有圖也蓋二十八宿周

農桑通訣

农书三十六卷　（元）王祯撰　明嘉靖九年（1530）山东布政使司刻本
国家图书馆藏

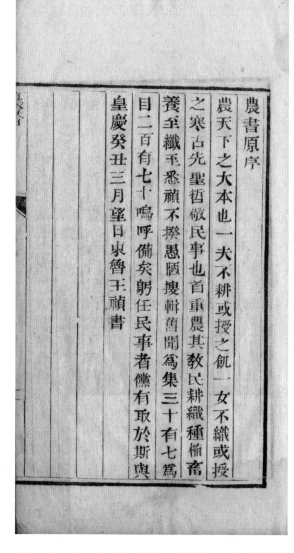

農書原序

農天下之大本也一夫不耕或授之飢一女不織或授
之寒古先聖哲敬民事也首重農其教民耕織種藝畜
養至纖至悉禎不揆愚陋搜輯舊聞爲集三十有七爲
目二百有七十嗚呼備矣躬任民事者儻有取於斯與

皇慶癸丑三月望日東魯王禎書

农书三十六卷　（元）王禎撰　明刻本　国家图书馆藏

本书凡例

一、本书底本采用孙显斌、攸兴超整理的《王祯农书》（湖南科学技术出版社，2014 年）。该整理本依据的底本是日本国立公文书馆内阁文库藏明嘉靖九年（1530）山东布政使司刻本（简称嘉靖本），并以清文渊阁、文津阁四库全书本为参校本，还参考了现存《永乐大典》引用王祯《农书》的段落，个别地方参考了清武英殿聚珍本。本书正文直接采用该整理本正文的校改成果，不再另出校勘记，有价值的异文酌情出注，个别地方又做了修订。底本为繁体字整理本，并保留异体字，现转成简体字本，并将不常用的异体字改为通行字。

二、王祯《农书》分三个部分：《农桑通诀》六集十六篇，《农器图谱》二十集二十篇，《谷谱》十一集七篇（其中饮食类一篇大部分亡佚）。加上序言和杂录，共计十四万多字。其中《农桑通诀》代表了王祯的农学学说体系，篇幅也不是非常大，为了全面反映王祯的农学思想，我们基本上全部选录。而《农器图谱》是全书价值最大的部分，由于篇幅所限，我们依据农器的科技价值以及与当今农业社会的关系，从每一门类选取大约一半的农器进行解读。《谷谱》部分大多杂抄前代典籍，价值不大，我们每一门类选取一两种有中国特色或者从外面传入的作物进行解说，以期达到以点带面的目的。

三、全书尤其是《农器图谱》中，正文之外还有不少插图，可以帮助我们形象地理解正文相应的内容，同时这些图谱也是古代版画的代表。因此，本书选录了部分能帮助理解正文的原文插图，另外还重绘或选配了部分其他插图帮助理解正文的内容。本书中图号、图题为编者所加。

四、日本国立公文书馆内阁文库藏明嘉靖本前有元大德八年（1304）龙兴路官府刻书公文，后有明嘉靖九年山东布政司刻书公文，今略去不录，增补了清《四库全书》本前王祯《自序》。

目　录

农器图谱

集之一

集之二

集之三

集之四

集之五

集之六

集之七

导 读

一、作者介绍

本书的作者是元代的王祯，他的事迹流传下来的不多，我们能看到的最早记载就是元代戴表元写的《王伯善农书序》，另外，因为王祯在各省任职，明清时期的地方志也有一些其事迹的零星记载。例如，日本国立公文书馆内阁文库藏王祯《农书》明嘉靖本前有元大德八年（1304）龙兴路官府刻书公文，里面就有对王祯生平简要的介绍："承事郎信州路永丰县尹王祯，东鲁名儒，年高学博，南北游宦，涉历有年。尝著《农桑通诀》《农器图谱》及《谷谱》等书。"诸书记载王祯，字伯善，山东东平人。学者周郢发现与王祯相关的碑刻四通，有一通为《东平府路宣慰张公登泰山记》，此碑立于元至元二年（1265），杜仁杰撰，碑题"奉高晚生王祯书并题额"。王祯自称"奉高晚生"，奉高为泰安旧称，那么王祯应为泰安人。据《元史·地理志》载："泰安州……元初属东平路。……（至元）五年析隶省部。"至元五年（1268）之前称王祯为东平人亦可，只是后来东平与泰安分立，则称泰安人更为准确。从其他碑刻得知王祯在元至元十二年（1275）即十年后已为泰安州教授，至元十三年仍在任，这与《［乾隆］泰安府志》记载相合。

此后，王祯先后任旌德县和永丰县县尹①，在明清地方志中有零星记载。关于王祯在旌德和永丰的任职年限，《［万历］宁国府志》与《［万历］旌德县志》皆称王祯于元贞元年（1295）开始任旌德县尹，这与戴表元《王伯善农书序》称王祯丙申岁即元贞二年为旌德宰相合。《［乾隆］旌德县志》卷十《杂记志》"祥瑞"记载，"元大德元年东鲁王侯祯尹旌"。那么大德元年（1297）王祯仍为旌德县尹。戴序又称"如是三年，伯善未去旌德"，"后六年，余以荐得官信州，伯善再调，来宰永丰"。据袁桷《戴先生墓志铭》载："大德甲辰，先生年六十一矣，会执政荐于朝，起家拜信州教授。秩满授婺州，以疾辞。"戴表元《戴剡源先生自序》称"大德丙午冬，归自信州"，那么戴氏信州教授任期为大德八年甲辰（1304）至大德十年丙午（1306）。从元贞丙申年（1296）算起"如是三年"，即两年后大德二年（1298），王祯仍任旌德县尹，"后六年"正是大德八年戴氏出任信州教授。又《［康熙］江西通志》《［康熙］广永丰县志》等记载王祯"大德四年尹永丰"，大德四年即1300年，清康熙年间顾嗣立编《元诗选》小传称王祯"官旌德宰，六年再调永丰"，应该从元贞元年推算，六年后正是大德四年。依戴序所述大德八年其任信州教授时王祯应还在永丰任上，王祯在《农器图谱》所附《造活字印书法》中称"予迁任信州永丰县……今知江西见行命工刊板"，是江西刻书时王祯应还在永丰县任上，而元代刻书公文落款为大德八年（1304），与戴序相合。总结一下，王祯于元贞元年任旌德县尹，大德四年调任永丰县尹，至大德八年还在任。

王祯在元至元十三年仍任泰安州教授，之后至元贞元年近二十年间事迹没有记载，元代刻书公文称王祯"南北游宦，涉历有年"，正是说他前前后后在南北方各省做官。王祯在《农书》中多次提及"江""淮""浙""中土""燕赵""秦晋"等地，一定程度上是其"南北游宦"的写照。按戴表元生于南宋淳祐四年（1244），卒于元至大三年（1310），其《王伯善农书序》称王祯为"王君伯善"，则年辈大抵相仿，王祯至元二年自称"晚生"，应该与戴氏年纪相仿，二十岁余，到大德八年（1304），则亦为六十岁余，刻书公文称王祯"年高学博"也正合适。清《四库全书》本《农书》前有王祯自序，落款为"皇庆癸丑三月望日东鲁王祯书"，则皇庆二年癸丑（1313）王祯仍在世，以后事迹则湮没无闻。

戴表元《王伯善农书序》（见《剡源文集》卷第七）记载王祯事迹最详细，原文如下：

世人尝讥嘲儒者无所用心，以为必不得已，宁退而躬耕山野间，为农以毕世，犹为无所愧负。余每临而非之。使儒者诚用，将无民不得业，而农预其数矣，安在栖栖然亲扶犁负耒而后为善。昔者仲尼鄙樊须，孟轲辟许行，良为此耶？丙申岁客宣城县，闻旌德宰王君伯善，儒者也，而旌德治。问之其法，岁教民种桑若干株，凡麻苎、禾黍、牟麦之类，所以莳艺芟获，皆授之以方。又图画所为钱镈、耰耧、耙钑诸杂用之器，使民为之。民初曰："是固吾事，且吾世为之，安用教？"他县为宰者群揶揄之，以为是殊不切于事，良守将、贤部使知之不问，问亦不以为能也。如是三年，伯善未去旌德，而旌德之民，利赖而诵歌之。盖伯善不独教之以为农之方与器，又能不扰而安全之，使民心驯而日化之也。后六年，余以荐得官信州，伯善再调，来宰永丰。丰、信近邑，余既知伯善贤，益慕其治加详。伯善之政孚于永丰又加速，大抵不异居旌德时。山斋偬然，终日清坐，不施一鞭，不动一檄，而民趋功听令惟谨。岁时属者者强壮，问能从吾言，试其具。幸而能，则大喜，出卮酒相劝奖；即不能，或怠惰不帅教，辄颦蹙展转引愧，如不自容。呜呼，真美哉！而儒者之道，所谓为民父母，能近怀而远悦者，有不当然乎！于是伯善自永丰橐其书，曰《农器图谱》《农桑通诀》示余。阅之，纲提目举，华骞实聚。顾旧农书，有南北异宜而古今异制者，此书历历可以通贯。因为序，发其大指，并附载所闻见，以信儒者之用世，皆非空言。令是书行，而长民者一以伯善为法，虽人颂子产、邑歌《豳风》可也。

大意是说：王祯先后任旌德、永丰县令，在任上王祯不仅教民种植之法，又图画各种农具让百姓制作，提高了农业生产的效率。起初，农民都不理解，觉得他们世代从事农业，不用教。邻近县的县令挖苦他，上司也不赏识他，他没能升官调任，但慢慢地县域在他的治理下变得平安富足，民众爱戴他、歌颂他。戴表元称赞王祯是真儒者，是治世能吏。王祯爱民如子，是一个体恤民间疾苦的好官，这在《农书》中就有很多表现，如《农器图谱·蚕缫门》"缫车"诗："岂知县吏已催科，不时揭去无余缫。迫索仍忧宿负多，车乎车乎将奈何。"诗里纺织女感慨税负之重，拖欠的赋税何时才能缴清。又如《农器图谱·耰麦门》"芟麦歌"云："已向公门奉新馈，曲材和籴凡几次。年饷巡门仍语谇，夏税有程今反易。自余宿负如取寄，指此有秋争蚁萃。一得岂能偿百费，终岁勤劳一歔欷。昨日公堂宴宾贵，尊俎横陈混肴戴。檀板珠绳按歌吹，万钱不值供一醉。庖人搓揉出精粹，尚喜食新夸饼饵。物不天求皆力致，饱食何人知所自。春祈夏荐礼所记，报本从来追古义。但愿斯民不畏吏，吏不扰民民自遂。凡在牧民遵此治，坐见两岐歌政异。日富困仓均被赐，不使老农忧岁事。"写出了百姓万般辛苦，要承受繁重的赋税，官员却穷奢极侈。他恳切期望田家都能过上衣食无忧的生活。清代"扬州八怪"之一的郑板桥曾在《墨竹图题诗》中自述："衙斋卧听萧萧竹，疑是民间疾苦声。些小吾曹州县吏，一枝一叶总关情。"郑板桥和王祯一样，也曾历任各地县令，做百姓的父母官，关心民间疾苦，他们都是古代杰出士大夫的代表。

同时，王祯也是一个清廉的官员。《［乾隆］旌德县志》卷六《职官志》"政绩"记载王祯"惠爱有为，凡学宫斋庑尊经阁及县治坛庙桥道，捐俸改修，为诸绅士倡。莅任六载，山斋萧然"。说他总是为修县里的坛庙路桥率先捐出自己的俸禄，以倡导乡绅捐款，在旌德做官六年，家徒四壁，没有积蓄。又记载"每暇日躬率家童，辟廨西废圃，构茅屋三间，引鹿饮泉水，注为清池，以种莲芡，四面树以花草竹木，仍别为谷垄稻区，环植桑枣、木棉，示民种艺之法，扁其居曰山庄，命其圃曰偕乐"。说他亲自率领家童开垦荒地，种植花草竹木、果蔬木棉，为民示范之余也能自给自足。王祯的农学知识不是书本上的，而是从实践中不断学习和总结得来的，他动手能力极强，是个实干的农学家。这在他开发制作各种农具，创制木活字印刷县志等种种生产活动中充分展现出来。

王祯除《农书》外，存世著述只有上文提到的四通碑刻中的一通《泰安重修灵派侯庙碑记》。另，王祯《农器图谱》所附《造活字印书法》中称"前任宣州旌德县尹……命匠创活字……试印本县志书，约计六万余字，不一月而百部齐成"，即王祯还曾主持编撰并创木活字印《旌德县志》，可惜该书早已散佚不传，其事在大德二年（1298）左右。在中国古代，尤其是宋元以后，地方长官为官一任都要编修当地的地方志，表彰先进、倡导良善的乡风之余，还详细记载风土人情、名胜物产，使得后继者能够通过阅读地方志快速了解地情民情，以便更好地施行治理。这是因为在古代，基层地方长官一般都要异地任职，避免在自己家乡碰到亲朋的事难于秉公处理，这样来到一个新地方就要尽快熟悉地方情况。而编修刻印地方志就成了为官一任的责任，而且往往是通过筹资来完成的，不能动用公款。尽管王祯为官清贫，但还是想办法动手造活字完成自己编修地方志的义务。

二、王祯《农书》的成书及体例

王祯所撰《农书》分三个部分：《农桑通诀》、《农器图谱》以及《谷谱》（四库本称《百谷谱》）。王祯在《农器图谱》所附《造活字印书法》中称，"前任宣州旌德县尹，时方撰《农书》……命匠创活字。二年而工毕，试印本县志书……后二年，予迁任信州永丰县，挈而之官。是《农书》方成，欲以活字嵌印。今知江西见行命工刊板，故且收贮，以待别用"。王祯于大德四年（1300）调任永丰，那么前二年即大德二年活字印刷《旌德县志》完成，再前二年即元贞二年（1296）"时方撰《农书》"，就是说王祯元贞元年任旌德县尹不久就开始编撰《农书》。戴表元书序称王祯"自永丰橐其书，曰《农器图谱》《农桑通诀》示余"。似乎戴氏看到的时候《谷谱》还未完成。王祯原本计划创制活字自印《农书》，所以向戴氏索序很可能和创制活字同时进行，其后因"知江西见行命工刊板"，所以也就放弃自印。王祯自称"予迁任信州永丰县……是《农书》方成"，其迁任永丰在大德四年，不知此时所称《农书》是否包含《谷谱》。而元代刻书公文已提到"尝著《农桑通诀》《农器图谱》及《谷谱》等书"，则至迟元大德八年今《农书》所含三部分已完成。

按戴表元序，《农器图谱》《农桑通诀》编撰早于《谷谱》。《农桑通诀·收获篇第十一》有小注"沤麻法见《谷谱》"。这种标注应为后加。《农桑通诀》小注多处标注见《农器图谱》，皆称引为《农器谱》，而《谷谱》称引为《农器图谱》，亦有称引为《农器谱》，《农器图谱》又可以称引为《农器谱》。另，《农桑通诀·收获篇第十一》有小注"麦笼、麦绰、钐刃并见《农具谱》"。此《农具谱》应指《农器图谱》。《农器图谱·犷絮门》"木绵叙"有"夫种植之法，已载《谷谱》"。此处称引在正文之中，"木绵叙"写作很可能晚于《谷谱》，按前小注已出现称引《谷谱》，抑或在完成阶段三部分皆有补正，则互有称引亦属正常。唯独不见称引《农桑通诀》处，《农器图谱·蚕缫门·蚕椽》有小注"为蚕因食叶上缘之蠹屑，不能透砂。事见《农桑要旨》"。此处《农桑要旨》似乎指《农桑通诀·蚕缫篇》。嘉靖本《农器图谱·田制门》后"授时之图"其后有小注"此图亦见《农书》，谓图为农器，故重出于此"。此图重见于《农桑通诀·授时篇第一》前，则此处《农书》指《农桑通诀》。又《农器图谱·利用门》"机碓"诗云"拟将要法为《图谱》，载入《农书·利用篇》"。《农器图谱·钁甋门》"铁鎝"赋云"愿编图谱，附鎝也于《农书》"。《农书》则指《农器图谱》，王祯在《造活字印书法》中即用《农书》总括，然而未见用《农书》称《谷谱》处，抑或又为《谷谱》晚成之一证。

综上，元贞二年（1296）王祯于旌德任上开始编撰《农书》，先完成《农器图谱》和《农桑通诀》，这两部分至迟在调任永丰后大德四年（1300）就已完成，《谷谱》的完成至迟在大德八年。

王祯编撰《农书》，抄撮前人错误之处不少，如缪启愉指出的"引文张冠李戴""引文割裂破碎，又揉合搀杂""掇抄前人不标明出处"等问题。缪氏还对《农书》的资料来源做了较详尽的核查，笔者在此基础上进一步分析，大抵可知王祯采撷资料的来源以及编撰的体例。王祯总的编撰体例为采撷诸书重新编写，有的指出来源，有的直接编入正文，往往做了删改，当然其中也有不少王祯自撰的部分。其主要利用了《齐民要术》、《太平御览》、陈旉《农书》、《农桑辑要》等几种典籍。

我们可以试分析一些篇章的构成以说明王祯编撰的体例，如《农桑通诀》卷首的"农事起本"开篇神农一段后辄引《周书》《白虎通》以及《典语》，与《农桑辑要》"农功起本"全同，后叙后稷一段，则为王祯自撰。"牛耕起本"中"三代以来"至"典礼实有阙也"用周必大《曾氏农器谱题辞》中文字改写。又"蚕事起本"中间引《易·系辞》一段源于《农桑辑要》"蚕事起本",其后引《礼记·月令》《周官·天官·内宰》之文则源于《太平御览》卷八二五"蚕"条,今本《礼记·月令》无"享先蚕而躬桑"一句,证明是从《太平御览》转引。又《农桑通诀·垦耕篇第四》前引《易大传》《周书》皆见《天平御览》卷七八"炎帝神农氏"条,其中《周书》引文亦见《齐民要术·耕田第一》,但文字与《太平御览》更相近。其后崔寔《四民月令》一段与"其林木大者"至"以火烧之""耕荒毕"至"为谷田""《月令》"至"耕者少舍"等皆出自《齐民要术》,再后《韩氏直说》乃转引《农桑辑要》,又有两段引"《农书》"文字基本同于陈旉《农书》。

《谷谱》"粟"前引"《春秋说题辞》"见《太平御览》卷八四〇"粟"条,其后"《齐民要术》曰"至"连雨则生耳"皆转引自《农桑辑要》,顺序小差。再后《周礼·地官》、"神农之教曰"、《史记》皆出自《太平御览》卷八四〇"粟"条。又"芥"条:"叶似菘而有毛"至"色白如粱米"引自《本草图经》,"利九窍,明耳目,通中"引自《神农本草经》,"芸薹芥不甚香……比他芥不为甚佳"引自《本草衍义》。其后又引《齐民要术》。这里只是一例,《谷谱》中引本草典籍颇多,除上述所论外,还有《食疗本草》《本草拾遗》等,推测王祯很可能转引自《重修政和经史证类备用本草》,该书在《政和经史证类备急本草》的基础上又附上了《本草衍义》,囊括了王祯所引各种本草典籍。另外,王祯应该看过北宋曾安止《禾谱》,《农器图谱·耒耜门》"秧马"就全篇引用了苏轼《秧马歌》并序,在《耙杷门》"杚"条有"《禾谱》字作夏"。曾安止《禾谱》五卷,现只存零星段落,王祯《谷谱》是否抄入实难判断。

实际上《农器图谱》与其他两部分的体例相似,只不过多了插图。《田制门》"耤田"所引《诗经》《礼记·月令》《周礼》等全出自《太平御览》卷五三七"籍田",顺序小异而已。其后一段采编自《通典》卷四十六"籍田"，再引李蒙《耤田赋》出自《文苑英华》。种种迹象表明《农器图谱》还参考了南宋曾之谨《农器谱》。《耒耜门》"牛"条与上文所述《农桑通诀》"牛耕起本"都大段暗引周必大《曾氏农器谱题辞》。王祯在《钱镈门》"薅鼓"中还引用了"曾氏《薅鼓序》"，又在《耒耜门》序中称"仍以苏文忠公所赋秧马系之。又为《农器谱》之始。所有篇中名数，先后次序，一一用陈于左"。《农器图谱》以《田制门》开篇，其序言称"《农器图谱》首以'田制'命篇者"，《耒耜门》在其后。《耒耜门》序却称它为《农器谱》之始，与《田制门》序自相矛盾，考虑到这里称"《农器谱》"而非《农器图谱》，很可能此段序继承了曾之谨《农器谱》文字。另外，王祯《农书》中引用"曾氏农书"的情况也很复杂，书中两引"曾氏农书"与不少引用"农书"处都与陈旉《农书》文字略同，但篇名又差别较大；又有引"农书"文字不见于今传王祯以前其他农书的，令人难以分辨。据周必大《曾氏农器谱题辞》，曾之谨《农器谱》"凡耒耜、耨鎛、车戽、蓑笠、铚刈、筱蕢、杵臼、斗斛、釜甑、仓庾，厥类惟十，附以杂记，勒成三卷"。那么曾氏《农器谱》分为十门，王祯扩充为二十门。陈振孙《直斋书录解题》著录曾氏《农器谱》有"续二卷"，则周必大写序后，又有两卷增补，具体内容则不得而知。又《农器图谱·钁臿门》序称："又有镵、鐴等器，虽略见《犁谱》，终未详备，乃复表出之，次于耒耜之后，就附钁臿之内，庶无遗逸。"这里所称《犁谱》很可能是曾氏《农器谱》的"耒耜"部分，而"镵、鐴等器"在曾氏谱中属于"耒耜"，而王祯分而增"钁臿门"。

　　《农器图谱》还有不少引用楼璹《耕织图诗》之处，对照美国弗利尔美术馆藏元代程棨摹楼璹《耕织图》与《农器图谱》，可知王祯插图参考了《耕织图》，如《杷杴门》"筊"与《耕织图》"登场"，《仓廪门》"仓"与"入仓"，《蚕缲门》"茧瓮"与"窖茧"，《蚕桑门》"桑梯"与"采桑"，《织纴门》"经架"与"经"等，都可以明显看出构图上的继承关系。

总之，王祯编撰的体例大体是一致的，虽然广征博引，但是主要利用了几种典籍，从而在不到八年的时间完成了《农书》的编撰。

三、王祯《农书》的成就、流传和影响

（一）王祯《农书》的成就

王祯《农书》的成就主要表现在以下几个方面：

其一，在古代农书中率先阐发南北农事的不同，这一点戴表元就已经指出："阅之，纲提目举，华蹇实聚。顾旧农书，有南北异宜而古今异制者，此书历历可以通贯。"这是因为王祯以代表北方农业的《农桑辑要》和代表南方农业的陈旉《农书》为自己编撰新农书的主要蓝本，自然就融合了南北农业的特点。书中提到南北农业的差异比比皆是，如《农桑通诀·播种篇第六》分别记述南北播种之法："南方惟种大麦则点种，其余粟、豆、麻、小麦之类，亦用漫种。北方多用耧种，其法甚备。"又如在《农桑通诀·锄治篇第七》末尾总结本篇内容时说："今采摭南北耘薅之法，备载于篇，庶善稼者相其土宜，择而用之，以尽锄治之功也。"再如《农桑通诀·收获篇第十一》讲收割粟时说："南方收粟用粟竖摘穗，北方收粟用镰，并稿刈之。"

其二，王祯《农书》体现了系统的农学思想，首先《农桑通诀》十六篇提出了一个完整的农学体系，从天地人三才论开篇，以大田农业从垦耕到收获、蓄积诸环节的概说为主体，加上种植、蓄养、蚕缲等副业作为补充，附以祈报，如果再加上《谷谱》最后的《备荒论》，这一体系是相当完整的。在《农桑通诀》的总论之外，以《农器图谱》和《谷谱》作为专论，也就是应用部分，与总论的理论部分互相支撑构成一个整体。以往的农学著作如《齐民要术》《农桑辑要》体系上都没有达到

王祯这种完整和系统性，实际上徐光启《农政全书》即受王祯这种系统性农学的启发。

其三，王祯从广义的农器角度创立二十门，收录农具百余种，并辅以插图三百余幅，编撰完成《农器图谱》，是中国古代农具的集大成者，为后世所宗。宋代以来，用图像描绘器物的理论和实践都有很大发展，先后出现了《武经总要》《考古图》《新仪象法要》《营造法式》等图文兼备的著作。王祯自己在书中就多次陈述画图描绘的重要性，如《农器图谱·灌溉门》"水栅"条中提到"今特列于《图谱》，以示大小规制，庶彼方效之"。在书籍之外，随着宋代城市的繁荣，描绘市民生活的风俗画创作逐渐流行起来，比如张择端的《清明上河图》、燕文贵的《七夕夜市图》、王居正的《纺车图》、苏汉臣的《货郎图》与《秋庭戏婴图》、李嵩的《服田图》及楼璹的《耕织图诗》等。经考察，楼璹的《耕织图》对《农器图谱》中的图画有直接影响，这种描绘创作"耕织图"的传统一直延续下来，到了清朝，宫廷创作了大量《耕织图》，借以劝民耕织。王祯对农器的记述体系完备，说解详细。在解说的同时还时常分析南北农具的差别，比如《农器图谱·仓廪门》"京"条载："夫囷、京有方圆之别：北方高亢，就地植木，编条作笡，故圆，即囷也。南方垫湿，离地嵌板作室，故方，即京也。此囷、京又有南北之宜，庶识者辨之，择而用也。"又如《农器图谱·蚕缫门》"蚕簇"条中比较了南北蚕簇得失："然尝论之，南北簇法，俱未得中。何哉？夫南簇蚕少，规制狭小，殆若戏技，故获利亦薄。北簇虽大，其弊颇多：蒿薪积叠，不无覆压之害；风雨侵浥，亦有翻倒之虞。"还常有"一器多制"的分析，如《农器图谱·钁臿门》"杴"条就介绍了铁杴、木杴、铁刃杴、竹扬杴四种形制的杴。又有"一器多用"的分析，如《农器图谱·耒耜门》"碌碡"条中记载，碌碡既可以用来碾打翻起来的土块，也可以用来碾压场圃中的麦禾脱穗。王祯采用广义农器的概念，《农器图谱》还介绍了农事制度等方面，如

《田制门》详细列举了井田、区田等九种田制，首次阐释了如何建造梯田，还讲到了在海边滩涂上开垦的涂田以及沙洲上开发的沙田。

其四，对活字印刷术的记载和实践。众所周知，最早记载毕昇发明泥活字的是沈括的《梦溪笔谈》，而其后记载活字印刷最重要的文献就是王祯《农书》。这主要体现在《农器图谱》后附《造活字印书法》上，这篇文献详细介绍了王祯自己造木活字印刷的方法，还记载了用木活字印刷《旌德县志》的实践，包括韵轮排字和检字法，在当时是非常先进的。书中还记载了当时泥活字和锡活字的印刷实践，也是十分珍贵的史料。

最后，王祯《农书》继承了古代农事诗的传统，尤其是北宋以来农具诗的创作，在《农器图谱》论述每种农具之后运用大量诗歌加上少量赋、铭、赞等文体进行总结评论，共计 250 多篇。其中引用前人的有 47 篇，引用最多的是梅尧臣和王安石的作品，主要来自梅尧臣创作的《和孙端叟寺丞农具十五首》《和孙端叟蚕具十五首》和王安石创作的《和圣俞农具诗十五首》，当然还有楼璹《耕织图诗》中的七首。余下的都为王祯自己创作，清代顾嗣立将其编入《元诗选》，代表了王祯的文学成就。

（二）王祯《农书》的流传和影响

根据嘉靖本所附元代刻书公文，《农书》在元大德八年（1304）江西首次刻印，但是此刻本已不传，元代是否有其他刻本不得而知。又据《四库全书》本所附王祯《农书原序》，落款为元皇庆二年癸丑（1313），此本与嘉靖本差别较大，应为元代另一版本，很可能以抄本传世。明《文渊阁书目》卷十五"农圃"著录有"农书一部十册"，不知何本，这个本子很可能是后面《永乐大典》本的来源。

我们今天能见到最早的刻本即明嘉靖本，这个刻本在明代有过两次翻刻，我们现在都能看到。一个是明万历二年济南府章丘县刻本（简称章丘本），该本是嘉靖本的影刻本。另一个是明万历四十五年邓渼刻本

（简称邓渼本），该本删去了嘉靖本不少插图，如卷首"农事起本"诸图、"活字板韵轮图"等，邓渼本的文字与嘉靖本也差别不大。在清朝末年又有两次翻刻：一次是清光绪二十一年福建刻聚珍版丛书本（简称闽本），这次翻刻依据的底本是著名藏书家丁丙藏明嘉靖本，即今南京图书馆藏嘉靖本（有丁氏"善本书室""八千卷楼藏书籍"印）；另一次是清光绪二十五年广雅书局刻聚珍版丛书本（简称广雅本），该本据闽本影刻。嘉靖本系统相对简单，除广雅本直接以闽本为祖本外，其余皆以嘉靖本为祖本，章丘本因为影刻嘉靖本，无论图文行款都几乎一致。邓渼本仅删了一些插图，图像与嘉靖本亦无差。只有闽本对嘉靖本多有订正，但插图一样依嘉靖本影刻。广雅本又影刻闽本，图文也基本一致。

乾隆时期纂修《四库全书》，从明《永乐大典》里辑出一个本子，整理抄写入《四库全书》，于是《农书》的版本就有了另外一个系统。《四库全书》抄成七部，现存三部半，分别为台北故宫博物院藏文渊阁本、国家图书馆藏文津阁本、甘肃省图书馆藏文溯阁本以及浙江图书馆藏残缺补抄的文澜阁本。前三部现存完整的二十二卷编次的王祯《农书》，文澜阁本只有卷九、卷十两卷为原抄本，其余为补抄。这四个本子文渊阁本最早抄成，时间是在清乾隆三十八年（1773）。在文渊阁本抄成的第二年，武英殿印了聚珍版王祯《农书》（简称聚珍本）。《四库全书》本一般人很难见到，聚珍本倒是在民间流行起来。清末民初聚珍本也被翻刻过两次：一次是清光绪二十四年农学报社石印本（简称农报本）；另一次是民国十三年济南善成印务局铅印本（简称农专本）。不过流传最广、影响最大的还是民国二十六年商务印书馆《万有文库》本（简称万有本）。万有本前有《钦定四库全书农书提要》并《农书原序》，无目录，分二十二卷，一如聚珍。该本于1956年在中华书局重印，简称中华本，书后附录了广雅本《农书》序目。1991年又被收入"丛书集成初编"重印，简称丛书集成本，此重印本前有牌记"此据聚珍版丛书本排印，初编各丛书仅有此本"。

通过文字与插图的详细比对,四库本系统中又可以分为两个子系统:一个是以文渊阁本为祖本的系统,包括文津阁、文溯阁等抄本;另一个是以聚珍本为祖本的系统,包括聚珍本、农报本、农专本、万有本。笔者详细比对过文渊阁本和文津阁本,它们文字和插图差异不大。聚珍本虽然同样以《永乐大典》本为祖本,但差异相对而言比较大,文字异文很多,许多插图也重新改画。而农报本、农专本、万有本完全按照聚珍本,从分卷组成到文字插图,都一如聚珍本,差别很小。同时,文字上,农报本与农专本分别以聚珍本为祖本,之间有很少的异文,而万有本直接以农报本为祖本,两者异文更少。中华本和丛书集成本作为万有本的重印本与万有本几乎完全相同,只有极少的文字做了改动,而丛书集成本与中华本是完全一致的。这两个子系统特征区别体现在《农书原序》的异文上,文渊阁本系统首句作"农,天下之大命也",而聚珍本系统"命"作"本"。有迹象表明,聚珍本系统很可能参校了嘉靖本系统。

王祯《农书》的各种版本都托始于嘉靖本或四库本。20世纪80年代,王毓瑚依据四库本系统的文字和嘉靖本的插图点校整理的一个综合新版本出版(简称王本),于是就形成了第三个版本系统。这个整理本出版以后,影响很大,如缪启愉等《东鲁王氏农书译注》正文和插图都以此本为据。但是根据笔者校勘发现,王氏的工作底本很可能是农报本或以农报本为直接祖本的万有本,不过王氏后期用文津阁本做了比对,但做得很不彻底,还有一些王氏所谓"明本"异文也不同于所有嘉靖本系统。

根据上述王祯《农书》各版本情况,绘制其版本源流图如下(图 导读 -1)。通过对各个版本进行比勘,笔者认为嘉靖本最接近王祯《农书》的原貌。首先,在图像方面,对比程棨摹楼璹《耕织图》与《农器图谱》,嘉靖本更接近《耕织图》,也就更接近王祯原本,四库本系统插图改绘较多。其次,从服装典制等方面分析,也可以支持嘉靖本更近王祯原本而优于四库本系统的结论。实际上，文字方面嘉靖本也优于四库本系统，嘉靖本的缺点在于有不少明显的讹误，但是这些讹误多为形近音近而讹，校正并不困难。相比之下，四库本系统经过严格的校改，这种低级失误很少，但存在不少因读不懂而误改的情况。

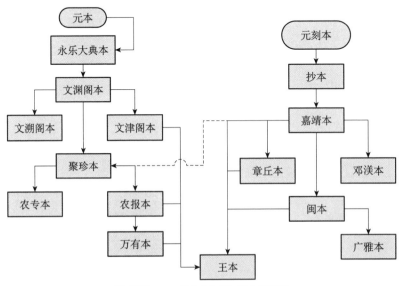

图 导读 -1　王祯《农书》版本源流图

嘉靖本系统与四库本系统除图像和文字差异外，在全书组成和分卷上也有很多不同，分卷主要表现在嘉靖本系统分为三十七集，这与四库本书前王祯《自序》所说正相合，而四库本系统则分为二十二卷。四库本系统《谷谱》作《百谷谱》，并且将其置于《农器图谱》之前。按戴表元序《谷谱》很可能成书于其他两部分之后，这与嘉靖本的顺序倒是吻合的，嘉靖本三个部分各自有目录而无总目录，更像是三本书合在一起，这也是后世经常分别著录的原因。而四库本按照《农桑通诀》《谷谱》《农器图谱》的顺序逻辑更为通畅，这种安排很可能是王祯自己的调整，然后又加上了自序，看起来更像一本书。需要说明的是，四库本系统有总目录，而聚珍本系统没有目录。

王祯《农书》除《文渊阁书目》著录外，最早见于高儒《百川书志》卷十"农家"著录：《农桑通诀》六集、《农器图谱》二十集、《谷谱》十一集。其提要称"是书据六经，该群史"云云，皆出自嘉靖本阎闳序。《百川书志》高儒自序写于明嘉靖十九年庚子（1540），与嘉靖本刊刻时间仅差十年，可见嘉靖本传播之迅速。王祯《农书》自问世以来，后世典籍多有因袭引用，现将部分情况列表于下（表 导读 -1），以供参考。

表 导读 -1   引用王祯《农书》典籍表

成书时间或刻印时间	典籍名称	引用情况
万历六年（1578）	李时珍《本草纲目》	少量引用《谷谱》
万历年间（约 1579—1596）	《树艺篇》	主要引用《谷谱》
万历九年（1581）	唐顺之《荆川稗编》	主要引用《通诀》
万历十九年（1591）	袁黄《劝农书》	引用《通诀》《农器图谱》
万历三十五年（1607）	王圻等《三才图会》	主要引用《农器图谱》
万历三十五年（1607）	俞汝为《荒政要览》	少量引用各部分
万历四十一年（1613）	章潢《图书编》	仅引用"围田""浚渠"部分
崇祯十二年（1639）	徐光启《农政全书》	各部分都有引用
崇祯十四年（1641）	潘游龙《康济谱》	少量引用《通诀》《农器图谱》
明末	耿荫楼《国脉民天》	仅引用"区田"部分
康熙三十四年（1695）	陈玉璂《农具记》	主要引用《农器图谱》
康熙时期	顾嗣立《元诗选》	主要引用《农器图谱》诗
康熙六十年（1721）	孙宅揆《教稼书》	仅引用"区田"部分
雍正六年（1728）	陈梦雷等《古今图书集成》	多从《农政全书》转引
乾隆七年（1742）	鄂尔泰等《授时通考》	各部分都有引用
乾隆七年（1742）	帅念祖《区田编》	引用"粪壤篇""区田"部分

从表 导读 -1 可知，在四库本问世之前，王祯《农书》已多有流传，影响广泛，但是这些引用全都依据嘉靖本系统，《永乐大典》本几乎毫

无影响。这里需要特别说一下，徐光启主编的《农政全书》说明传统农学发展到明末已臻成熟，该书即是集大成之作。徐光启受王祯启发构建了自己的农学体系，全书六十卷分为农本三卷、田制二卷、农事六卷、水利九卷、农器四卷、树艺六卷、蚕桑四卷、蚕桑广类二卷、种植四卷、牧养一卷、制造一卷、荒政十八卷，几乎全文引用了王祯《农书》。其中田制二卷、水利中灌溉与利用图谱两卷、农器四卷基本依据王祯《农书》，其他如农事、树艺、蚕桑、蚕桑广类、种植等也大量引用王祯《农书》。可以说，王祯《农书》与《救荒本草》《泰西水法》《齐民要术》《便民图纂》《野菜谱》等构成了《农政全书》的基本内容，即使是《农桑辑要》，也大多直接利用王祯《农书》的转引。经考察，《农政全书》引用王祯《农书》也全部根据嘉靖本。

因此，嘉靖本在历史上的影响很大，而四库本系统逐步产生影响要到农报本、农专本之后了，尤其是万有本和王毓瑚本的出版，反使嘉靖本湮没无闻了。后世有关农具之图除宋应星《天工开物》外，基本都源自王祯《农书》，可见其影响之大。另外，王祯《农书》所载的农业知识还流传到朝鲜和日本，影响遍及东亚。

最后，需要补充说明的是，审稿专家认真审读了本书初稿，为具体内容尤其是评点部分提供了富有建设性的建议，很多已被吸收，为本书增色不少，再次表示衷心感谢！由于笔者学力有限，书中难免存在不足，敬请专家和读者批评指正！

① 此永丰县为元信州路永丰县（今江西省上饶市广丰区），与同时吉安路永丰县（今江西省吉安市永丰县）同名。明初信州路改为广信府，清雍正九年（1731）改广信府永丰县为广丰县。

王祯农书

自　序

农，天下之大命也[1]。一夫不耕，或授之饥[2]，一女不织，或授之寒。古先圣哲敬民事也，首重农，其教民耕织种植蓄养至纤至悉[3]。祯不揆愚陋[4]，搜辑旧闻，为集三十有七，为目三百有七十。呜呼备矣[5]！躬任民事者傥有取于斯与[6]？

皇庆癸丑三月望日[7]，东鲁王祯书[8]。

国以民为本，民以食为天，重农是历朝历代的基本国策。

[注释]

[1] 命：生计。"命"，聚珍本作"本"。　 [2] 授：通"受"，受到。　 [3] 蓄养：畜牧养殖。至纤至悉：极其仔细。　 [4] 不揆（kuí）：不自量。　 [5] 备：完备。　 [6] 躬任民事者傥（tǎng）有取于斯与：管理民事的官员或许能从中获益吧？傥，倘若，或许。斯，这。与，通"欤"，这里表示疑问语气。　 [7] 皇庆癸丑三月望日：元仁宗皇庆二年（1313）农历三月十五日，按干支纪年，这一年为癸丑年。望日，农历每月十五日。　 [8] 东鲁：地名泛称，相当于今山东东部。书：书写。

[点评]

王祯的这篇自序很短，并且只存于四库本系统，署名时间距离《农书》在元代刊刻的大德八年（1304）已有九年，此时他年事已高，很可能是王祯最后编订《农书》写的简短小序。自序简要交代了《农书》的写作目的，作为一个长期在地方任职的父母官，王祯非常重视农事，因为这是百姓生计之本。他编这部书，主要为了给其他做地方官的人参考，希望能分享自己的经验，造福天下百姓。自序里还提到了《农书》分为三十七集，三百七十小目，和我们今天看到的嘉靖本正相同。

农桑通诀

集之一

农事起本

神农氏姜姓，母曰女登，有娲氏之女，为少典妃[1]，感神龙而生神农[2]，人身牛首。长于姜水，因以为姓。火德王[3]，故曰炎帝，以火名官[4]。斫木为耜[5]，揉木为耒[6]，耒耨之用[7]，以教万人。始教耕，故号神农氏。《周书》曰[8]："神农之时，天雨粟[9]，神农遂耕而种之。"《白虎通》云[10]："古之人民，皆食禽兽肉。至于神农，用天之时[11]，分地之利，制耒耜，教民农作。

三皇五帝是指传说时代的帝王，有很多说法，一般的说法三皇是伏羲、女娲、神农，五帝为黄帝、颛顼、帝喾、尧、舜，这里出现的传说时代的帝王与以上说法大致相合。

这几句说相传神农氏发明了农具，发现了可种植的谷物，是农业的开创者。耒耜，解说详见《农器图谱·耒耜门》；耨，解说详见《农器图谱·钱镈门》。这里举例代表农具。这段引用《周书》《白虎通》《典语》都是直接抄自元代管理农业的部门司农司编撰的《农桑辑要》的"农功起本"。用意相同，就是追溯农事的起源，今天看当然是传说。

这段介绍农事有关的占星。王祯对农事极其关心，所以对农业的占卜、祭祀都非常重视。现在看占星是种迷信了，古人相信占星等迷信活动是因为当时的知识和文化水平不足，我们主要体会作者重视农事的精神。

神而化之，使民宜之[12]，故谓之神农。"《典语》云[13]："神农尝草别谷[14]，烝民粒食。"后世至今赖之[15]。凡人以食为天者，其可不知所本耶？

[注释]

[1]少典：传说中的上古帝王。　[2]感神龙：受神龙的感应。　[3]火德：来自阴阳家论述王朝更替的"五德终始"学说，"五德"是指五行木、火、土、金、水，王朝按照"五德"周而复始地循环。这里说神农的王朝是火德。　[4]以火名官：用火来命名官职。　[5]斫（zhuó）：砍削。耜（sì）：一种翻土农具，即臿，如今的锹之类。　[6]揉（róu）：使木弯曲。耒（lěi）：一种两齿的翻土锄草农具，西汉以后被耜替代，所以混称耒耜。　[7]耨（nòu）：除草农具。　[8]《周书》：即《逸周书》，周朝政治文书的汇编，性质类似于《尚书》。　[9]雨（yù）：此处作动词，从天上落下。　[10]《白虎通》：《白虎通义》，东汉班固等根据汉章帝建初四年（79）经学家在白虎观辩论经学的结果撰集而成。　[11]"用天之时"二句：是说利用四季寒暑更替，辨别土地适合种植的作物。"用"，四库本作"因"。　[12]宜：适合。　[13]《典语》：三国吴陆景撰，今已散佚。　[14]"神农尝草别谷"二句：是说神农氏尝百草选出可种植的谷物，让百姓有粮食吃。烝（zhēng）民，民众，百姓。　[15]赖：依赖，依靠。

"农丈人"一星，在斗西南[1]，老农主稼穑也[2]，其占与糠略同，与箕宿边杵星相近。盖人事作乎下[3]，天象应乎上，农星其殆始于此也。

[**注释**]

[1]斗：二十八宿的斗宿，即南斗。　[2]"老农主稼穑也"三句：是说古代的占星法，按照农丈人星、糠星、杵（chǔ）星等是否出现，亮度或者位置关系来预测农业收成的丰歉。稼穑，耕种和收获，泛指农业。糠，即糠星，与杵星都位于二十八宿的箕宿。　[3]"盖人事作乎下"三句：是说占星的道理就是地上的人事，在天上有天象相对应，用来占卜农事的星大概就从这几个开始。殆，大概。

后稷名弃，其母有邰氏女[1]，曰姜嫄[2]，为帝喾元妃[3]。姜嫄出野[4]，见巨人迹，践之而身动如孕者。居期而生子[5]，以为不祥，弃之隘巷，牛羊腓字之[6]；弃之平林，会伐平林[7]，迁之；弃渠中冰上[8]，鸟覆翼之[9]。姜嫄以为神，遂收养长之。初欲弃之，因名曰弃。弃为儿时，如巨人之志[10]，其游戏好种植麻、麦。及为成人，遂好耕农，相地之宜[11]，宜谷者稼穑之，民皆法之。帝尧闻之，举为农师。帝舜曰："弃，黎民阻饥[12]，汝后稷，播时百谷[13]。"《诗》曰："思文后稷[14]，克配彼天。立我烝民，莫匪尔极……帝命率育。""奄有下国[15]，俾民稼穑。"《豳风·七月》之诗[16]，陈王业之艰难[17]。盖周

这段讲后稷的传奇故事，改编自《诗经·大雅·生民》和《史记·周本纪》，内容像是传说时代的英雄史诗，从中可以看出后稷应该是个改进农业技术的能手，作为周的始祖，他也成为后世祭祀的农神。

祭祀先农神，配天地合祭，地产万物，天象征着风调雨顺。

家以农事开国，实祖于后稷。所谓配天、社而祭者[18]，皆后世仰其功德，尊之之礼，实万世不废之典也[19]。

[注释]

[1]邰：音 tái。 [2]嫄：音 yuán。 [3]帝喾（kù）：传说中上古帝王。元妃：正妻。 [4]"姜嫄出野"三句：是说姜嫄踩到巨人的脚印，腹中颤动就好像怀孕了一样。迹，足迹，脚印。 [5]居期：这里指怀胎十月。 [6]腓（féi）：庇护。字：喂奶。 [7]会伐平林：正赶上有人来伐木发现了。 [8]渠：沟渠。 [9]覆翼：用翅膀盖住。 [10]巨人：大人，成年人。 [11]相地之宜：根据土地的情况。相，视。 [12]黎民阻饥：百姓饥饿，生活困难。阻，难。 [13]时：通"莳"，播种。 [14]"思文后稷"五句：出自《诗经·周颂·思文》，赞颂说后稷呀，你文德能配天，养育众民，没有人不称颂你的至德……天帝命你来养育天下。克，能。 [15]"奄（yǎn）有下国"二句：出自《诗经·鲁颂·闷（bì）宫》，是说管理地上的国土，使民众掌握稼穑之道。俾，使。 [16]《豳（bīn）风·七月》出自《诗经》，是首农事长诗。 [17]陈：陈述。 [18]社：土地神。 [19]典：典礼。

[点评]

《农事起本》模仿元代农业管理部门司农司编撰的《农桑辑要》的"农功起本"，后半节是王祯的扩充。用意却是相同，就是追溯农事的起源。本节先从神农氏发明农业开始，接着讲述了周的祖先后稷的传奇故事，与神农氏相比，后稷代表了改进农业技术的先贤。讲神农氏的时候提到种粟，而说到后稷的时候则提到麻、麦，这里的麻，如果是苴麻，即大麻的雌株，籽粒可以作为粮食；如果是枲麻，即大麻的雄株，茎是纤维作物，主要用来做织物。粟和麦则都是粮食作物。粟即小米，它是中国最先开始驯化种植的。目前考古发现最早的种植粟的遗存，在内蒙古赤峰敖汉旗兴隆沟，距今已有8000年，可谓历史悠久。而大麦和小麦是距今四五千年从西亚传到中国的，小麦传入后，开始和小米一样也是粒食，就是做麦饭吃，当然不如小米饭好吃。后来先民学会把麦子磨成粉，可以蒸煮出很多面食，渐渐取代了小米而成为中国北方最重要的主粮。明清两代的北京有先农坛，我们现在还可以看到，是祭祀农神的，其中有天神坛、地祇坛，就是文中所说的"配天、社而祭"。另外，紫禁城的布局有"前殿后寝，左祖右社"的说法，社就是指社稷坛，祭祀土地神和农神，这里的社稷放在与皇帝祖庙即太庙对称的位置，不仅是一般的农神祭祀，而且是因为社稷象征着天下皇权。传统社会以农业立国，所以用社稷象征国家政权。中国传统文化有一个很重要的特点，即"慎终追远"，也就是祖先崇拜。依照古人的观念，祖先死后变成神鬼，能保佑子孙后代，各行各业都有主管神或者祖师爷，他们大多是先贤，如木匠的祖师爷是鲁班，梨园行的祖师爷是唐玄宗。这种先师崇拜不能简单地看成是迷信，因为它代表一种精神的寄托包括职业精神的坚守，尊敬先师，感念他们的创造发明，出自一种难得的敬畏心和感恩心。

在神农氏和后稷之间，王祯还特别介绍了农丈人、糠星、杵星三个占验农事的星宿。当然，这是古人对自然知识了解不足情况下的一种迷信行为，但也的确反映了他们对农事的重视和关切。通读全书就会发现，王祯不仅重视农业知识和工具，还特别强调与农事相关的祭祀和占卜，因为他把农事作为一切政务的核心，同时认为这些仪式性的典礼是对官员和百姓最好的教化方法。用今天的话说就是物质文明和精神文明两手抓，互为促进，缺一不可。

牛耕起本

尝闻古之耕者用耒耜[1]，以二耜为耦而耕[2]，皆人力也。三代以来[3]，牛但奉祭、享宾、驾车、犒师而已[4]，未及于耕也。至春秋之间，始有牛耕用犁[5]。《山海经》曰"后稷之孙叔均，始作牛耕"是也[6]。故孔子有"犁牛"之言[7]，而弟子冉耕字伯牛[8]。《礼记》《吕氏》[9]:《月令》[10]，季冬"出土牛"[11]，示农耕早晚[12]。其例见如此。后世因之[13]，皆赖其力。

从运用人力到使用畜力，也是一次农业革命，这段强调了牛耕的重要性。

[注释]

[1]尝：曾经。　[2]耦（ǒu）：这里指两人合二耜而耕。　[3]三代：夏、商、周三个朝代。　[4]但：只。　[5]犁：耕田的农具。　[6]《山海经》：大致成书于战国时期的一部书，介绍海内外各处地理、物产及异闻。这里引用的文字出自《山海经·海内经》。　[7]"犁牛"：语见《论语·雍也》："犁牛之子骍（xīng）且角"，一般的解释是杂色之牛的牛犊却可以长着纯色的红毛且牛角端正。这里解释成耕牛。　[8]冉耕：孔子弟子，名耕，字伯牛。因为古人名和字往往有意义联系，所以这里推测牛已经用来耕田。　[9]《礼记》：儒家十三经之一，是记述礼仪制度的文集。《吕氏》：《吕氏春秋》，秦相吕不韦门客编纂的一部书。　[10]《月令》：《礼记》《吕氏》两者都有《月令》篇，叙述十二个月的物候和政事等，内容有异。　[11]季冬：古代农历每个季节的三个月分别称为孟、仲、季，季冬即十二月。出土牛：制作土牛。　[12]示农耕早晚：提醒人们来年春耕的时节或早或晚。　[13]因：因袭。

然牛之有功于世，反不如猫虎列于蜡祭[1]，典礼实有阙也[2]。尝考之，牛之有星，在二十八宿丑位[3]，其来著矣[4]。谓牛生于丑[5]，宜以是月致祭牛宿[6]，及令各加蔬豆养牛，以备春耕。请书为定式[7]，以示重本[8]。

　　这段更进一步，既然耕牛这么重要，作者就建议纳入祭祀系统，通过典礼起到教化作用。

[注释]

[1]蜡（zhà）祭：祭祀名，年终合祭众神，有所谓蜡祭八神之称，其中一神为猫虎。可能因为猫吃田鼠，虎吃野猪，都能

保护庄稼。　[2]阙：通"缺"。　[3]丑位：牛宿在二十八宿第二位，丑为十二地支第二位。　[4]著：显著。　[5]谓牛生于丑：牛在十二地支配丑。　[6]是月：此月，这里指年终十二月。古人用十二地支纪月，分别对应北斗斗柄指向，称为月建。农历（夏历）十二月为建丑之月。　[7]定式：规定，成规。　[8]重本：重视政事的根本。

［点评］

《牛耕起本》在《农桑辑要》中没有，是王祯的新创，显示出其对牛耕非常重视，他还把耕牛作为广义的农器写进了《农器图谱》。的确，耕牛的使用，节省了人力，大大提高了农业生产力，应该得到足够的重视。所以王祯认为怎么强调也不过分，最后建议把耕牛也加入年终蜡祭合祭，以表彰耕牛的功绩，终极目的还是促使官员和百姓重视耕牛。正如上节点评，王祯非常重视典礼的农事教化功能。

蚕事起本

相传黄帝与蚩尤大战于涿鹿之野，蚩尤战败。

炎帝、神农和黄帝是传说中中华民族的先祖。

黄帝，少典之子，姓公孙，名轩辕。生而神灵，弱而能言[1]，幼而徇齐[2]，长而聪明。神农氏衰，诸侯相侵伐，神农氏弗能征[3]。于是轩辕乃习用干戈[4]，以征不享[5]，诸侯咸来宾从[6]。而蚩尤为最暴[7]，乃征师杀蚩尤。垂衣裳而天下治^[8]。《易·系》曰^[9]："神农氏没，黄帝、尧、舜氏作，通其变，使民不倦……垂衣裳而天下治，盖取诸乾坤^[10]。"

汉初有黄老之学，即传说黄帝、老子传下来的治理之道，崇尚无为而治，让民众休养生息。

[注释]

[1] 弱：这里指婴儿时。　[2] 徇（xùn）齐：迅速，敏捷。　[3] 弗能征：不能征讨。　[4] 干戈：这里泛指武器。干，盾牌。戈，长柄武器，头部似镰刀。　[5] 不享：指不来朝贡即不服从的诸侯。　[6] 咸：全都。宾从：归顺。　[7] 蚩（chī）尤：黄帝时部族首领。　[8] 垂衣裳（cháng）：是说订立衣服制度，教天下以礼，而无为而治。衣，上衣。裳，下衣。　[9]《易·系》：《周易·系辞》。　[10] 盖取诸乾坤：大概是效法天地运行的道理。

按，黄帝元妃西陵氏始劝蚕事^[1]。月大火而浴种^[2]，夫人副袆而躬桑^[3]，乃献茧称丝，织纴之功因之广^[4]，织以供郊庙之服^[5]。所谓黄帝垂衣裳而天下治，盖由此也。然黄帝始置宫室，后妃乃得育蚕，是为起本。

这段讲传说黄帝的妻子西陵氏嫘祖发明了栽桑养蚕。

西陵氏曰嫘祖^[6]，为黄帝元妃。《淮南王蚕经》云^[7]："西陵氏劝蚕稼，亲蚕始此。"《皇图要览》云^[8]："伏羲化蚕^[9]，西陵氏养蚕。"《礼记·月令》：季春，后妃斋戒，享先蚕而躬桑^[10]，以劝蚕事。《周礼·天官·内宰》：中春^[11]，诏后

古代后妃祭祀蚕神，亲自采桑，主要是为了教化民众，与后文讲到的天子籍田是一样的道理。

帅内外命妇[12]，始祭蚕于北郊。蚕于北郊，以纯阴也[13]。上古有蚕丛帝[14]，无文可考。盖古者蚕祭皆无主名，至后周坛祭先蚕[15]，以黄帝元妃西陵氏为始，是为先蚕，历代因之。

明清北京先蚕坛几经迁建，现在能看到的在北海公园内。

［注释］

[1] 劝：劝勉，勉励。　[2] 月大火：农历二月。古人的岁星纪年法，用十二次与十二地支相配，大火是十二次之一，与卯对应，即相当于月建之建卯之月。浴种：清洗蚕种，给蚕卵的外面消毒。　[3] 副袆（huī）而躬桑：盛装礼服亲自采桑。副，首饰。袆，王后的衣服。　[4] 织纴（rèn）：纺织。纴，丝缕。　[5] 郊：祭天。庙：祭祖。　[6] 嫘：音 léi。　[7]《淮南王蚕经》：托名西汉淮南王刘安撰写的一部书，已亡佚。　[8]《皇图要览》：不详，应已亡佚。　[9] 伏羲：中国传说中与女娲并称人类的初祖。　[10] 享：献供品。先蚕：蚕神。　[11] 中春：仲春，农历二月。　[12] 帅同"率"，带领。命妇：古时指受封号的妇人。宫中妃嫔称为内命妇，宫外大臣的母亲、妻子称为外命妇。　[13] 以纯阴也：因为北面是纯阴的方向。　[14] 蚕丛帝：传说古蜀国有帝名蚕丛。　[15] 后周：这里指南北朝时期的北周。但据学者考证最早设先蚕坛祭祀嫘祖应从南朝刘宋开始。

这段讲历代祭祀蚕神的情况。

尝谓天驷为蚕精，元妃西陵氏始蚕，实为要典。若夫汉祭宛窳妇人、寓氏公主[1]，蜀有蚕女马头娘，又有谓三姑为蚕母者，此皆后世之溢典也^[2]。然古今所传，立像而祭，不可遗阙，故并附之。夫蚕之有功于人，万世永赖，注于祀典，以示报本，后之蒙衣被之德者^[3]，其可不知所本耶？

尝撰蚕事祭文二篇，以为祈报之礼^[4]，其文见《农器谱》。

[注释]

[1] 宛窳（yǔ）妇人、寓氏公主：汉代祭祀的蚕神。"窳"，原作"蓏"，今据四库本改。　[2] 溢典：这里与上文的"要典"相对，指后世增补的典礼。　[3] 蒙：领受。　[4] 祈报：这里泛指祭祀。

[点评]

《蚕事起本》是模仿元代农业管理部门司农司编撰的《农桑辑要》的"蚕事起本"，原文很简略，王祯补充了黄帝的事迹、后世典籍的记载和祭祀蚕神的情况。古语说"男耕女织"，这也是先民进入农业社会后男女的分工，男人耕种，女人纺织，"耕织"也就成为农事的代名词。宋元以来，为教化农事，绘制出了各种《耕织图》，取名正是这个原因。这里的所谓"起本"即追溯源头，男耕追溯的起始是神农、后稷，女织的起始就是西陵氏嫘祖了。距今 8000 年左右的河南舞阳贾湖遗址，检测发现了蚕丝蛋白的残留物，显示了早期人们已开始利用蚕丝。从现在的考古发现来看，中国养蚕可以追溯到 5500 年前，最重要的证据是河南荥阳市青台村仰韶文化遗址出土的丝织物残片。最近发现的河南巩义市"河洛古国"——
双槐树遗址还出土了骨质蚕雕。家蚕是中国先民驯化的，
它是一种神奇的动物，吐出的丝是极好的动物纤维，既
细又光滑，织出来的丝绸又轻又贴身。然而桑蚕丝织是
极复杂的系统工程，从种桑到养蚕，再到缫丝，把丝从
蚕茧中抽离出来，所谓抽丝剥茧，最后纺织成绫罗绸缎。
从古至今中国的丝绸闻名世界，但是西方一直到了近代
才把这门技术学过去。实际上丝绸是价值不菲的，一般
老百姓穿不起，他们穿的是用葛、麻之类的植物纤维织
的布，所以平民又称布衣。不过丝绸太具中国特色了，
也太重要了，因此历代都以丝织代表农事中的纺织。我
们通常说的衣食住行，衣要靠纺织，食要靠耕作养殖，
一个求温，一个为饱，都是为了解决最基本的"温饱问

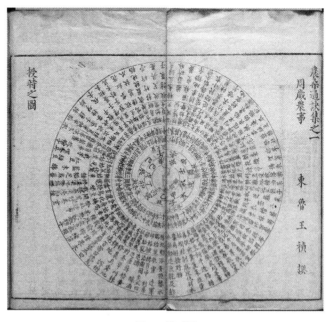

图 1　授时图

题"，也就构成了古代农事的最基本内容。

授时篇第一

授时之说（图1）[1]，始于《尧典》[2]。自古有天文之官，重、黎以上[3]，其详不可得闻。尧命羲、和历象日月星辰[4]，考四方之中星[5]，定四时之仲月[6]：以南方朱鸟七星之中殷仲春[7]，则厥民析[8]，而东作之事起矣[9]；以东方大火房星之中正仲夏[10]，则厥民因[11]，而南讹之事兴矣；以西方虚星之中殷仲秋[12]，则厥民夷[13]，而西成之事举矣；以北方昴星之中正仲冬[14]，则厥民隩[15]，而朔易之事定矣[16]。然所谓历象之法，犹未详也。

舜在璇玑玉衡[17]，以齐七政[18]，说者以为天文器。后世言天之家，如洛下闳、鲜于妄人辈[19]，述其遗制，营之度之[20]，而作浑天仪[21]。历家推步[22]，无越此器，然而未有图也。

《孟子》中有言"不违农时，谷不可胜食也"，即是强调授时对农事的重要性。作物春生、夏长、秋收、冬藏，正是按照自然的节律。

这两段讲自古就有主管天文的官员，观察天象制定历法，让百姓可以依据历法耕作，不失农时。

[注释]

[1]授时：古代指观察天时以授民众，使其不失农时，后来即指每年政府颁行历书。　[2]《尧典》：《尚书·尧典》，此段改

写自这一篇的内容。　[3]重、黎：传说中上古两位主管天文的官员。　[4]羲、和：传说帝尧时代的天文官，是重、黎的后代。在古代，像天文这种需要专业知识的官职大都世袭相传。历象：这里是动词，观测推算历法和天象。　[5]中星：一般指黄昏时在南方中天出现的星宿，这里指二十八宿四方七宿中间的星宿。　[6]四时：四季。　[7]朱鸟七星：南方七宿称为朱雀，为四象之一。殷，正当。　[8]厥（jué）：那些。析：分开，走出家门开始耕作。　[9]东作：与下文南讹、西成分别指春夏秋三季播种、耘籽、收获之农事。　[10]大火：十二星次之一，与十二辰相配为卯，与二十八宿相配为氐、房、心三宿。房星：东方苍龙七宿中间的房宿。　[11]因：依靠，夏季洪涝期迁上高地。　[12]西方虚星：这里有误，应为北方玄武七宿中间的虚宿。　[13]夷：平，秋天迁回到平地。　[14]北方昴星：这里有误，应为西方白虎七宿中间的昴宿。　[15]隩：通"燠（yù）"，取暖。　[16]朔易之事：岁末年初，政事、生活除旧更新，有所改易。朔，朔日，农历每月初一。易，变换。　[17]璇玑玉衡：有两种说法，一说为北斗七星，一至四星名魁，为璇玑；五至七星名杓，为玉衡。这里为另一说，即玉饰的用于观测天象的仪器。　[18]齐：使整齐一致。七政：指日、月和金、木、水、火、土五星。　[19]洛下闳（hóng）、鲜于妄人：两人都是汉武帝时的天文家。　[20]营：测量。度：亦作测量之意。　[21]浑天仪：浑仪，古代观测天体位置的仪器，是以浑天说为理论基础制造的，为洛下闳首创。　[22]推步：推算天象历法。古人谓日月转运于天，犹如人之行步，可推算而知。

盖二十八宿周天之度[1]，十二辰日月之会[2]，二十四气之推移[3]，七十二候之迁变[4]，如环之循，如轮之转。农桑之节，以此占之[5]。四时各有其务，十二月各有其宜。先时而种，则失之太早而不生；后时而艺[6]，则失之太晚而不成。故曰虽有智者，不能冬种而春收。《农书·天时之宜篇》云[7]，万物因时受气[8]，因气发生，时至气至，生理因之。今人雷同以正月为始春[9]，四月为始夏，不知阴阳有消长，气候有盈缩[10]，冒昧以作事，其克有成者，幸而已矣[11]。

这段讲作物随时令生长的道理，解释了观象授时对农业的重要性。

[注释]

[1]周天之度：一周天的度数，古代以每日太阳行一度计算周天度数。　[2]日月之会：月运行到日地之间成一直线，称为日月之会，此时在地球上看不到月亮，是农历每月初一。一会即为一辰，十二辰即十二月。　[3]二十四气：二十四节气，古人以一回归年二十四分之一为一个节气，大约十五天。　[4]七十二候：一个节气分为三候，大约每候五天。每过一候，有不同天气物候特征变化。　[5]占：观测，预测。　[6]艺：种植。　[7]此《农书》为南宋陈旉《农书》。　[8]时：时节。气：气候。　[9]雷同：一概。　[10]盈缩：增长和减少。　[11]幸：侥幸。

此图之作，以交立春节为正月，交立夏节为四月，交立秋节为七月，交立冬节为十月。农事早晚，各疏于每月之下[1]。星辰干支，别为圆图。使可运转，北斗旋于中，以为准则。每岁立春，斗杓建于寅方^[2]，日月会于营室^[3]，东井昏见于午^[4]，建星辰正于南^[5]。由此以往，积十日而为旬，积三旬而为月，积三月而为时，积四时而成岁。一岁之中，月建相次，周而复始。气候推迁，与日历相为体用^[6]，所以授民时而节农事，即谓用天之道也。夫授时历每岁一新，授时图常行不易，非历无以起图，非图无以行历，表里相参，转上声运无停^[7]，浑天之仪，粲然具在是矣^[8]。

然按月农时，特取天地南北之中气立作标准，以示中道，非胶柱鼓瑟之谓^[9]。若夫远近寒暖之渐殊，正闰常变之或异，又当推测晷度^[10]，斟酌先后，庶几人与天合^[11]，物乘气至，则生养之节，不至差谬。此又图之体用余致也，不可不知。务农之家，当家置一本，考历推图，以定种艺，如指诸掌，故亦名曰《授时指掌活法之图》。

这两段解说《授时指掌活法之图》，可以方便掌握一年的农时。

[注释]

[1]疏：注释。　[2]斗杓（biāo）：北斗七星的斗柄三星。　[3]营室：室宿。　[4]东井：井宿。昏，黄昏。　[5]建星：古星座，属斗宿。辰：通"晨"。　[6]体用：本体和作用。　[7]上声：注释"转"的声调。　[8]粲（càn）然：明白的样子。　[9]胶柱鼓瑟：鼓瑟时胶住瑟上的弦柱，就不能调节音的高低。比喻固执拘泥，不知

变通。　　[10] 晷（guǐ）度：日晷仪上投射的正午日影长短的度数，古人根据晷度变化测定时节。　　[11] 庶几（jī）：希望，但愿。

[**点评**]

《授时篇》是《农桑通诀》的第一篇。开宗明义，农事之中首要之事就是授时。古代先民通过观察日月星辰的起落，寒来暑往的物候变化，体会到一天的早晚，从而日出而作，日落而息；总结出一年四季的周而复始，发现动植物生长与季节变换的密切关系。所以授时成为最基本的农事知识，而最可靠和方便的授时方法就是观察天象变化，即所谓的观象授时。因此，顾炎武说："三代以上，人人皆知天文。"这不是说古人对星辰无比好奇，而是出于农事的需要。当然，因为古人持有"天人合一"的观念，往往把地上的人事和天象关联起来，认为天象的变化预示了人间的祸福，这就是星占的内容了。历代政府都设有像清朝钦天监这样的天文机构，主要任务就是颁布历法和进行星占。王祯因为仅是地方官，所以更关心天文的授时方面。中国农书系统中有一类按时节讲述农事的月令体农书，最早有东汉《四民月令》，其后又有唐代《四时纂要》和元代的《农桑衣食撮要》等。另外，清代官修的农书称为《授时通考》，也都是这个道理。

地利篇第二

《周礼·遂人》[1]："以岁时稽其人民 [2]，而授之田野，教之稼穑。凡治野[3]，以土宜教氓[4]。"今去古已远，江野散闲[5]，在上者可不稽诸古而验于今，而以教之民哉？夫封畛之别[6]，地势辽绝[7]，其间物产所宜者，亦往往而异焉。何则？风行地上，各有方位。东方谷风[8]，东南方清明风，南方凯风，西南方凉风，西方阊阖风，西北方不周风，北方广莫风，东北方融风。土性所宜，因随气化，所以远近彼此之间，风土各有别也。自黄帝画野分州，得百里之国万区。至帝喾，创制九州，统领万国。尧遭洪水，天下分绝[9]，使禹治之。水土既平[10]，舜分为十有二州，寻复为九州[11]。禹平水土，可事种艺，乃命弃曰："黎民阻饥，汝后稷，播时百谷。"是水平之后[12]，始播百谷者，稷也。《孟子》谓"后稷教民稼穑，树艺五谷"，谓之教民，意者不止教以耕耘、播种而已，其亦因九州之别，土性之异，视其土宜而教之欤？

今按《禹贡》[13]：冀州[14]，厥土惟白壤，厥田惟中中[15]；兖州，厥土黑坟[16]，厥田惟中下；青州，厥土白坟，厥田惟上下；徐州，厥土赤埴坟[17]，厥田惟上中；扬州，厥土惟涂泥[18]，

这两段讲传说尧舜之时将天下分为九州，以及九州土地的情况。

厥田惟下下；荆州，厥土惟涂泥，厥田惟下中；
豫州，厥土惟壤下土坟垆^[19]，厥田惟中上；梁
州，厥土青黎^[20]，厥田惟下上；雍州，厥土黄壤，
厥田惟上上。由是观之，九州之内，田各有等，
土各有差。山川阻隔，风气不同。凡物之种，各
有所宜。故宜于冀、兖者，不可以青、徐论；宜
于荆、扬者，不可以雍、豫拟^[21]。此圣人所谓"分
地之利"者也。

［注释］

[1]《周礼·遂人》:《周礼·地官·遂人》。　[2]稽:考，这里
指统计（百姓人口）。　[3]治:治理。　[4]以土宜教氓（méng）:
根据土地适宜的情况教导农民。氓，农民。　[5]江野散闲:土地
没有得到很好的开发。"江"，文津阁四库本同，文渊阁四库本作
"田"，聚珍本作"疆"。"闲"，四库本作"阔"。　[6]封畛（zhěn）:
疆界，这里指地域。　[7]辽绝:遥远，这里指差别很大。　[8]"东
方谷风"至"东北方融风":是所谓的"八风"。阊阖，音 chāng
hé。　[9]绝:断绝。　[10]既:已经。　[11]寻:不久以后。　[12]是:
这，表示判断。　[13]《禹贡》:《尚书·禹贡》，是中国先秦地理
学的经典名篇。　[14]冀州:今山西、河北大部分。其他州如下:
兖（yǎn）州:今河北、河南、山东交界地区。青州:今山东泰山
以东地区。徐州:今苏北和山东、安徽部分地区。扬州:今淮河
以南地区。荆州:今湖北、湖南。豫州:今河南。梁州:今四川、
重庆等地。雍州:陕西及以西地区。　[15]中中:中等里的中等。

其他类似，如上下就是上等里的下等。　[16] 坟（fèn）：土质肥沃。　[17] 埴（zhí）：黏土。　[18] 涂泥：湿泥土。　[19] 垆（lú）：坚硬的黑土。　[20] 黎：黑色。　[21] 拟：仿效。

这里《周礼》九州与上文《禹贡》九州不同，以幽州、并（bīng）州代替徐州、梁州。

《农书》云[1]："谷之为品不一[2]，风土各有所宜。"《周礼·职方氏》云[3]，扬州，其谷宜稻；荆州，其谷宜稻；豫州，其谷宜五种黍、稷、菽、麦、稻[4]；青州，其谷宜稻、麦；兖州，其谷宜四种黍、稷、稻、麦；雍州，其谷宜黍、稷；幽州，其谷宜三种黍、稷、稻；冀州，其谷宜黍、稷；并州，其谷五种黍、稷、菽、麦、稻。虽徐、梁阙所纪载，而九州风土之宜，其大概可见矣。《书序》称[5]："九州之志，谓之《九丘》，言九州所有，土地所生，风气所宜，皆聚此书。"孔子"述《职方》以除《九丘》"[6]，盖谓此也。此言九州之域种艺之法也。

这段讲的就是下文所说的土会之法。

这段讲地理条件造成气候的差别。首次以江淮为界，阐述南北农业的差别。

今国家区宇之大[7]，人民之众，际所覆载[8]，皆为所有，非九州所能限也。尝以大体考之，天下地土，南北高下相半。且以江淮南北论之，江淮以北，高田平旷，所种宜黍、粟等稼；江淮以南，下土涂泥，所种宜稻、秫[9]。又南北渐远，寒暖殊别，故所种早晚不同；唯东西寒暖稍平，所种杂错，然亦有南北高下之殊。其大约论如此。

[注释]

[1]《农书》：根据引文这里应该指《农桑辑要》。 [2]品：种类。 [3]《周礼·职方氏》：《周礼·夏官·职官氏》。 [4]黍、稷、菽（shū）、麦、稻：五谷。黍，黍子，黄米。稷，粟，小米。菽，大豆。 [5]《书序》：《尚书序》，内容为《尚书》每篇的提要。 [6]除：废黜。 [7]区宇：天下。 [8]际所覆载：天地之间所覆盖和承载的万物。 [9]秫（shú）：这里指黏稻谷，糯米。

然又以十二州十二分野土壤名物论之[1]，不无少异。所谓十二分野，上应二十八宿[2]，各有度数[3]。《州郡度数躔次》云[4]："角、亢、氐，郑，兖州：东郡入角一度[5]，东平、任城、山阴入角六度，济北、陈留入亢五度，济阴入氐一度[6]，东平入氐七度，泰山入角十二度。房、心，宋，豫州：颍川入房一度，汝南入房二度，沛郡入房四度，梁国入房五度，淮阳入心一度，鲁国入心三度，楚国入房四度。尾、箕，燕，幽州：凉州入箕中十度，上谷入尾一度，渔阳入尾三度，右北平入尾七度，西河、上郡、北地、辽西东入尾十度，涿郡入尾十六度，渤海入箕一度，乐浪入箕三度，玄菟入箕六度，广阳入箕九度。斗、牵牛、须女，吴、越，扬州：九江入斗一度，庐江入斗六

这段讲天下分野，进一步说明天下之广，各地土产之异。

度，豫章入斗十度，丹阳入斗十六度，会稽入牛一度，临淮入牛四度，广陵入牛八度，泗水入女一度，六安入女六度。虚、危：齐，青州：齐国入虚六度，北海入虚九度，济南入危一度，乐安入危四度，东莱入危九度，平原入危十一度，菑州入危十四度。营室、东壁，卫，并州：安定入营室一度，天水入营室八度，陇西入营室四度，酒泉入营室十一度，张掖入营室十二度，武都入东壁一度，金城入东壁四度，武威入东壁六度，燉煌入东壁八度[7]。奎、娄、胃，鲁，徐州：东海入奎一度，琅琊入奎六度，高密入娄一度，城阳入娄九度，胶东入胃一度。昴、毕[8]，赵，冀州：魏郡入昴一度，巨鹿入昴三度，恒山入昴五度，广平入昴七度，中山入昴八度[9]，清河入昴九度，信都入毕三度，赵郡入毕八度，安平入毕四度，河间入毕十度，真定入毕十三度。觜、参，魏，益州：广汉入觜一度，越巂入觜三度[10]，蜀郡入参一度，犍为入参三度[11]，牂牁入参五度[12]，巴蜀入参八度，汉中入参九度，益州入参七度。东井、舆鬼，秦，雍州：云中入东井一度，定襄入东井八度，雁门入东井十六度，代郡入东井二十八度，太原入东井二十九度，上党入舆鬼二度。柳、七星、张，周，三辅：弘农入柳一度，河南入七星三度，河东入张一度，河内入张九度。翼、轸[13]，楚，荆州：南阳入翼六度，南郡入翼十度，江夏入翼十二度，零陵入轸十一度，桂阳入轸六度，武陵入轸十度，长沙入轸十六度。"其土产名物，各有证验。此天地覆载一定，古今不可易者，盖其土地之广，不外乎是。但所属边裔[14]，不无辽绝。若能自内而外求，由近而及远，则土产之物，皆可推而知之矣。

[注释]

[1]分野：古代用十二星次（包括二十八宿）的位置划分地面上州、国的位置，互相对应，用来星占。对应的星宿称作分星，对应的州国称作分野。 [2]二十八宿：中国古代将天空中黄道（太阳运行的轨迹）分为十二个星次，又进一步划分为二十八宿。东南西北分别为苍龙、朱雀、白虎、玄武四象，各领七宿，分别为角亢氐房心尾箕，东方苍龙七宿；斗牛女虚危室壁，北方玄武七宿；奎娄胃昴毕觜参，西方白虎七宿；井鬼柳星张翼轸，南方朱雀七宿。 [3]度数：古代以太阳在黄道行一日为一度，黄道一周天大约为三百六十五又四分之一度，这样形成一种坐标，用二十八宿和与其距离的度数，就能确定在黄道的位置。 [4]《州郡度数躔（chán）次》：全文采自《晋书·天文志·州郡躔次》，只有两个度数不同。躔，日月星辰在黄道的运行轨迹。次，居留。 [5]入：这里指在黄道上距离二十八宿某星位置（的度数），一般是从该宿最亮的标志星开始度量。 [6]一：《晋书》作"二"。 [7]燉煌：敦煌。 [8]昴：音 mǎo。 [9]八：《晋书》作"一"。 [10]嶲：音 xī。 [11]犍：音 qián。 [12]牂柯：音 zāng kē。 [13]轸：音 zhěn。 [14]边裔：边远的地方。

大抵风土之说，总而言之，则方域之多，大有不同；详而言之，虽一州之域，亦有五土之分，似无多异。《周礼·大司徒》[1]：以土会之法[2]，辨五地之物生：一曰山林，二曰川泽，三曰丘陵，四曰坟衍[3]，五曰原隰[4]。"以土宜之法，辨十有二土之名物[5]，十二分野之土，各有所宜。辨其名，谓白壤、黑坟之类；辨其物，谓所生之物。以相民宅，而知其利害，以阜人民[6]，以蕃鸟兽[7]，以育草木，以任土事[8]。辨十有二壤之物，而知其种，以教稼穑树艺[9]。"遂以教民春耕秋穑。然稼穑树艺，又有《周礼》"草人掌土化之法以物土，相其宜以为之种。凡粪种[10]，骍刚用牛[11]，赤缇用羊[12]，坟壤用麋，渴泽用鹿，咸泻用貆胡官反[13]，勃壤用狐[14]，埴垆用豕，强㯺呼览切[15]，坚也。用蕡扶云切[16]，轻爂孚照切[17]，脆也。用犬。"凡所以粪种者，皆谓煮取汁也。此谓占地形色为之种者，一取牛羊等汁以溲种而化之使美[18]，则得其宜矣。若今之善农者，审方域田壤之异，以分其类，参土化、土会之法，以辨其种，如此可不失种土之宜，而能尽稼穑之利。

这里讲人为改变土壤条件的方法。

是图之成，非独使民视为训则，抑亦望当世之在民上者按图考传，随地所在，悉知风土所别，种艺所宜，虽万里而遥，四海之广，举在目前，如指掌上，庶乎得天下农种之总要[19]，国家教民之先务。此图之所以作也，幸试览之[20]。

又是一篇以图说话，用图画来阐说，可能是为了使更多百姓能看懂。这可能是最早的农业地图，但是图很简略，看不出太多具体内容，故此处从略。

[注释]

[1]《周礼·大司徒》：《周礼·地官·大司徒》。 [2]土会（kuài）：统计山林、川泽、丘陵、坟衍、原隰五类土地的产物，以制定贡税。 [3]坟衍：指水边和低下平坦的土地。 [4]原隰（xí）：广平与低湿之地。 [5]有：通"又"。 [6]阜：（财务）丰盛。 [7]蕃（fán）：繁殖，滋生。 [8]以任土事：负责开展农业生产。 [9]稼穑：耕种和收获。 [10]粪种：一般认为用牛羊等骨头或大麻子煮汁浸种，王祯也是这么认为的。但是浸种仅是对种子的处理方法，无法起到文中所说土化的作用：使土壤变得肥沃。有人解释应该是粪田的意思，就是用农家肥混合改善土壤肥力。 [11]骍刚：赤色的坚土。 [12]赤缇（tí）：浅红色土。 [13]咸泻：咸潟（xì），盐碱地。 貆（huán）：野猪。胡官反：这是古代的一种注音方式，称为反切，格式为某某反，或者某某切。其中反切上字代表被注音字的声母，反切下字代表韵母和声调。 [14]勃壤：质地松散的土壤。 [15]强㯺（jiàn）：坚实板结的土壤。 [16]蕡（fèi）：大麻子。 [17]轻㯺（biāo）：轻脆的土壤。 [18]溲（sōu）种：浸种。 [19]庶乎：差不多。 [20]幸：希望。

[点评]

《地利篇》主要讲了"风土之宜"的农业学说。首先，王祯讲到各地土壤条件的不同，根据土壤条件的不同应该种植与之适宜的作物品种，政府应该这样做规划管理（土会法）。另外，他还注意到地势、南北的不同，以及山川阻隔会影响气候的冷暖干湿，这对农业特别重要。在讲述这些自然条件后，他提出了用粪田的方法来改造土壤的土化法，敏锐地概括出土壤、气候这些农业自然条件的肯綮，可以说，王祯的农业思想是非常先进的。最后，他继续贯彻以图说明事理的思路，勾画出了"地利图"，并阐发了上述思想要旨。

孝弟力田篇第三

孝弟、力田[1]，古人曷为而并言也[2]？孝弟为立身之本，力田为养身之本，二者可以相资而不可以相离也[3]。盖自民受天地之中以生[4]，莫不有是理[5]，亦莫不有是气。爱之理为仁，宜之理为义。自其仁而用之，亲亲为孝；自其义而用之，长长为悌。皆其得于良知、良能之素[6]，人人之所同也。特其气禀有清浊之异[7]，其清者为士，而浊者为农、为工、为商。士以明其仁义，农以赡其衣食，工以制其器用，商以通其货贿。此四民者，皆天之所设以相资焉者。圣人树其法度[8]，制其品节，以教而养之，使天下之人，莫不衣其衣而食其食，亲其亲而长其长。然其教之者莫先于士，养之者莫重于农。士之本在学，农之本在耕。是故士为上，农次之，工商为下，本末轻重，昭然可见。

这里一方面秉持了儒家的重农主义思想；另一方面体现了当时的封建等级意识。

［注释］

[1] 孝弟：孝悌，孝顺父母，敬爱兄长。力田：努力耕田，泛指勤于农事。　[2] 曷（hé）为：为何。并言：相提并论。　[3] 资：帮助。　[4] 盖自民受天地之中以生：是说人们受天地里阴阳中和之气诞生下来。　[5] "莫不有是理"二句：这里是说没有不活下去的"理"和"气"。上文孝悌是从修身之理角度讲，力田是从供养身体能生活下去之气的角度讲。"理"和"气"是古代哲学里的一对基本范畴。"理"指事物的规律或准则，"气"指构成万物的物质。　[6] 良知、良能：《孟子·尽心上》："人之所不学而能者，其良能也；所不虑而知者，其良知也。"这里是说孝悌是先天获得道德即良知，力田是天赋的能力即良能。素，本质。　[7] 禀：禀赋，天赋。　[8] 树：树立。

古者田有井，党有庠[1]，遂有序，家有塾。新谷即入，子弟始入塾，距冬至四十五日而出。聚则行乡饮[2]，正齿位[3]，读教法[4]，散则从事于耕，故天下无不学之农。《诗》曰"黍稷薿薿[5]，攸介攸止，烝我髦士"，即汉力田之科是已[6]。帝舜，圣人也，万世而下，言孝者莫加焉[7]，而耕历山。伊尹之训曰"立爱惟亲^[8]，立敬惟长"，而耕于莘野^[9]。其他如冀缺、长沮、桀溺、荷蓧丈人之徒^[10]，皆以耕为事，故天下亦少不耕之士。《周官·大司徒》"三岁大比^[11]，考其德行、道艺"，而先孝友，即汉孝悌之科是已^[12]。

自古就教民孝弟力田，孝弟才能长幼有序，是维持社会秩序的根本；力田才能养活民众国家，是社会生产的根本。

[注释]

[1]"党有庠"三句：根据《礼记·学记》的说法，家指闾巷，为二十五家，党为五百家，遂为一万两千五百家，各有学校。庠（xiáng）、序、塾，都是古代对学校的称呼。　[2]乡饮：乡饮酒礼。周代乡学每三年一考核，推荐品德、能力优异的人才给诸侯。将要远行时，由乡大夫设酒宴以宾礼相待，称作乡饮酒礼。　[3]正齿位：按年龄大小安排不同的席次，行不同的礼仪。　[4]教法：法典，法规。《周礼·地官·乡大夫》载："正月之吉，受教法于司徒，退而颁之于其乡吏。"　[5]"黍稷薿（nǐ）薿"三句：出自《诗经·小雅·甫田》，大意是庄稼长得很茂盛，丰收后农事大功告成，向朝廷推荐贤能之人。薿薿，茂盛。髦（máo）士，有才能的人。　[6]力田：汉代乡官名，职责是教化乡民勤于农事。科：类别。　[7]加：超过。　[8]"立爱惟亲"二句：出自《尚书·伊训》，大意是树立仁爱的品德，就要从亲近的人开始；树立敬顺的品德，就要从尊敬长辈开始。　[9]莘（shēn）野：有莘国的乡下。　[10]冀缺、长沮、桀溺、荷蓧（diào）丈人：冀缺，春秋晋文公时人，曾耕于冀野。其他三人也都是春秋时从事农耕的隐士。　[11]"三岁大比"二句：出自《周礼·地官·大司徒》，大意是每三年进行考核，推举品德、能力优异的人才。　[12]孝悌：汉代乡官名，职责是教化乡民孝敬。

夫天下之务本莫如士，其次莫如农。农者，被蒲茅[1]，饭粗粝[2]，居蓬藋[3]，逐牛豕。戴星而出，带月而归。父耕而子馌[4]，兄作而弟随。公则奉租税，给征役[5]；私则养父母，育妻子。其余则结亲姻，交邻里。有淳朴之风者，莫农若也[6]。至于工逞技巧，商操赢余[7]，转徙无常，其于终养之义，友于之情[8]，必有所不逮[9]，虽世所不可缺，而圣人不以加于农也，是以古者崇本抑末。其教民也，以孝弟为先；其制刑也，亦以不孝不弟为重，加意于立身之本如此。当其生也，宅不毛者有里布[10]，田不耕者出屋粟，民无职事者，出夫家之征；及其死也，不畜者祭无牲[11]，不耕者祭无盛，不树者无椁，不蚕者不帛，不绩者不衰，加意于养身之本又如此。于斯时也，家给人足，上下有序，亲疏有礼，末作之流亦鲜矣[12]，又安有游惰者哉[13]？至于瘖、聋、跛躃、断者、侏儒[14]，各以其器食之[15]。彼废疾之人，犹有所事而后食，况于手足耳目无故者哉？

这段着重阐述农事政务的根本，劝农的方法既有勉励，也讲到要用惩罚警戒的手段。

[注释]

[1]被蒲茅：披着蓑衣戴着斗笠。被，通"披"。　[2]饭粗粝

（lì）：吃糙米饭。粗，同"粗"。粝，糙米。　[3] 蓬藋（diào）：草房。　[4] 馌（yè）：给在田间耕作的人送饭。　[5] 给（jǐ）：供事，服役。　[6] 莫农若：莫若农，没有比得上农民的。　[7] 赢余：盈余。　[8] 友于：兄弟友爱。　[9] 不逮：比不上。　[10] "宅不毛者有里布"四句：出自《周礼·地官·载师》，大意是在住宅旁不种桑的、田荒着不种的、游手好闲的人都要罚赋税或劳役，劝民耕作乐业。不毛，指不种桑麻。里布、屋粟，税赋。夫家之征，夫指人头税，家指一家之劳役。　[11] "不畜者祭无牲"五句出自《周礼·地官·闾师》，大意是不事耕织的人死后还要在丧礼中得到各种惩罚，也是劝农之意。盛（chéng），祭祀时盛的粮食。椁（guǒ），套在棺材外面的大棺材。帛，穿丝织物。绩，把麻搓捻成线或绳。衰（cuī），古代用粗麻布制成的丧服。　[12] 末作：这里指农桑之外的工商业。鲜（xiǎn）：少。　[13] 安：哪里。　[14] 喑（yīn）：哑巴。跛躄（bì）：不能行走。断者：断手足的人。　[15] 器：本领。

> 这段讲重农而抑工商，进一步强调对力田的重视。在古代农业生产率比较低的情况下，温饱问题还没有得到很好的解决，当然没有条件大力发展工商业。

汉代去古未远，立为孝弟力田之科。高帝令贾人不得衣丝乘车 [1]，重租税以困辱之。惠帝虽稍弛商贾之禁 [2]，然犹市井子孙不得为官仕，皆所以崇本而抑末也。至文帝时 [3]，风俗之靡，公私之匮，贾谊尚以为言 [4]，帝感其说，乃开籍田 [5]。尝诏曰，孝弟，天下之大顺也，其遣谒者劳赐 [6]。又诏曰，力田，民生之本也，其赐力田帛二匹，而以户口率置力田常员 [7]，各率其意以导民焉 [8]。唐太宗亦诏，民有见业农者 [9]，不得转为工、贾，工、贾有舍见业而力田者，免其调[10]。夫末作之民，尚有益于世用，古人且若是抑之，而况世降俗末，又有出于末作之外者，舍其人伦，惰其身体，衣食之费，反侈于齐民[11]。以有限之物，供无益之人，上之人不惟不抑之，反从而崇之，何哉？

[注释]

[1]高帝：刘邦。贾（gǔ）人：商人。　[2]惠帝：刘盈。弛：放松。　[3]文帝：刘恒。　[4]贾谊：文帝时名臣，儒家学者。　[5]籍田：古代天子、诸侯示范性耕作的农田，用来劝民耕作。每逢春耕前，由天子、诸侯拿着耒耜在籍田上三推或一拨，称为"籍礼"，以示对农业的重视。　[6]谒（yè）者：使者。劳赐：慰劳赏赐。　[7]率（lǜ）：按比例。　[8]率（shuài）：带领。　[9]见：通"现"。　[10]调（diào）：唐代赋役制度租庸调中的一种，上缴布帛等织物。　[11]齐民：平民。

　　且一夫不耕，民有饥者；一女不蚕，民有寒者。乃若一夫耕，众人坐而食之，欲民之无饥，不可得也；一女蚕，众人坐而衣之，欲民之无寒，不可得也。饥寒切于民之身体，其所以仰事俯育、养生送死者[1]，皆无所资，欲其孝弟，不可得也。故曰，仓廪实知礼节[2]，衣食足知荣辱，岂不信乎？农人受饥寒之苦，见游惰之乐，反从而羡之，至去陇亩、弃耒耜而趋之，是民之害也，又岂特逐末而已哉？

这是出自《管子》的名句，说明经济是社会发展的基础，物质文明是精神文明的基础。

夫孝弟者，本性之所固有；力田者，本业之所当为。民失其业，且失其性者，岂其本然哉？直徇于流俗^[3]，惑于他岐^[4]，以至是耳。国家累降诏条，如有勤务农桑、增置家业、孝友之人，从本社举之^[5]，司县察之，以闻于上司，岁终则稽其事^[6]。或有游惰之人，亦从本社训之，不听则以闻于官而别征其役。此深得古先圣人化民成俗之意。使有职于牧民者^[7]，悉意奉行，明仁义之实以教之，课农桑之利以养之^[8]，则民志专一，风俗还醇，可使人有曾、闵之行^[9]，而家为尧、舜之民矣。欧阳永叔有云"莫若修其本以胜之"^[10]，此谓也。

"社"作为民间基层组织的重要作用，现今也很有参考意义。

这里又点到基层官吏，教化民众孝弟力田是其重要任务，这本书就是为与作者一样的基层官吏写的。

［注释］

[1]仰事：赡养父母。俯育：养育子女。　[2]仓廪（lǐn）：贮藏米谷的仓库。实：充实。　[3]徇（xùn）：顺从。　[4]他岐：邪道。　[5]社：古代乡村的基层组织，二十五家为一社。　[6]稽其事：考察确认以奖赏。　[7]牧民：治理民众。　[8]课：督促完成。　[9]曾、闵：曾参与闵损（闵子骞）的并称，皆孔子弟子，以有孝行著称。　[10]欧阳永叔：欧阳修，字永叔，北宋名臣，文学家。古人称人字不称名表示尊重。

［点评］

本篇主要讲力田，王祯继承了前人总结出的农业"三才理论"，在《农桑通诀》中起先三篇即先后铺陈"天地人"，《授时篇》讲天时，《地利篇》顾名思义讲地利，这一篇则讲人和。王祯自己在下一篇《垦耕篇》中也总结说："天气有阴阳寒燠之异，地势有高下燥湿之别，顺天之时，因地之宜，存乎其人。"天地人三才构成了发展农业的三大重要因素，是中国传统农学总结出的科学思想体系，对今天讨论三农问题仍然具有重要的理论价值。本篇主要讲力田，这里面有几个层次：首先，不能游手好闲、不劳而获，要从事农工商，即使在古代地位最高的知识分子——士也要学农务农，这固然是重农的表现，但更是因为作为将来的官吏，不学农不懂农业就无法管好治下的民众。其次，士农工商，以农为本，抑商重农是中国古代治理思想的重要特点，儒家、法家、道家在这一点上是统一的。这可能是因为中国地域的相对封闭和农工商自给自足有关，而在古代的西亚和地中海地区，由于交通便利，商业就非常发达，各地的物产可以互相贸易，同时也大大促进了文化和科技的交流。中原汉族和北方少数民族互市主要购买马匹，马匹除用在交通运输中外，主要在战争中使用。最后，古代农业基层治理有一套教化孝弟力田的奖惩制度，做得好就奖赏并可以推荐做官，做得不好会受到惩罚，多交租税，但是懒惰的人可能也没有那么多财产交税，那就要去服劳役。不能自己主动劳动就要罚被动劳动，可能这种惩罚教育会使游手好闲的人吃到苦头，懂得悔改。我们轰轰烈烈地推动"精准扶贫"，其关键还是要调动农民自己的积极性，带领大家致富就是新时代的劝农力田。把农业看作一个社会化的再生产过程，而非单纯的自然再生产过程，将人的因素纳入农学中来，也是中国传统农学的一大特色。

集之二

垦耕篇第四

此段讲开荒耕地是农事的开始，开垦荒地称为垦，播种之前整地称为耕。

《易大传》曰[1]："神农氏斫木为耜，揉木为耒，耒耨之利，以教天下。"《周书》云："神农之时，天雨粟，神农耕而种之。始作陶，冶斤斧，为耒耜，以垦草莽，然后五谷兴。"[2]此农事之始也。当尧之时，洪水泛滥，草木畅茂[3]，五谷不登[4]。禹乃随山刊木[5]，益烈山泽而焚之[6]，然后九州之土皆可种艺耕作。于是后稷教民稼穑，树艺五谷。农功之兴，其有次第如此。垦耕者，其农功之第一义欤？垦，除荒也；耕，犁也。古文耕作"畊"，盖古井田之制。今从耒，井声，故作"耕"。

[注释]

[1]《易大传》：《周易》中的《易传》部分，此段引文出自《周易·系辞下》。　[2]以上两段引文也出现于开篇《农事起本》部分，注释参前文。　[3]畅茂：繁茂。　[4]登：谷物成熟。　[5]禹：大禹。刊木：砍伐树木。　[6]益：伯益，传说大禹治水的助手，嬴姓（秦人）的始祖。烈：用火烧。山泽：山野。

前汉赵过为搜粟都尉[1]，田多垦辟，即今俗谓开荒也。凡垦辟荒地，春曰燎荒，如平原草莱深者[2]，至春烧荒，趁地气通润，草芽欲发，根荄柔脆[3]，易为开垦。夏曰菴一感切青[4]，夏日草茂时开，谓之菴青，可当草粪。但根须壮密，须籍强牛乃可[5]，盖莫若春为上。秋曰芟夷[6]。其次，秋暮草木丛密时，先用钐刀遍地芟倒[7]，暴干放火[8]，至春而开垦乃省力。崔寔《四民月令》曰[9]："正月，地气上腾[10]，土长冒橛，说者云陈根可拔，急菑强土黑垆之田[11]。二月，阴冻毕释[12]，可菑美田缓土及河渚小处[13]。三月，杏花盛，可菑沙白轻土之田。五月、六月，可菑麦田也。"

此段讲四时之开荒。

[注释]

[1]前汉：西汉。搜粟都尉：中央高级农官，协助大司农管理农耕和屯田。　[2]草莱：杂草。　[3]根荄（gāi）：植物的根。　[4]掩（yǎn）青：指除草后盖上土为肥。　[5]籍：通"借"，凭借。　[6]芟（shān）夷：锄草。　[7]铍（pō）刀：一种两刃木柄锄草刀，详见《农器图谱·铚艾门》。　[8]暴：通"曝"，曝晒。　[9]《四民月令》：东汉崔寔撰写的中国第一部按照月份介绍农事生产生活的月令体农书，已亡佚。　[10]"地气上腾"三句：是说土地解冻，土壤疏松高起，掩没住原先埋下露出地面的小橛，这时埋在土里的作物旧根要拔出来，可以开始耕地了。橛（jué），小木桩。陈，旧。　[11]菑（zī）：耕。　[12]毕释：全都消散。　[13]渚（zhǔ）：水中的小块陆地。

此段讲各种荒地的开垦方法。

如泊下芦苇地内，必用劚力意切刀引之[1]，犁镵随耕[2]，起墢音伐特易[3]，牛乃省力。沾山或老荒地内科木多者[4]，必须用钁劚去[5]。余有不尽根科，俗谓之"埋头根"也。当使熟铁煅成钁尖[6]，套于退旧生铁钁上。纵遇根株，不至擘缺[7]，妨误工力。或地段广阔，不可遍劚，则就斫枝茎覆于本根上[8]，候干焚之，其根即死而易朽。又有经暑雨后，用牛曳碌碡或辊子[9]，之所斫根查上和泥碾之，干则挣争，去声死，一二岁后，皆可耕种。其林木大者则劙乌更切杀之[10]，谓剥断树皮，其树立死。叶死不扇，便任种莳。三岁后，根株茎朽，以火烧之，则通为熟田矣。

[注释]

[1]劚（lí）刀：一种锄草工具，详见《农器图谱·铚艾门》。 [2]犁镵（chán）：犁头。 [3]起墢（fá）：将土块翻起。墢，同"垡（fá）"，耕地起土。 [4]沾山：挨着山地。科：植物的根茎。 [5]钁（jué）：一种刨土工具，详见《农器图谱·钁斸门》。斸（zhú）：挖掘。 [6]镵：犁头。 [7]擘（bò）：裂开。 [8]斫（zhuó）：砍。 [9]碌碡（liù zhou）：一种碾压农具，详见《农器图谱·耒耜门》。辊（gǔn）子：浑圆没有棱的碌碡。 [10]"其林木大者则劅（yīng）杀之"至"则通为熟田矣"：引自《齐民要术》，原作"根枯茎朽"，意思更通顺。劅杀，环割树木近根一段树皮以杀死树木。不扇，这里指树叶枯萎。扇，遮阴。

《周礼》："薙氏掌杀草[1]，春始生而萌之，夏日至而夷之，秋绳去声而芟之，冬日至而耜之。"书"薙"作"夷"，谓芟草也。又："柞氏掌攻草木及林麓[2]。夏日至，令刊阳木而火之；冬日至，令剥阴木而水之。"注云，刊、剥，谓斫去次地之皮[3]。即此谓除木也。《诗》曰"载芟载柞[4]，其耕泽泽"，盖谓芟草除木而后可耕也。

［注释］

[1]"薙（tì）氏掌杀草"五句：出自《周礼·秋官·薙氏》。薙，锄草。萌，这里指锄去萌生之草。绳，这里指草长得粗壮。　[2]"柞（zé）氏掌攻草木及林麓"五句：出自《周礼·秋官·柞氏》。攻，治理。阳木，生在山南面的树木。水，这里指用水淹。　[3]次地：近地面。　[4]"载芟载柞"二句：出自《诗经·周颂·载芟》。柞，砍。泽泽，通"释释"，土壤疏松。

黍稷、芝麻、绿豆等生长期短，尤其是黍稷抗旱耐贫瘠，适合在新开荒的地里打先锋种植。这些作物在收获后可用青苗埋地肥田，凸显先民生态循环的智慧。

大凡开荒必趁雨后，又要调停犁道浅深粗细，浅则务尽草根，深则不至塞墼[1]，粗则贪生费力[2]，细则贪熟少功[3]，唯得中则可。耕荒毕，以铁齿镉鎂过[4]，漫种黍稷或脂麻、绿豆[5]，耙劳再遍[6]，明年乃中为谷田[7]。

今汉沔、淮颍上率多创开荒地[8]，当年多种脂麻等种，有痛收至盈溢仓箱速富者[9]。如旧稻塍内[10]，开耕毕，便撒稻种，直至成熟，不须薅乎高反拔[11]。缘新开地内[12]，草根既死，无荒可生。若诸色种子年年拣净，别无稗莠[13]，数年之间，可无荒薉，所收常倍于熟田。盖旷闲既久，地力有余，苗稼圔音畅茂[14]，子粒蕃息也[15]。谚云"坐贾行商[16]，不如开荒"，言其获利多也。除荒开垦之功如此。

这段讲开荒的好处。

［注释］

[1] 塞墌：阻碍翻土起垄。　[2] 生：生土，没有经过治理、不适于耕作的土壤。　[3] 熟：熟土，熟化了适于耕种的土壤。　[4] 镉鏉（lòu zòu）：又作"镉榛"，人字耙，这里指用其耙地。详见《农器图谱·耒耜门·耙》。　[5] 脂麻：芝麻。　[6] 耙劳（bà lào）：平整土地，详见《耙劳篇第五》。再遍：两遍。　[7] 中（zhòng）：适合。　[8] 汉沔（miǎn）：这里指汉水流域。淮颍（yǐng）：这里指淮河流域。　[9] 痛收：这里指丰收。痛，极，甚。盈溢：装满。　[10] 塍（chéng）：田埂。　[11] 薅（hāo）：拔除。　[12] 缘：因为。　[13] 稗莠（bài yǒu）：杂草。　[14] 鬯（chàng）茂：繁茂。　[15] 蕃息（fán xī）：繁殖众多。　[16] 贾（gǔ）：商人。

　　若夫耕犁之事，又有本末。上古圣人制耒耜以教耕耨，三代以上皆耦耕，谓两人合二耜而耕之。《诗》曰"亦服尔耕[1]，十千维耦"者，此也。春秋之时，后稷之裔孙叔均始作牛耕[2]。至汉赵过增其制度[3]，三犁一牛[4]，则力省而功倍。今之耕者，大率祖此。《周礼·遂人》"治野，以时器劝甿音萌[5]。"言农夫之耕，当先利其器也。故《诗》曰"三之日于耜[6]，四之日举趾"，又曰"有略其耜[7]，俶载南亩"。《周礼》"车人为耒、庛"[8]，庛有三等[9]。见《农器谱·耒耜门》。今易耒耜而为犁，不问地之坚强轻弱，莫不任使。欲

这段开始讲耕地，概括耕地的工具和制度。

浅欲深，求之犁箭^[10]，箭一而已；欲廉欲猛^[11]，取之犁稍^[12]，稍一而已。然则犁之为器，岂不简易而利用哉？

[注释]

[1]"亦服尔耕"二句：出自《诗经·周颂·噫嘻》。 [2]裔孙：后代子孙。 [3]制度：规模；样式。 [4]三犁一牛：赵过用的是耦犁，二牛三人。这里说得更像是三脚耧，是播种工具而不是耕地工具。 [5]时器：农具，供岁时农事之用。 [6]"三之日于耜"二句：出自《诗经·豳风·七月》。举趾，这里指开始春耕。 [7]"有略其耜"二句：出自《诗经·周颂·载芟》。略，通"䂂（lüè）"，锋利。俶载，开始耕种。 [8]"车人为耒、庛（cì）"：出自《周礼·考工记·车人》。庛，耒下安装耜头的一段木名。 [9]庛有三等：应为耒有三段。 [10]犁箭：犁柱，通过犁柱可以调节犁地的深浅。 [11]廉：狭窄。猛：这里指宽。 [12]犁稍：犁柄，通过调节犁柄的斜正可以调节犁道宽窄。

耕地之法，未耕曰生，已耕曰熟，初耕曰塌，_{音塌。}再耕曰转。生者欲深而猛，熟者欲浅而廉。此其略也^[1]。天气有阴阳寒燠之异^[2]，地势有高下燥湿之别，顺天之时，因地之宜，存乎其人。按《月令》^[3]："孟春之月，天子以元日祈谷于上帝^[4]。乃择元辰^[5]，天子亲载耒耜^[6]。帅三公、九卿、诸侯、大夫，躬耕帝籍^[7]"，"命田司善相

这段讲古时天子亲耕籍田，率先垂范，官员教导民众春耕等制度，强调春耕的重要。

丘陵、阪险、原隰^[8]，土地所宜，五谷所殖，以教导民。田事既饬^[9]，先定准直^[10]，农乃不惑"，"仲春之月，耕者少舍^[11]"。此言农以春耕为先务也。

[注释]

[1] 略：概要。　[2] 燠（yù）：温暖。　[3]《月令》：《礼记·月令》。　[4] 元日：这里指吉日。　[5] 元辰：也指吉日。　[6] 载：装载。　[7] 籍：籍田。　[8] 田司：田官。相（xiàng）：考察。阪（bǎn）：山坡。险：高低不平之地。　[9] 饬：通"敕"，申明，昭告。　[10] 准直：田界、税赋等规范。　[11] 舍：停止，休息。

《齐民要术》云^[1]："凡耕高下田^[2]，不问春秋，必须燥湿得所为佳^[3]。若水旱不调^[4]，宁燥无湿。燥耕虽块^[5]，一经得雨，地则粉解^[6]。湿耕坚垎^[7]，数年不佳。谚曰"湿耕泽锄^[8]，不如归去"，言无益而有损。湿耕者，白背速镉斅之^[9]，亦无伤，否则大恶也。秋耕欲深，夏耕欲浅^[10]。秋耕掩青为上。比至冬月^[11]，青草复生，其美与豆同^[12]。初耕欲深，转耕欲浅。耕不深则土不熟，转不浅则动生土^[13]。菅茅之地^[14]，宜纵牛羊践之^[15]，七月耕之则死。"

豆苗有固氮的作用，所以用来掩埋肥田的效果非常好，是古人从实践中总结出的科学经验。

[注释]

[1]《齐民要术》：北魏贾思勰撰，是中国现存最早系统性总结农学知识的名著。后世农书对该书多有承袭，本书也不例外。　[2]下：低。　[3]得所：合适。　[4]水旱：这里指干湿。不调：不合适。　[5]块：耕地翻起的土成块。　[6]粉解：散开成粉。　[7]坚垎（hé）：土壤板结坚硬。　[8]泽：湿。　[9]白背：是指表面干燥后呈白色的土壤。速：赶快。　[10]夏耕：《齐民要术》原文作"春夏"，这里只提到夏耕，不全面。　[11]比：等到。　[12]其美与豆同：与豆苗一样有肥力。　[13]动生土：把生土翻到上面来。　[14]菅（jiān）茅：一种茅草。　[15]践：踩踏。

氾胜之曰[1]："凡耕之本，在于趋时。春冻解，地气始通，土一和解。夏至，天气始暑，阴气始盛，土复解。夏至后九十日，昼夜分，天地气和。以此时耕，一而当五，名曰膏泽，皆得时功。"《韩氏直说》云[2]："凡地除种麦外，并宜秋耕。秋耕之地，荒草自少，极省锄工。如牛力不及，不能尽秋耕者，除种粟地外，其余黍、豆等地，春耕亦可。大抵秋耕宜早，春耕宜迟。"秋耕宜早者，乘天气未寒时，将阳和之气掩在地中，其苗易荣[3]。过秋天气寒冷，有霜时必待日高，方可耕地，恐掩寒气在内，令地薄，不收子粒。春耕宜迟者，亦待春气和暖，日高时耕。此所谓顺天之时也。

这两段讲不同时节耕田的讲究。

［注释］

[1] 氾（fàn）胜之：西汉时农学家，著有《氾胜之书》，已亡佚，《齐民要术》收录了其不少内容。　[2]《韩氏直说》：原书已亡佚，元代《农桑辑要》最早引用其内容。　[3] 荣：繁茂。

《齐民要术》云："春地气通，可耕坚硬强地黑垆土，辄平磨其块以生草，草生复耕，天有小雨复耕和之，勿令有块，以待时。所谓强土而弱之也。杏始华荣，辄耕轻土弱土。望杏花落，复耕。耕辄蔺音吝之[1]。草生，有雨泽，耕，重蔺之。土甚轻者，以牛羊践之。如此则土强，所谓弱而强之也。"此所以因地而利之也[2]。

《农书》云[3]："早田获刈才毕[4]，随即耕治，晒暴，加粪壅培[5]，而种豆、麦、蔬茹[6]，因而熟土壤而肥沃之，以省来岁功役，其所收又足以助岁计[7]。晚田宜待春乃耕，为其槁秸坚韧[8]，必待其朽腐，易为牛力也。"

这段讲如何根据土壤条件耕田。

［注释］

[1] 蔺（lìn）：碾压，就是蹸的意思。　[2] 利：对……有利。　[3]《农书》：这里指南宋陈旉（fū）所撰《农书》，今传，主要记载江南农业技术。　[4] 刈（yì）：收割。　[5] 壅（yōng）培：施肥培土。　[6] 茹（rú）：蔬菜的总称。　[7] 岁计：年度收支。　[8] 槁秸（gǎo jiē）：

收割后留在地里庄稼干枯的茎秆。槁，枯。

这里讲了一种在平原地形分段内外套耕的方法，是很先进的。通过操作犁掉头先后两次绕耕，三段为一个组合。在一块地内，向外和向内两次绕耕相结合，利用后面外翻两边造成的垄土，填平初次内翻两边所起的畎沟，使得耕地效果均匀、不漏耕。

这里讲南方水田稻麦二熟的整地方法，"开沟作瞵"这一整地方法的出现，标志着南方稻麦二熟制度的成熟。

北方农俗所传，春宜早晚耕，夏宜兼夜耕[1]，秋宜日高耕。中原地皆平旷，旱田陆地，一犁必用两牛、三牛或四牛，以一人执之，量牛强弱，耕地多少，其耕皆有定法。所耕地内，先并耕两犁，墢皆内向，合为一垄，谓之浮瞵[2]。自浮瞵为始，向外缴耕。终此一段，谓之一缴。之外，又间作一缴。耕毕，于三缴之间，歇下一缴，却自外缴耕至中心，劚作一墒[3]。盖三缴中成一墒也。其余欲耕平原，率皆仿此。

南方水田泥耕，其田高下阔狭不等。以一犁用一牛挽之，作止回旋，惟人所便。高田早熟，八月燥耕而熯之[4]，以种二麦[5]。其法：起墢为瞵，两瞵之间，自成一畎[6]。一段耕毕，以锄横截其瞵，泄利其水，谓之腰沟。二麦既收，然后平沟畎，蓄水深耕，俗谓之再熟田也。下田熟晚，十月收刈既毕，即乘天晴无水而耕之。节其水之浅深[7]，常令块墢半出水面[8]，日暴雪冻，土乃酥碎。仲春土膏脉起[9]，即再耕治。又有一等水田，泥淖极深[10]，能陷牛畜，则以木杠横亘田中[11]，人立其上而锄之。南方人畜耐暑，其耕四时皆以中昼[12]。此南北地势之异宜也。

　　这几段讲早晚田、南北气候、地势高低等情况下耕地的讲究。

[**注释**]

[1] 兼：连带。　[2] 轔（lín）：田垄。　[3] 劐（kuò）作一墒（shāng）：在"三缴（jiǎo）"中心划开的土壤形成一道墒沟。劐，同"劙"，分开。墒，同"塲（shāng）"，耕松后的土壤。　[4] 熯（hàn）：曝晒。　[5] 二麦：大小麦。　[6] 畎（quǎn）：与垄相对，田地中的沟。　[7] 节：调节。　[8] 块墢：垄堡。　[9] 膏脉：肥沃的土壤。　[10] 泥淖（nào）：淤泥。　[11] 横亘（gèn）：横放、横跨。亘，绵延不断。　[12] 中昼：白天。

　　凡人家营田，皆当量力，宁可少好，不可多恶。《诗》曰"无田去声甫田 [1]，维莠骄骄"，言力不及而贪多务得，未免苟简之弊 [2]。故《庄子》曰："昔予为禾 [3]，耕而卤莽之，其实亦卤莽而报予；芸而灭裂之，其实亦灭裂而报予。"此言苟简之害也。

　　《农书》云 [4]，古者分田之制，一夫一妇，受田百亩。以其地有肥硗去交切 [5]，故有不易、一易、再易之别。不易之地，家百亩，谓可以岁耕之也；一易之地，家二百亩，谓岁耕其半也；再易之地，家三百亩，谓岁耕百亩，三岁而一周也 [6]。先王之制如此，非独以为土敝则草木不

　　这段内容大体因袭陈旉《农书》的说法，主张从事农业生产要量力而行，避免因贪多而得不偿失。

长^[7]，气衰则生物不遂也^[8]，抑欲其财力有余，深耕易耨^[9]，而岁可常稔^[10]。

今之农夫既不如古，往往租人之田而耕之，苟能量其财力之相称^[11]，而无卤莽灭裂之患，则丰壤可以力致，而仰事俯育之乐可必矣^[12]。今备述经传所载农事之法，兼高原下田地势之宜，自北自南，习俗不通，曰垦曰耕，作事亦异^[13]，通变谓道，无泥一方^[14]，则田功修，而稼穑之务可以次第而举矣。

这几段讲耕田之事要量力而为，务必勤勉不能草率。

［注释］

[1]"无田甫田"二句：出自《诗经·齐风·甫田》，大意是不要去耕种那一大片田地，没看到田间杂草长得那么茂盛。莠（yǒu），狗尾草，这里指田间杂草。　[2]苟简：草率简陋，这里是指决定草率鲁莽。　[3]"昔予为禾"五句：出自《庄子·则阳》，大意是以前种庄稼，耕地草率马虎，收成也草率地报复我，锄草粗疏马虎，收成就粗疏地报复我。卤莽，鲁莽粗疏。芸（yún），通"耘"，锄草。灭裂，粗疏草率。　[4]《农书》：指陈旉《农书》。　[5]硗（qiāo）：地坚硬不肥沃。　[6]一周：循回一遍。　[7]敝：破败。　[8]遂：成长。　[9]耨：锄草。　[10]稔（rěn）：庄稼成熟，这里指丰收。　[11]苟：如果。　[12]仰事俯育：上要侍奉父母，下要养活妻儿。泛指维持一家生活。　[13]作事：耕作之事。　[14]泥：拘泥。

[**点评**]

本篇主要讲开荒和耕地，这是农事的开始，农业最重要的就是耕地，垦耕的目的在于为播种做准备。前半部分主要讲垦荒，讲如何将荒地甚至林地开垦为耕地，后半部分主要讲耕田，即如何耕地松土，形成田垄等耕地制度，为种植各种作物服务。无论是开荒还是耕田，在古时就有一套完整的治理制度，上至帝王的亲耕籍田，率先垂范，下至官员丈土量田，劝民稼穑，以及收缴田税。农业之所以重要，是因为一方面它是养活民众的根本；另一方面国家的运转，也需要农业的赋税来维持。中国古代农业高度发展，开荒和耕田也都有成系列的专门工具和一套方法。先人更是根据时节、地势、土壤和气候条件以及种植作物的不同，因地制宜地总结出不同的垦耕经验和方法，充满了辩证的智慧。此外，文中涉及的内外套耕方法是一套非常巧妙的设计，能够很好地保证平原的广大田地被均匀不漏地翻耕透彻，可谓精耕。其中耕地驱犁路线已经程式化，可以像工业流水线般地操作，大大地提高了效率，同时保证了耕地的效果，体现了科学的思维方式。另外，文中讲到开荒后稬青，先种黍稷、绿豆、芝麻等作物，不仅能得到一季收成，还能将这些作物的绿苗埋在田里当作绿肥，这是一种生态循环的设计，理念非常先进，是从整个生态环境来思考农业，本身就蕴含可持续发展的思想，在今天对我们仍有启示意义。

耙劳篇第五

这段讲何为耙劳。

凡治田之法，犁耕既毕，则有耙劳[1]。耙有渠疏之义，劳有盖磨之功。今人呼耙曰渠疏，劳曰盖磨，皆因其用以名之，所以散塳、去芟、平土壤也[2]。桓宽《盐铁论》曰："茂木之下无丰草，大块之间无美苗[3]。"耙劳之功不至，而望禾稼之秀茂实栗[4]，难矣。

[注释]

[1]耙：多音字，此处音 bà，这个意义又作"欛"，是一种用来碎土和平地的农具，详见《农器图谱·耒耜门·耙》。劳：多音字，此处音 lào，这个意义后来写作"耢"，用荆条等编成的无齿耙，用来平整土地，详见《农器图谱·耒耜门·劳》。　[2]芟（shān）：割草，这里指去除地里草根等。　[3]大块：大土块。　[4]秀：谷类抽穗开花。实：果实。栗：坚实。

《韩氏直说》云："古农法[1]，犁一耱六。今人只知犁深为功，不知耱熟为全功。耱功不到，土粗不实。下种后虽见苗，立根在粗土，根土不相着，不耐旱，有悬死、虫咬、干死诸病。耱功到，则土细，而立根在细实土中。又碾过，根土相着，自然耐旱，不生诸病。"又云："凡地除种麦外，并宜秋耕。先以铁齿䂽纵横䂽之，然后插犁细耕，随耕随劳。至地大白背时，更䂽两遍。至来春地气透时，待日高，复䂽四五遍。其地爽润[2]，上有油土四指许[3]，春虽然无雨，时至便可下种。"《齐民要术》云："耕荒毕，以铁齿镉鎃再遍耙之。"盖铁齿镉鎃已为之先，再用耙镉鎃而后劳之也。今人但耕地毕，破其块墢，而后用劳平磨，乃为得也。

《齐民要术》云，耕地深细，不得趁多[4]，看干湿随时盖磨。待一段总转了[5]，横盖一遍。每耕一遍，盖两遍，最后盖三遍，还纵横盖之。种麦地以五月耕三遍。种麻地耕五六遍，倍盖之。但依此法，除虫灾外，小小旱干，不至全损，缘盖磨数多故也。又云，春耕随手劳，秋耕待白背劳。盖春多风，不即劳则致地虚燥。秋田湿，湿速劳则恐致地硬。又曰："耕欲廉[6]，劳欲再[7]。"凡已耕耙欲受种之地，非劳不可。谚曰："耕而不劳，不如作暴[8]。""切见世人耕了[9]，仰着土块[10]，并待孟春盖[11]，若冬乏冰雪，连夏亢阳[12]，徒道秋耕不堪下种也[13]。"

这两段讲耙劳的功效和重要性，耙劳体现了中国农业精耕细作的特点。

[**注释**]

[1]"古农法"至"不生诸病"实际上出自《种莳直说》,下文"又云"出自《韩氏直说》。 [2]爽:明净。 [3]油土:指多次耙地后土壤表面形成的湿润松土层。 [4]趁多:逞快贪多。 [5]转:再耕。 [6]廉:细窄。 [7]再:两次。 [8]作暴:作践,糟蹋。 [9]切见:确实看见。 [10]仰着土块:指不耙劳。 [11]孟春:春天第一个月,夏历正月。 [12]亢阳:旱灾。 [13]徒道:白白地说。

这段讲播种以后和南方水田的耙劳。

然耙劳之功,非但施于纳种之前,亦有用于种苗之后者。《齐民要术》曰:"谷田既出垄,每一遇雨,白背时,盖以铁齿镉鎒纵横耙而劳之。耙法:令人坐上,数以手断其草[1],草塞齿则伤苗。如此令地熟软,易锄省力。"此用于种苗之后也。南方水田转毕则耙,耙毕即抄[2],抄见《农器谱》。故不用劳。其耕种陆地者,犁而耙之。欲其土细,再犁再耙后用劳,乃无遗功也。

以下两段讲在北方,与劳相似的挞的使用。我们看到王祯特别注重围绕农器讲解农事,所谓"工欲善其事,必先利其器"。重视生产工具,能体现王祯农业思想的先进性。

北方又有所谓挞者[3],与劳相类。《齐民要术》云:"春种欲深,宜曳重挞。春气冷,生迟,不曳挞则根虚,虽生辄死。虽生夏气热而速,曳挞遇雨,必致坚垎。春泽多者,或亦不须挞。必欲挞者,须待白背,湿挞令地坚硬也。"又用曳打场圃[4],极为平实。

今人凡下种，耧种后惟用砘车碾之[5]。然执耧种者，亦须腰系轻挞曳之，使垄土覆种稍深也。或耕过田亩土性虚浮者，亦宜挞之，打令土实也。今当耕种用之，故附于耙劳之末。然南人未尝识此，盖南北习俗不同，故不知用挞之功。至于北方，远近之间，亦有不同：有用耙而不知用劳，有用劳而不知用耙，亦有不知用挞者。耙、劳、挞并见《农器谱》。今并载之，使南北通知，随宜而用，无使偏废，然后治田之法可得论其全功也。

[注释]

[1] 数（shuò）：多次。　[2] 抄：同"秒（chào）"，是一种疏通水田淤泥的农具，详见《农器图谱·耒耜门·秒》。　[3] 挞（tà）：是一种压土的农具，详见《农器图谱·耒耜门·挞》。　[4] 曳（yè）：拖拉。场：收打庄稼、翻晒粮食的场地。圃（pǔ）：种菜的园子。古时两者常轮换使用。　[5] 耧（lóu）：播种的农具，详见《农器图谱·耒耜门·耧车》。砘（dùn）车：播种后用来压土的农具，详见《农器图谱·耒耜门·砘车》。

[点评]

本篇主要讲碎土和平整田地，这项工作紧接在开荒和犁地之后，而在下一篇的播种之前，可以看出《农桑通诀》在前三篇阐述"天地人"农业的三才理论后，接下来的内容是按照农事的步骤来布局谋篇的，即垦耕、耙劳、播种、锄治、粪壤、灌溉、劝助、收获、蓄积诸篇，对农事各环节的总结全面完善，逻辑清晰。在此之前的著名农书《齐民要术》《农桑辑要》等就比较简略，基本上概述耕垦后就是具体的作物种植和畜牧养殖等方面了，没有对农事全流程的分解和详述。王祯这种布局谋篇也应与他的创作初衷相关，这部农书是写给基层官员的，王祯抱着一种勤政爱民的情怀，希望父母官能够在农事的每个环节都能给百姓以指导和劝勉，躬身其间，我们看其中设《劝助篇》就非常明显，因为这不是农事本身的环节，而是官员需要做的。具体到这篇，讲耙劳，说到"犁一耙六"，与犁地相比，耙劳的工作量倍增，耙劳与耕地构成中国北方旱地精耕细作农作体系的基础。

播种篇第六

《书》称[1]："黎民阻饥，汝后稷，播时百谷。"《诗》言[2]："降之秬秠，稙稚菽麦。奄有下国，俾民稼穑。"盖言天相后稷之功也[3]。后之农家者流皆祖述之，以至于今，其法悉备。《周礼》："司稼掌巡邦野之稼[4]，而辩其秬秠之种，周知其名，与其所宜地以为法，而县于邑闾。"按《农书》九谷之种：黍、稷、秫、稻、麻、大麦、小麦、大豆、小豆 [5]。凡种，浥郁则不生 [6]，生亦寻死。种杂者 [7]，禾生早晚不均，舂复减而难熟，特宜存意拣选。常岁别收好穗纯色者 [8]，劋音樵刈悬之 [9]。又有粒而或箪或窖者 [10]。将种前二十许日取出，晒之令燥，种之。

此段讲选种和储存种子。

[**注释**]

[1]《书》即《尚书》。　[2]"《诗》言"五句：大意是《诗经》说上天赐予多福，有各种谷物、豆和麦，后稷拥有他的国土，管理百姓耕作。《诗》即《诗经》。此处引《诗》出自《诗经·鲁颂·閟宫》，"降之穜稑（tóng lù）"原作"降之百福，黍稷重穋"。穜稑即重穋。先种后熟的谷类叫穜，后种先熟的谷类叫稑。早种的谷物叫穜，晚种的谷物叫稑。　[3] 相：帮助。　[4]"司稼掌巡邦野之稼"五句：出自《周礼·地官·司稼》。辩，通"辨"，分辨。县，同"悬"，悬挂。邑闾（lú），城门。　[5] 黍、稷、秫（shú）、稻、麻、大麦、小麦、大豆、小豆：出自《农桑辑要·播种》。秫，糯性谷物。麻，大麻。小豆，红小豆。　[6] 浥（yì）郁：闷热。浥：沾湿。　[7]"种杂者"四句：是说如果种子不纯，长得就大小不一，舂去外壳的时候为了迁就小的，大的就会多消耗，大小不一做饭也不容易熟得均匀。禾，这里泛指粟等谷物。舂（chōng），在石臼里捣掉皮壳。宜，应该。　[8] 常岁：每年。　[9] 劋刈（qiāo yì）：收割。　[10] 箪（dān）：这里指种箪，盛放种子的竹器。

氾胜之曰："牵马令就谷堆食数口，以马践过为种，无蚼蚄等虫也 [1]。种或伤湿浥郁，则生

似乎并无科学依据。

虫也。或取马骨锉一石^[2]，以水三石，煮之三沸，漉去滓^[3]，以汁渍附子五枚^[4]。三四日去附子，以汁和蚕矢、羊矢各等分^[5]，搅令洞洞如稠粥^[6]。先种二十日^[7]，以溲种^[8]，如麦饭状。当天旱燥时溲之，立干。薄布，数搅令干。明日复溲。阴雨则勿溲。六七溲曝干，谨藏，勿令复湿。至可种时，以余汁溲而种之，则禾稼不生虫也。无马骨亦可用雪汁。雪汁者，五谷之精，使稼又耐旱也。"麦种宜与锉碎苍耳或艾^[9]，暑日曝干，热收，藏以瓦器。顺时种之，无不生茂。"凡欲知岁所宜谷，以布囊盛粟等诸物种，平量之^[10]，以冬至日埋于阴地。冬至后五十日，发取量之，息最多者^[11]，岁所宜也。"

又《师旷占术》曰^[12]："五木者，五谷之先也。欲知五谷，但视五木。择其木盛者，来年多种之，万不失一。"故《杂阴阳书》曰^[13]："禾生于枣或杨，大麦生于杏，小麦生于桃，稻生于柳或杨，黍生于榆，大豆生于槐，小豆生于李，麻生于杨或荆^[14]。"

处理种子，是为了选出健康的种子，减少虫害，从而使生长出来的作物耐旱、丰产。

这体现了希望预测农业的良好愿望，但并无科学依据。

这种观念是古代占卜之术，无科学依据。

[**注释**]

[1] 蚜蚄（zǐ fāng）：黏虫，农作物害虫。　 [2] 锉（cuò）：磨碎。石（dàn）：容量单位，十斗为一石。　 [3] 漉（lù）：过滤。　 [4] 渍（zì）：浸。附子：一种植物，可入药，这里指它的块根。　 [5] 矢：通"屎"。各等分：相等的分量。　 [6] 洞洞：混合的样子。 [7] 先种：种植前。　 [8] 溲（sōu）：浸泡。　 [9] 苍耳：一年生草本植物，植株可制农药。艾：多年生草本植物，茎叶可防治病虫害。 [10] 平量之：用同一容器平口称量，使容量一样。　 [11] 息：滋长，这里指膨胀。　 [12]《师旷占术》：后人托名师旷所作占卜之书，已经亡佚。师旷，春秋时晋国乐师，擅长辨音。　 [13]《杂阴阳书》：阴阳数术书籍，已经亡佚。　 [14] 荆：一种灌木，又称楚木。

《农书》云 [1]："种莳之事，各有攸叙 [2]。能知时宜，不违先后之序，则相继以生成，相资以利用。种无虚日，收无虚月，何匮乏之足患，冻馁之足忧哉 [3]？正月种麻枲 [4]。二月种粟。脂麻有早晚二种 [5]，三月种早麻。四月种豆。五月中旬种晚麻。七夕以后种莱菔、菘、芥 [6]。八月社前即可种麦，经两社即倍收而坚好 [7]。"如此则种之有次第，所谓顺天之时也。凡五谷，上旬种者全收，中旬中收，下旬下收。

又地势有良薄，山泽有异宜。故良田宜种晚，薄田宜种早。良田非独宜晚，早亦无害；薄田种

早种早获，宁早勿晚，是古人在从事农事时的一种观念和做法。

晚，必不成实。山田宜种强苗，以避风霜；泽田种弱苗，以求华实[8]。《孝经援神契》曰[9]："黄白土宜禾，黑坟宜麦与黍，赤土宜菽，污泉宜稻。"所谓因地之宜也。

以上两段讲播种与天时、地利的关系。

[注释]

[1]《农书》：出自陈旉《农书·六种之宜篇》。　[2]攸叙：所序。　[3]馁（něi）：饥饿。　[4]枲（xǐ）：大麻的雄株，也泛称大麻。　[5]脂麻：指芝麻，有早晚两种。早麻，早种的芝麻。晚麻，晚种的芝麻。　[6]莱菔（lái fú）：萝卜。菘（sōng）：白菜。芥（jiè）：芥菜。　[7]社：古代祭祀土地神的日子称为"社日"，以立春和立秋后第五个戊日分别为春社和秋社。　[8]华实：结穗充实。　[9]《孝经援神契》：《孝经》纬书之一种，纬书是汉代阴阳儒学者附会六经和《孝经》创作的，称为七纬。

南方水稻，其名不一，大概为类有三：早熟而紧细者曰籼[1]，晚熟而香润者曰粳[2]，早晚适中、米白而黏者曰糯。三者布种同时。每岁收种，取其熟好、坚栗、无秕[3]、不杂谷子，晒干，蔀藏[4]，置高爽处。至清明节取出，以盆盎别贮[5]，浸之。三日漉出，纳草篅中[6]。晴则暴暖，渳以水，日三数。遇阴寒则渳以温汤。候芽白齐透，然后下种。须先择美田，耕治令熟，泥沃而水清，以既芽之谷漫撒，稀稠得所。秧生既长，小满、芒种之间，分而莳之。旬日，高下皆遍。北土高原，本无陂泽[7]。遂一曲而田者[8]，纳种如前法。既生七八寸，拔而栽之。

凡下种之法，有漫种、耧种、瓠种、区种之别[9]。漫种者，用斗盛谷种，挟左腋间，右手料取而撒之。随撒随行，约行三步许，即再料取。务要布种均匀，则苗生稀稠得所。秦晋之间皆用此法。南方惟种大麦则点种，其余粟、豆、麻、小麦之类，亦用漫种。北方多用耧种，耧种见《农器谱》。其法甚备。《齐民要术》云："凡种，欲牛迟缓行，种人令促步以足蹑陇底[10]。"欲土实，种易生也。今人制造砘车，砘子之制见《农器谱》。随耧种之后，循陇碾过，使根土相着，功力甚速而当去声。瓠种者，瓠种之法见《农器谱》。窍瓠贮种[11]，随行随种，务使均匀。犁随掩过，覆土既深，虽暴雨不至捶挞[12]，暑夏最为耐旱，且便于撮锄。今燕赵间多用之。区种之法，凡山陵、近邑高危倾阪[13]，及丘城上[14]，皆可为区田。粪种水浇，备旱灾也。区田法见《农器谱》。

这段讲南方水稻的播种。内容包括稻种分类、收藏、浸种催芽、播种和移栽。

其中漫种相当于今天所说的撒播，耧种是条播，瓠种是点播，而区种则是穴播。

这段讲播种的方法。

［注释］

[1] 籼（xiān）：稻米一种，无黏性。　[2] 粳（jīng）：稻米一种，黏性不及糯米。　[3] 秕（bǐ）：中空或不饱满的谷粒。　[4] 蔀（bù）：覆盖。　[5] 盎（àng）：一种盆，腹大口小。　[6] 篅（chuán）：竹制圆形的谷仓。　[7] 陂泽（bēi zé）：湖泽。陂，池塘。　[8] 一曲：一湾水。　[9] 瓠（hù）：葫芦的变种。　[10] 促步：急步，快走。蹑（niè）：踩踏。陇：通"垄"，田埂。　[11] 穿：钻孔。　[12] 捶挞：抽打。　[13] 高危：高而险。倾阪（bǎn）：斜坡。阪，土坡。　[14] 丘城：空城。

这段讲主粮作物之外蔬果种植，体现了古人"大粮食"的观念。

又按《食货志》云[1]："种谷必杂五种，以备灾害。"五谷，黍、稷、麻、麦、豆也。又曰："菜茹有畦[2]，瓜瓠果蓏[3]，殖于疆埸[4]。"则是五谷之外，蔬蓏亦不可阙者。故谷不熟曰饥，菜不熟曰馑[5]。《物理论》云[6]，百谷者，三谷各二十种，蔬果各二十种，共为百谷。盖蔬果之实，所以助谷之不及也。是故烹葵食瓜[7]，乃系之《豳风》农桑之诗[8]；畜菜取蔬，互见于《月令》收敛之后[9]。然地有肥瘠，能者择焉；时有先后，勤者务焉。

这段讲蔬果等种植方法，将蔬果区分为叶菜类和块根类，并有相应的技术措施。

若夫种莳之法，姑略陈之。凡种蔬蓏，必先燥爆其子。地不厌良，薄即粪之；锄不厌频，旱即灌之。用力既多，收利必倍。大抵蔬宜畦种，蓏宜区种。畦地长丈余，广三尺。先种数日，斸起宿土，杂以蒿草，火燎之，以绝虫类，并得为粪。临种，益以他粪，治畦种之。区种如区田法，区深广可一尺许。临种，以熟粪和土拌匀，纳子粪中。候苗出，料视稀稠去留之。又有芽种，凡种子先用淘净，顿瓠瓢中[10]，覆以湿巾，三日后芽生，长可指许，然后下种。先于熟畦内以水饮地，匀掺芽种，复筛细粪土覆之，以防日曝。此法菜既出齐，草又不生。凡菜有虫，捣苦参根并石灰水[11]，泼之即死。苟能依上法种莳，非止家可足食，余者亦可为资生之利。昔龚遂劝农[12]，口种葱五十本、薤百本[13]、韭一畦，渤海之民缘是致足。

夫养生必以谷食，配谷必以蔬茹，此日用之常理，而贫富所不可阙者。故于谷食之后，以蔬茹继之，而成其百谷之数。今历论播种之法，庶农圃者择而用之[14]。

以上三段讲蔬果的播种与补充粮食作物的意义。

[注释]

[1]《食货志》：此处指《汉书·食货志》。 [2] 畦（qí）：菜园中分成的小区。 [3] 蓏（luǒ）：草本植物的果实。 [4] 疆埸（jiāng

yì)：边界，田界。　[5]馑：音 jǐn。　[6]《物理论》：西晋杨泉撰，已亡佚。　[7]葵：冬葵、冬苋菜，古代是一种主要蔬菜。　[8]《豳风》：《诗经·豳风》。　[9]《月令》：《礼记·月令》。收敛：收获庄稼。　[10]顿：放置。　[11]苦参：多年生草本植物，根可入药。　[12]龚遂：西汉宣帝时渤海太守。　[13]口：每人。本：株，棵。薤（xiè）：一种蔬菜，即藠（jiào）头。　[14]庶：希望。

［点评］

　　本篇主要讲谷物、蔬果等的播种。具体讲到了选种、储种、溲种、播种时节和方法等诸方面的内容，比较完备。"有收没收在于种"，播种是农业生产的关键，所以说到农事我们又称"种地"。本篇讲到选种，体现中国精耕细作的农业体系中的良种思想，只有通过良种的保育，才能保证种子不会自然退化，而通过一代代的选育，不断培育良种，是农业的根本。播种从种子开始，涉及作物的种类、种子的选择、收藏、处理、浸种催芽、播种方法及工具等。溲种法就类似于现代的"包衣种子"技术。第二次世界大战以后的农业"绿色革命"就是从种子开始的，袁隆平因为成功地将杂种技术用于水稻育种而闻名。今后中国农业的发展仍然有赖于种业技术的发展，同时种质资源也将被视为未来农业持续发展的关键资源。

　　本篇中讲到预测收成的时候，以五谷与五木相对应，是古代阴阳五行学说的体现；另外，将种子埋地观测膨胀多少的方法预测收成则与"律管候气"类似，实无科学依据。

集之三

锄治篇第七

《传》曰："农夫之务去草也[1]，芟夷蕴崇之，绝其本根，勿使能殖，则善者信音伸矣。"盖稂莠不除[2]，则禾稼不茂，种苗者不可无锄芸之功也。又《说文》云[3]，锄，言助也，以助苗也。故字从金从助。凡谷须锄，乃可滋茂。谚云"锄头自有三寸泽"也[4]。《诗》曰："其镈音博斯赵[5]，以薅荼蓼。"镈，芸田器。古之镈，其今之锄欤？镈与锄见《农器谱》。

此段讲锄治的意义。

[注释]

[1]"农夫之务去草也"五句：出自《左传·隐公六年》。务，务必。蕴崇，堆积（做肥料）。则善者信矣，这里意思是说好的苗（庄稼）就能苗壮成长了。信，通"伸"，生长。　[2]稂（láng）莠：田间杂草。稂，穗瘪的禾苗。　[3]按《说文解字》无"锄"字，此处可能出自《释名》。《释名·释用器》："锄，助也，去秽助苗长也。"　[4]泽：滋润，恩泽。　[5]"其镈斯赵"二句：出自《诗经·周颂·良耜》。大意是说那锄头真锋利，铲尽那些田间杂草。镈（bó），锄类农具，详见《农器图谱·钱镈门》。赵，通"㧻（zhào）"，锋利。薅（hāo），拔除。荼蓼（tú liǎo），田间杂草。

此段讲旱地的锄治之法。

按《齐民要术》云："苗生如马耳则镞锄[1]，谚曰：'欲得谷，马耳镞。'稀豁之处[2]，锄而补之[3]。凡五谷，惟小锄之为良[4]。小锄者，非直省功，谷亦大胜[5]。大锄者，草根繁茂，用功多而收功益少。苗出垄则深锄。锄不厌数，周而复始，勿以无草为暂停。锄者非止除草，乃地熟而谷多[6]，糠薄[7]，米息[8]。锄得十遍，更得'八米'也[9]。春锄起地，夏为锄草。故春锄不用触湿，六月已后，虽湿亦无嫌。春苗既浅，阴未覆地，湿锄则地坚。夏苗阴厚，地不见日，故虽湿亦无害矣。《管子》曰：'为国者，使民寒耕而热芸。'芸，除草也。"又云："候黍、粟苗未与垄齐，即锄一遍。经五七日，更报锄第二遍[10]。候未蚕老毕[11]，报锄第三遍。无力则止。如有余力，秀后更锄第四遍。脂麻、大豆并锄两遍止，亦不厌早锄。谷，第一遍便科定[12]，每科只留两三茎，更不得留多。每科相去一尺。两垄头空[13]，务欲深细。第一遍锄未可全深，第二遍惟深是求，第三遍较浅于第二遍，第四遍又浅于第三遍。"盖谷科大则根浮故也。第一次撮苗曰镞[14]，第二次平垄曰布，第三次培根曰壅[15]，第四次添功曰复。一次不至，则稂莠之害、稗稗之杂入之矣[16]。谚云"谷锄八遍饿杀狗"，为无糠也。其谷亩得十石，斗得八米，此锄多之效也。

[注释]

[1]马耳：真叶长出来还没展开的样子。镞（zú）锄：一种锄法，用锄尖角锄草、间苗（在作物生苗期，及时分次铲除弱苗、杂苗，以保持苗间有适当的空隙和营养面积，防止拥挤不利生长）。镞，箭头。 [2]稀豁：未生苗的空旷处。 [3]锄而补之：锄草补种苗。 [4]小锄：趁苗小时锄草。 [5]大胜：丰产。 [6]地熟：地表土壤松软。 [7]糠：谷壳。 [8]米息：谷粒饱满。 [9]八米：八折米，从谷粒去壳后还剩八成分量。 [10]更：又。报：往回。 [11]候未蚕老毕：在蚕还没老熟之前。 [12]科定：选定所留苗。科：一小丛。 [13]两垄头空：两垄之间未有苗处。 [14]撮苗：间苗。撮，摘。 [15]壅：覆盖。 [16]稗（bài）：类似禾稻的杂草。

此段讲锄治的农具。

其所用之器，自撮苗后，可用以代耰锄者[1]，名曰耧锄。见《农器谱》。其功过锄功数倍，所办之田，日不啻二十亩[2]。或用劚子[3]，其制颇同。劚见《农器谱》。如耧锄过，苗间有小豁眼不到处[4]，及垄间草秽未除者[5]，亦须用锄理拨一遍为佳。别有一器曰铲，见《农器谱》。营州以东用之[6]，又异于此。凡耘苗之法，亦有可锄、不可锄者。旱耕块墢，苗秽同孔出，不可锄治。此耕者之失，难责锄也。

此段讲水田的耘草。耘水田之法分为足耘、手耘和耘荡三种。三种耘法的地理分布不同：大体上足耘分布在长江中游及其以南地区，手耘和耘荡分布在长江下游及其以南地区。江淮之间也有用耘荡的耘法。

《曾氏农书·芸稻篇》谓[7]，记礼者曰，仲夏之月，利以杀草，可以粪田畴[8]，可以美土疆。盖耘除之草，和泥渥漉，深埋禾苗根下，沤罨既久[9]，则草腐烂而泥土肥美，嘉谷蕃茂矣。大抵耘治水田之法，必先审度形势，先于最上处潴水[10]，勿致走失，然后自下旋放旋芸之[11]。其法须用芸爪。见《农器谱》。不问草之有无，必遍以手排漉，务令稻根之傍液液然而后已[12]。荆、扬厥土涂泥，农家皆用此法。又有足芸，为木杖如拐子，两手倚之以用力，以趾塌拨泥上草秽[13]，拥之苗根之下，则泥沃而苗兴。其功与芸爪大类，亦各从其便也。今创有一器曰耘荡，见《农器谱》。以代手足，工过数倍，宜普效之。

[注释]

[1] 耰（yōu）锄：也称"耧锄"，锄草农具，详见《农器图谱·钱镈门》。　[2] 不啻（chì）：不止。　[3] 劐（huō）子：耧锄。　[4] 小豁眼：小块漏锄地。　[5] 秽：田间杂草。　[6] 营州：此处指辽代营州，州治在今河北昌黎。　[7]《曾氏农书·芸稻篇》：此处《曾氏农书》不知是否为已经亡佚的曾安止《禾谱》，内容与陈旉《农书·薅耘之宜篇》差不多。　[8] 田畴：有田界的耕地。　[9] 沤罨（òu yǎn）：长时间地浸泡并覆以泥，使之腐烂。罨，覆盖。　[10] 潴（zhū）：水积聚。　[11] 旋：一边。　[12] 傍：同"旁"。液液然：融解的样子。　[13] 塌拨：拨落。

《纂文》曰[1]："养苗之道，锄不如耨。"耨，今小锄也。《吕氏春秋》曰："先生者为米，后生者为秕。是故其耨也，长其兄而去其弟。不知稼者，其耨也，去其兄而养其弟，不收其粟而收其秕。"此失耨之道也。锄后复有薅拔之法，以继成其锄之功也。夫稂莠黄稗[2]，杂其稼出，盖锄后茎叶渐长，使可分别，非薅不可，故有薅鼓、薅马之说。事见《农器谱》。

　　其北方村落之间，多结为锄社，以十家为率[3]，先锄一家之田，本家供其饮食，其余次之，

此段讲耨和薅拔之法。

此段讲互助的锄社制度。

旬日之间，各家田皆锄治。自相率领，乐事趋功，无有偷惰^[4]。间有病患之家，共力助之。故田无荒秽，岁皆丰熟。秋成之后，豚蹄盂酒^[5]，递相犒劳，名为锄社，甚可效也。今采摭南北耘薅之法^[6]，备载于篇，庶善稼者相其土宜，择而用之，以尽锄治之功也。

[注释]

[1]《纂文》：南朝宋何承天撰，已亡佚。 [2]黄：通"稊（tí）"，稗子一类的杂草。 [3]率（lǜ）：标准。 [4]偷惰：偷安怠惰。 [5]豚（tún）蹄：猪蹄。盂（yú）：类似盆窄口的器皿。 [6]摭（zhí）：拾取，摘取。

[点评]

本篇主要讲播种生苗后选苗、间苗和除草等农事，核心内容是除草。东亚地区，夏季高温高湿，十分有利于杂草的繁殖，如不及时进行除草，很难有丰收。于是中耕除草，也就是本篇所说的"锄治"成为东亚农业的特点。古人在长期实践中发现，锄治在除草作用之外，还有培肥、保墒、抗旱、提高产量等多种功能，因此十分重视早锄、多锄。全篇分为旱地和水田两部分，水田讲得也很详细，体现出王祯对南北农业内容的平衡兼顾。具体内容依然围绕农具依次展开，并且很多标注参见《农器图谱》，是《王祯农书》的重要特点。

粪壤篇第八

田有良薄，土有肥硗，耕农之事，粪壤为急。粪壤者，所以变薄田为良田，化硗土为肥土也。古者分田之制，上地家百亩，岁一耕之；中地家二百亩，间岁耕其半[1]；下地家三百亩，岁耕百亩，三岁一周。盖以中、下之地瘠薄硗确[2]，苟不息其地力，则禾稼不蕃。后世井田之法变，强弱多寡不均，所有之田，岁岁种之，土敝气衰，生物不遂。为农者必储粪杇以粪之，则地力常新壮而收获不减。《孟子》所谓"百亩之粪[3]，上农夫食九人"也。

踏粪之法：凡人家于秋收，场上所有穰穧等[4]，并须收贮一处。每日布牛之脚下三寸厚，经宿，牛以蹂践、便溺成粪。平旦收聚[5]，除置院内堆积之[6]。每日亦如前法，至春可得粪三十余车。至夏月之间，即载粪粪地，地亩用五车，计三十车可粪六亩。匀摊耕盖[7]，即地肥沃，兼可堆粪桑行[8]。

这段在《垦耕篇》里讲过，说的是早期农业的休耕制度。史料记载战国之后中国先民逐步掌握了粪肥的知识，由于肥料对地力的适时补充，农业也就从休耕过渡到连耕。

[注释]

[1] 间岁：间隔一年轮流。　[2] 硗确（qiāo què）：土地坚硬贫瘠。　[3]"百亩之粪"二句：出自《孟子·万章下》。食（sì），供养。　[4] 穰（ráng）：稻、麦等的秆。秔（yì）：同"秔"，谷壳。　[5] 平旦：清晨。　[6] 除：通"储"，积蓄。　[7] 盖：耙劳。　[8] 桑行：桑树间。其用处见下文。

"庄稼一枝花，全靠粪当家。"自战国以后，多粪肥田已成为农人的共识。因此，如何积肥、开辟肥源就成为问题的关键。本篇着重讲了肥料的种类及其积制方法。

又有苗粪、草粪、火粪、泥粪之类。

苗粪者，按《齐民要术》云："美田之法，绿豆为上，小豆、胡麻次之。悉皆五六月穰种[1]，七八月犁掩杀之，为春谷田，则亩收十石，其美与蚕矢、熟粪同。"此江淮迤北用为常法[2]。

草粪者，于草木茂盛时芟倒，就地内掩罨腐烂也。记礼者曰，仲夏之月，利以杀草，可以粪田畴，可以美土疆。今农夫不知此，乃以其耘除之草弃置他处，殊不知和泥渥漉，深埋禾苗根下，沤罨既久，则草腐而土肥美也。江南三月草长，则刈以踏稻田。岁岁如此，地力常盛。《农书》云，种谷必先治田[3]。积腐稿败叶，划薙枯朽根荄，遍铺而烧之，即土暖而爽。及初春，再三耕耙，而以窖罨之肥壤雍之。麻枿舒榛反、谷壳，皆可与火粪窖罨。谷壳朽腐，最宜秧田，必先渥漉精熟，然后踏粪入泥，荡平田面，乃可撮种[4]。

其火粪，积土，同草木堆叠烧之。土熟冷定，用碌轴碾细用之[5]。江南水地多冷，故用火粪。种麦、种蔬尤佳。又凡退下一切禽兽毛羽亲肌之物，最为肥泽，积之为粪，胜于草木。下田水冷，亦有用石灰为粪治，则土暖而苗易发。然粪田之法，得其中则可，若骤用生粪[6]，及布粪过多，粪力峻热，即烧杀物，反为害矣。大粪力壮，南方治田之家，常于田头置砖槛[7]，窖熟而后用之，其田甚美。北方农家亦宜效此，利可十倍。

又有泥粪，于沟港内乘船，以竹夹取青泥，枕拨岸上[8]，凝定，裁成块子，担去同大粪和用，比常粪得力甚多。或用小便，亦可浇灌，但生者立见损坏，不可不知。

从用草木灰、禽兽羽毛和石灰来暖土来看，这里说的地冷，应该是酸度高，需要用碱性物质中和。《地利篇》中引用《周礼》讲的土化之法应该也是一种改善土壤的方法。

这段讲的是用粪肥的方法，除了上面提到的改善土壤的功用外，用肥的要点是不能直接使用生粪，要经过窖藏沤肥。

[注释]

[1]穊种：穊（jì）种，密种，多种用作绿肥。　[2]迤（yǐ）：延伸，向。　[3]"种谷必先治田"至"然后踏粪入泥"：是根据陈旉《农书·善其根苗篇》改写的。稿，谷物的茎秆。刬（chǎn），通"铲"。荄（gāi），草根。雍，通"壅"，覆盖。糁（shēn），粮食、油料加工后剩下的渣滓。　[4]撮种：点播法。　[5]碌轴：碌碡，用来碾谷脱粒或平整场地的圆柱形农具，详见《农器图谱·耒

耔门·礰礋》。　[6] 生粪：未经沤化的粪肥。　[7] 槛（jiàn）：栅栏。　[8] 杴（xiān）：一种农具，木杴用来拌撒肥料和扬取谷物，详见《农器图谱·钁臿门·杴》。

《农书·粪壤篇》云：土壤气脉[1]，其类不一，肥沃硗确，美恶不同，治之各有宜也。夫黑壤之地信美矣，然肥沃之过，不有生土以解之，则苗茂而实不坚。硗确之土信恶矣，然粪壤滋培，则苗蓄秀而实坚栗。土壤虽异，治得其宜，皆可种植。今田家谓之粪药，言用粪犹用药也。

凡农居之侧[2]，必置粪屋，低为檐楹，以避风雨飘浸。屋中必凿深池，甃以砖甓。凡扫除之土、烧燃之灰、簸扬之糠秕、断稿落叶，积而焚之，沃以肥液，积久乃多。凡欲播种，筛去瓦石，取其细者，和匀种子，疏杷撮之。待其苗长，又撒以壅之，何物不收？为圃之家[3]，于厨栈下深阔凿一池，细甃使不渗泄。每春米，则聚砻簸谷壳，及腐草败叶，沤渍其中，以收涤器肥水，与渗漉泔淀。沤久自然腐烂。一岁三四次，出以粪苴，因以肥桑。愈久愈茂，而无荒废枯摧之患矣。

又有一法：凡农圃之家，欲要计置粪壤，须

这里引述陈旉《农书》的"粪药"说，认为"用粪犹用药"，是农学理论与医学理论的一次结合，是土壤肥料学说史上的重要思想。

此段讲日常生活中的有机质积肥。

用一人一牛或驴，驾双轮小车一辆，诸处搬运积粪，月日既久，积少成多。施之种艺，稼穑陪收 [4]，桑果愈茂，岁有增羡 [5]，此肥稼之计也。夫扫除之猥 [6]，腐朽之物，人视之而轻忽，田得之为膏润，唯务本者知之，所谓"惜粪如惜金"也，故能变恶为美，种少收多。谚云"粪田胜如买田"，信斯言也。凡区宇之间 [7]，善于稼者，相其各各地里所宜而用之，庶得乎土化渐渍之法，沃壤滋生之效，俾业擅上农矣。

这段讲收储人畜粪便为肥。

[注释]

[1]"土壤气脉"至"言用粪犹用药"：出自陈旉《农书·粪田之宜篇》。信，确实。　[2]"凡农居之侧"至"何物不收"：出自陈旉《农书·薅耘之宜篇》。楹，堂屋前部的柱子。甃（zhòu），砌，垒。甓（pì），砖。杷，通"耙"。　[3]"为圃之家"至"而无荒废枯摧之患矣"：出自陈旉《农书·种桑之法篇》。栈，棚，阁。砻（lóng），去掉稻壳的农具，形状略像磨，详见《农器图谱·杵臼门·砻》。泔（gān），淘米、洗碗刷锅用过的水。出以粪苎（zhù），因以肥桑，是讲在桑树间种苎麻。　[4]陪：增加。　[5]羡：盈余。　[6]猥：堆积。　[7]区宇：天下。

[点评]

本篇主要讲积肥和施肥以及用粪肥改造土壤的情况，

核心内容是肥料的收储和使用。中国的耕地能养活众多人口，精耕细作中非常重要的一项就是有机肥的使用，只有适时补充地力，土地才能连耕，才能提高产量。"粪"在农事中是指广义的肥料。先民的智慧在于很早就发现使用粪肥，虽然他们还不清楚有机质和矿物质循环的道理，但是物质循环的朴素自然哲学使得先民能够充分利用这一原理补充地力。在施肥方法方面重点指出切忌直接用生粪，今天我们通过科学研究可以知道生粪里面可能含有病菌和有害的寄生虫，所含有机物不经过发酵不能被很好地吸收，生粪发酵过程中消耗氧气，释放热量和有害气体也特别容易损坏庄稼根系，而通过窖藏沤肥可以解决上述问题。

篇中提到的粪肥有：穰穢、青苗、腐稿败叶、枯朽根荄、麻糁谷壳、禽兽毛羽、青泥、扫除之土、烧燃之灰、簸扬之糠秕、断秆落叶、涤器肥水、渗漉泔淀、便溺、蚕矢、积粪等，可谓全面，实际上就是要平时收储各种废弃的有机质用以回田肥田，这在今天看来仍然是先进的生态农业的思想和方法，有利于农业的可持续发展。文中还分别提到北方和江南的粪肥情况。

灌溉篇第九

此段通说旱地以沟渠灌溉。先秦时期，北方旱地农田水利除了灌溉之外，重要的还在于排涝。

昔禹决九川 [1]，距四海，浚畎浍距川，然后播奏艰食，烝民乃粒。此禹平水土，因井田沟洫以去水也[2]。后井田之法大备于周。《周礼》所谓“遂人”“匠人”之治，夫间有遂[3]，十夫有沟，百夫有洫，千夫有浍，万夫有川；遂注入沟，沟注入洫，洫注入浍，浍注入川。故田亩之水有所归焉。此去水之法也。若夫古之井田，沟洫脉络，布于田野，旱则灌溉，潦则泄去[4]。故说者曰，沟洫之于田野，可决而决，则无水溢之害；可塞而塞，则无旱干之患。又荀卿曰：“修堤防[5]，通沟洫，之水潦，安水藏，以时决塞。”则沟洫岂特通水而已哉？

考之《周礼》，“稻人”掌稼下地，以水泽之地种谷也。以潴蓄水[6]，以防止水，以遂均水，以列舍水，以浍泻水。此又下地之制，与“遂人”“匠人”异也。后世灌溉之利，实访于此[7]。至秦废井田而开阡陌[8]，于今数千年，“遂人”“匠人”所营之迹，无复可见。惟“稻人”之法，低湿水多之地，犹祖述而用之[9]。

此段通说水田的灌溉。与井田沟洫的排涝功能不同，南方低湿多水之地，因应水稻种植的需要，在泄水的同时，更注重蓄水。

[注释]

[1]“昔禹决九川”五句：出自《尚书·益稷》。距，至，到达。浚（jùn），疏通。浍（kuài），田间水沟。播奏艰食，意思是播种

然后收获各种食品。乃粒，以谷物为食。　[2]沟洫（xù）：水道，沟渠。　[3]"夫间有遂"至"浍注入川"：分别出自《周礼·地官·遂人》《周礼·考工记·匠人》。夫，一夫百亩之田。间，之间。遂，沟渠。　[4]潦（lǎo）：本意雨水大，积水；此处同"涝（lào）"，水多成灾。　[5]"修堤防"五句：出自《荀子·王制篇》。　[6]"以潴蓄水"五句：出自《周礼·地官·稻人》。列，通"埒"，田埂，用以分界并蓄水。舍（shè），使停留。　[7]访：通"昉"，始于。　[8]阡陌：田间小路。　[9]祖述：遵循，效法。

　　天下农田灌溉之利，大抵多古人之遗迹。如关西有郑国、白公、六辅之渠[1]，关外有严熊龙首渠[2]，河内有史起十二渠[3]，自淮、泗及汴通河[4]，自河通渭，则有漕渠[5]，郎州有右史渠[6]，南阳有召信臣钳卢陂[7]，庐江有孙叔敖芍陂[8]，颍川有鸿隙陂[9]，广陵有雷陂[10]，浙左有马臻镜湖[11]，兴化有萧何堰[12]，西蜀有李冰、文翁穿江之迹[13]，皆能灌溉民田，为百世利。兴废修坏，存乎其人。夫言水利者多矣，然不必他求别访，但能修复故迹，足为兴利。此历代之水利。

　　下及民事，亦各自作陂塘，计田多少，于上流出水，以备旱涸。《农书》云，惟南方熟于水利，官陂、官塘处处有之。民间所自为溪堨音曷、水荡^[14]，难以数计，大可灌田数百顷，小可溉田数十亩。若沟渠陂埧，上置水闸，以备启闭；若塘堰之水，必置涵_{音寒}窦^[15]，以便通泄。此水在上者。若田高而水下，则设机械用之，如翻车、筒轮、戽斗、桔槔之类^[16]，挈而上之^[17]。如地势曲折而水远，则为槽架、连筒、阴沟、浚渠、陂栅之类，引而达之。此用水之巧者。若下灌及平浇之田为最，或用车起水者次之，或再车、三车之田又为次也。其高田旱稻，自种至收，不过五六月。其间或旱，不过浇灌四五次，此可力致其常稔也。

[**注释**]

[1] 关西：潼关以西，这里指陕西关中地区。郑国渠是秦王嬴政时期水利专家郑国主持修建的引泾水的水渠；白渠是汉武帝时期白公建议在郑国渠南面新修的水渠，与郑国渠合称郑白渠；六辅渠是汉武帝时倪宽在郑国渠上游修建的六条小渠。　[2] 关外：潼关以东。龙首渠：汉武帝时庄熊罴（严熊）建议修建引北洛水的水渠，是中国历史上第一条地下引水的井渠，即如今洛惠渠的前身。　[3] 河内：古称太行山东南与黄河以北之间的区域，属于今河南北部地区。史起十二渠：战国魏襄王时史起修建引漳河的十二条渠（《史记》记载为魏文侯时西门豹修建）。　[4] 自淮、泗及汴通河：战国时魏国开凿鸿沟联通黄河与淮河，可以通过汴水

入泗水再入淮河支流。　[5]漕渠：汉武帝时引渭水在潼关附近入黄河，即漕渠。　[6]右史渠：唐代朗州刺史温造修的水渠。　[7]钳卢陂：西汉元帝时南阳太守召信臣主持下所修陂堰工程。　[8]芍陂（què bēi）：相传春秋楚相孙叔敖主持修建的陂堰工程，即今安徽寿县安丰塘，东汉庐江太守王景率吏民修复灌区稻田并推广牛耕。　[9]鸿隙陂：位于今河南省正阳县和息县一带的古代大型蓄水灌溉工程，属汝南郡，不在颍川郡。　[10]雷陂：古代广陵（今扬州市）的蓄水灌溉工程。　[11]镜湖：绍兴鉴湖，东汉会稽太守马臻修建的灌溉工程。　[12]萧何堰：陕西汉中引褒水灌溉的山河堰，相传为萧何修建，汉中唐宋为兴元府，兴化或为兴元之误。　[13]李冰：战国时秦国蜀郡太守，主持修建都江堰。文翁：汉初蜀郡太守，把都江堰灌区向成都平原北面扩大。　[14]堨（è）：堰，挡水的堤坝。　[15]涊（jiǎn）窦：通水道。　[16]戽（hù）斗：形状似斗，用于汲水灌田的传统农具。桔槔（jié gāo）：井上汲水的一种工具。此节所提农具详见《农器图谱·灌溉门》。　[17]挈（qiè）：引导。

《傅子》曰[1]："陆田者，命悬于天，人力虽修，水旱不时，则一年功弃矣。水田，制之由人，人力苟修则地利可尽。天时不如地利，地利不如人事。"此水田灌溉之利也。方今农政未尽兴，土地有遗利。夫海内江淮河汉之外，复有名水万数，枝分派别，大难悉数。内而京师，外而列郡，至于边境，脉络贯通，俱可利泽。或通为沟渠，或蓄为陂塘，以资灌溉，安有旱暵之忧哉[2]？

复有围田及圩田之制[3]。凡边江近湖，地多闲旷，霖雨涨潦[4]，不时掩没，或浅浸弥漫，所以不任耕种[5]。后因故将征进之暇[6]，屯戍于此[7]，所统兵众，分工起土，江淮之上，连属相望[8]，遂广其利。亦有各处富有之家，度视地形，筑土作堤，环而不断，内地率有千顷，旱则通水，涝则泄去，故名曰围田。又有据水筑为堤岸，复叠外护，或高至数丈，或曲直不等，长至弥望，每遇霖潦，以扞水势[9]，故名曰圩田。内有沟渎，以通灌溉，其田亦或不下千顷。此又水田之善者。

此处区分围田与圩田，实际上两者并没有实质性区别，如果一定要区分的话，圩田中的水利设施可能更完备些。

［注释］

[1]《傅子》：西晋傅玄撰，已亡佚。 [2]暵（hàn）：干旱。 [3]圩（wéi）田：水边低洼地区四周筑堤防水的田地。 [4]霖（lín）：久下不停的雨。 [5]任：堪。 [6]征进：征战。 [7]屯戍：屯兵驻防。 [8]属（zhǔ）：相连。 [9]扞（hàn）：抵挡。

又如近年怀孟路开浚广济渠[1]，广陵复引雷陂，庐江重修芍陂，似此等处，略见举行。其余各处陂渠川泽，废而不治，不为不多。倘能循按故迹，或创地利，通沟渎，蓄陂泽，以备水旱，使斥卤化而为膏腴[2]，污薮变为沃壤[3]，国有余粮，民有余利。

然考之前史，后魏裴延隽为幽州刺史，范阳有旧督亢渠[4]，渔阳、燕郡有故戾诸堰[5]，皆废，延隽营造而就，溉田万余顷，为利十倍。今其地京都所在，尤宜疏通导达，以为亿万衣食之计。故秦渠序[6]，其略曰："郑国在前，白渠起后。举插如云，决渠为雨。且溉且粪，长我禾黍。衣食京师，亿万之口。"夫举事兴工，岂无今日之延隽？倘有成效，不失本末先后之序，庶灌溉之事，为农务之大本，国家之厚利也。

已上水具并见《农器谱》，请考之。

"农务之大本"，可见王祯对兴修水利的重视。

[注释]

[1] 怀孟路：元代的行政区域，治所在今河南沁阳市。广济渠：引沁河灌溉的水利工程。　[2] 斥卤：盐碱地。膏腴：肥沃的土地。　[3] 薮（sǒu）：水浅草茂的沼泽地。　[4] 范阳：治所在今河北涿州。督亢：为战国燕国富饶地带，内有陂塘，水渠四达。　[5] 渔阳、燕郡：渔阳、燕两郡。戾诸堰：戾陵等诸堰，戾陵堰为三国时在今永定河上修筑的引水工程。　[6] 秦渠：郑白渠。秦渠序即这里引用的《汉书》记载当时民众赞颂郑白渠的歌谣。

[点评]

本篇主要讲兴修水利、灌溉农田。农耕不能只靠天吃饭，干旱水涝是农业的大灾，所以兴修水利是保障农业丰收的重要工作。古人云："衣则成人，水则成田。""无水则无田。"都说明水利灌溉在农业中的重要地位。中国的传统水利工程不仅具有悠久的历史传统，并且展示出先民杰出的工程智慧。从2014年开始评选的"世界灌溉工程遗产"，中国已经有寿县芍陂、陕西郑国渠、四川都江堰、广西灵渠等二十余项入选，尤其是都江堰，使用至今已达2000多年，是世界闻名的农业文化遗产。而位于杭州余杭距今近5000年的良渚古城，其水利系统工程浩大，由11条堤坝组成，是中国现存最早的大型水利工程，也是世界上最早的拦洪水坝系统。由于兴修水利需要巨大的人力、物力和财力，非一家一户所能办成，需要依靠巨大的社会动员和组织能力，有人认为，中国传统的社会政治体制与这种"水利社会"有着密切的关系。

王祯在如数家珍般地列举历代水利工程时，都冠以兴建者的名字，他们大都是中央或地方官员。这正是王祯强调的：为官一任要造福一方，兴修水利即是地方官重要的工作，可以名留青史。最后他用北魏裴延儁举例，指出考察和重修当地的水利设施，是地方官的重要任务。尤其他强调水利是"农务之大本"，也是在提醒读者，此篇虽然按顺序排为第九，却应以首要视之。

集之四

劝助篇第十 [1]

《书》曰："相小人 [2]，厥父母勤劳稼穑，厥子不知稼穑之艰难，乃逸。"盖恶劳好逸者，常人之情；偷惰苟且者，小人之病。上之人苟不明示赏罚以劝助之，则何以奖其勤劳而率其怠勤音倦欤 [3]？《周礼·载师》："凡宅不毛者有里布" [4]，谓罚以一里二十五家之泉也 [5]；"田不耕者出屋粟"，谓罚以三家之税粟也。"凡民无职事者，出夫家之征"，谓虽闲民，犹当出夫税、家税也 [6]。

《闾师》言:"无职者出夫布[7],不畜者祭无牲,不耕者祭无盛[8],不植者无椁[9],不蚕者不帛[10],不绩者不衰[11]。"先王之于民如此,岂为厉农夫哉[12]?凡欲振发而饬其蛊弊[13],使之率作兴事耳[14]。是以地无遗利,民无趋末[15],田野治而禾稼遂,仓廪实而府库充,则斯民宁复有饿莩流离之患哉[16]?

《月令》:孟春之月,命田司相去声土地所宜,五谷所殖,以教导民,必躬亲之。孟夏,劳去声农劝民,无或失时,命农勉作,无休于都[17]。仲秋,乃劝种麦,无或失时,其有失时,行罪无疑。季冬,命田官告民出五种[18],命农计耦耕事[19]。古人之于农,盖未尝一日忘也。后世劝助之道不明,其民往往去本而趋末。故谚曰:"以贫求富,农不如工,工不如商,刺绣纹不如倚市门。"[20]此说一兴,天下之民,男子弃末耜而争贩鬻[21],妇人舍机杼而习歌舞[22]。惰游末作,习以成俗。一遇凶饥,食不足以充其口腹,衣不足以蔽其身体,怀金形鹄[23],立以待尽者,比比皆是。善乎王符之言曰:"一夫耕[24],百人食

灾年时怀揣着黄金却买不到粮食,饿得形销骨立,形容饥荒之年的惨状。

之；一妇桑，百人衣之。以一奉百，谁能供之？"时君世主，亦有加意于农桑者，大则营田有使，次则劝农有官，似知所以劝助矣。然而田野未尽辟[25]，仓廪未尽实，游惰之民未尽归农，何哉？意者徒示之以虚文，而未施之以实政欤？

以上两段讲劝，即鼓励百姓勤于农桑，远离工商末业。既有正面的表率劝导，也有反面的惩戒。

[**注释**]

[1] 劝助：勉励帮助。劝，勉励。　[2] "相小人"四句：出自《尚书·无逸》。相小人，看那些（农民）老百姓。小人，与君子相对，这里指农民，不是道德上的评判，只是社会地位的区别。逸，安逸享乐。　[3] 率：做表率。勌：同"倦"。　[4] 不毛：指不种桑麻。布：钱币，这里指税赋。　[5] 泉：钱币，这里指税赋。　[6] 夫税：人头税。家税：一家之徭役。　[7] 夫布：夫税。　[8] 盛（chéng）：祭祀时盛的粮食。　[9] 椁（guǒ）：套在棺材外面的大棺材。　[10] 帛：穿丝织物。　[11] 绩：把麻搓捻成线或绳。衰（cuī）：古代用粗麻布制成的丧服。　[12] 厉：迫害。　[13] 饬：整治整顿。蛊弊：长时间积累的弊病。　[14] 率：遵守。　[15] 末：这里指农桑以外的工商业。　[16] 饿莩（piǎo）：饿殍，饿死的人。　[17] 无休于都：命令官员巡行劝农，不要在都邑中休息。　[18] 五种：五谷之种。　[19] 命农计耦耕事：这里指劝农民准备来年春耕。　[20] 倚市门：这里指女子从事歌妓之业。　[21] 鬻（yù）：卖。　[22] 机杼（zhù）：织机。　[23] 怀金形鹄（hú）：怀里揣着金子却饿得像个天鹅。鹄，天鹅。　[24] "一夫耕"至"谁能供之"：出自王符《潜夫论·浮侈篇》。王符，东汉思想家。　[25] 辟：开辟。

古者春而省耕[1]，非但行阡陌而已，资力不足者，诚有以补之也；秋而省敛，非但观刈获而已，食用不给者，诚有以助之也。成王适于田[2]，以其妇子之饁彼南亩，攘其左右而尝其旨否。爰民如此，田野安得而不治，黍稷安得而不丰？文帝所下三十六诏，力田之外无他语，减租之外无异说。逐末之民，安得而不务本；太仓之粟[3]，安得而不红腐[4]？此上之人重农如此。

至于承流宣化之官[5]，又在于守令之贤，各尽其职，勤加劝课，务求实效。及览古之循吏[6]，如黄霸之治颍川[7]，劝种树；树谓树艺五谷。龚遂之治渤海，课农耕。何武行部[8]，必问垦田；茨充为令[9]，益治桑柘[10]。召信臣治南阳，开沟渎为民利；任延治九真[11]，易射猎为牛耕。张堪守渔阳[12]，开稻田；皇甫隆治燉煌[13]，教耧犁。此先贤劝助之迹，载诸史册，今略举其著者，皆可为后世治民之良规。诚使人君能法周成、汉文之治，以表倡于上；公卿守令能法龚、黄诸贤之事，以奉承于下。省徭役以宽民力，驱游惰以趋农业[14]，又何患民之不勤，田之不治乎？

这段讲助，除了劝勉之外，助民生产也很重要。就统治者而言，劝助之道除了要奖勤罚懒、宣导农业的重要性之外，还要关心农民的生活，减轻农民的负担，调动农民的生产积极性。

此段列举良吏，为官员树立榜样和表率。

[注释]

[1]省（xǐng）：检查，考察。　[2]"成王适于田"三句：出自《诗经·小雅·甫田》，原诗作："今适南亩……曾孙来止，以其妇子，馌（yè）彼南亩。田畯至喜，攘其左右，尝其旨否。"意思是周成王带领王后王子来到田间考察劝农，送给农民饭菜酒食，亲自品尝是否好吃。适，来到。攘，通"饷（xiǎng）"，犒赏。旨，滋味好。　[3]太仓：官府的粮仓。　[4]红腐：色红腐烂。　[5]承流宣化：传播文化，教化百姓。　[6]循吏：守法循礼的官吏，泛指良吏。　[7]黄霸：西汉宣帝时颍川太守。　[8]何武：西汉末年扬州刺史。部：汉时大行政区，全国分为十三部，部长官为刺史。　[9]茨（cí）充：东汉光武帝时桂阳太守。　[10]柘（zhè）：一种树，叶可养蚕。　[11]任延：东汉光武帝时九真太守，九真郡在今越南北部。　[12]张堪：东汉光武帝时渔阳太守。　[13]皇甫隆：三国魏敦煌太守。　[14]趍：同"趋"。

此段是强烈的现实批判，说到当时上至皇帝，下至官员，都以盘剥百姓为务，使民不聊生。

今天下之民，寒而思衣，皆知有桑麻之事；饥而思食，皆知有稼穑之功。则男务耕锄，女事纺织，盖有不待劝而后加勤者，况谆谆然谕之[1]，恳恳然劳之哉？又况加实意，行实惠，验实事，课实功哉？如或不然，上之人作无益以妨农时，敛无度以困民力[2]，般乐怠傲[3]，不能以身率先于下，虽课督之令，家至而户说之，民亦不知所劝也。故古者天子亲耕，皇后亲蚕，下逮王公侯伯之国，与夫守令之家，俱当亲执耒耜，躬务农桑，以率其民。如此，野夫田妇，庸有不勤者乎[4]？

今夫在上者不知衣食之所自，惟以骄奢为事，不思己之日用，寸丝口饭，皆出于野夫田妇之手。甚者苛敛不已，朘削脂膏以肥己[5]，宁肯勉力以劝之哉？今长官皆以劝农署衔[6]，农作之事，己犹未知，安能劝人？借曰劝农，比及命驾出郊[7]，先为文移[8]，使各社各乡预相告报，期会赍敛[9]，只为烦扰耳。柳子厚有言："虽曰爱之[10]，其实害之；虽曰忧之，其实仇之。"种树之喻，可以为戒。庶长民者鉴之，更其宿弊，均其惠利，但具为教条[11]，使相勉励，不期化而民自化矣。又何必命驾乡都，移文期会，欺下诬上而自徼功利[12]，然后为定典哉？敢告于有司[13]，请著为常法，以免亲诣烦扰之害[14]，斯民幸甚！

[注释]

[1]谆谆（zhūn zhūn）：反复告诫、再三嘱咐的样子。　[2]敛：赋税。　[3]般（pán）乐：游乐。怠傲：怠慢骄傲。　[4]庸：岂。　[5]朘（juān）：剥削。　[6]以劝农署衔：地方官员都兼劝农的职责。　[7]命驾：命人驾车马，谓动身出发。　[8]文移：公文。　[9]期会：约期聚集。赍（jī）敛：敛财。　[10]"虽曰爱之"

四句：出自柳宗元《种树郭橐驼传》。柳宗元，字子厚。　[11]具：
详尽。教条：法令法规。　[12]徼：通"邀"，谋求。　[13]有司：
官吏。　[14]诣（yì）：前往。

［点评］

本篇主要讲劝民力田，助民耕织之事。劝和助是两
个方面，劝即《孝弟力田篇》中力田的内容，但是在这
里重提，则是从农事的环节来说，勉励百姓勤于农事是
贯穿耕织的各个环节的，而《孝弟力田篇》主要是从人
的方面总括来讲。劝也有两个方面：一方面是正面的鼓
励；另一方面是对于懒惰者的惩戒，尤其是惩戒方面给
我们启示较大，就是说人不能懒惰，如果懒惰，老天爷
也没办法。除了劝，还有助，这方面王祯说得很简单，
是可以理解的，如果助民，比如借贷种子之类，官府财
政上就要有安排，这也不是某个官员单独能办到的，王
祯能做的也只是教民更多农事技术和如何使用工具。文
中列举了一些良吏，实际上是在为基层的父母官树立榜
样。同时，王祯对当时的政治进行了辛辣的批判，指出
当时上至皇帝，下至官员，不但不能率先垂范，还骄奢
淫逸，盘剥百姓。这是极具勇气的，也显示出王祯爱民
如子、一身正气的风范。

文中反复强调本末，简单来说本即农业，末即工商
业，"重本抑末"语出《汉书·食货志》，是中国古代重
视农业而限制或轻视工商业的一种经济思想和政策。当
然，对本末的划分并非如此简单，比如东汉王符《潜夫
论·务本》就认为："夫富民者，以农桑为本，以游业为

末；百工者，以致用为本，以巧饰为末；商贾者，以通货为本，以鬻奇为末。"强调不论是农业人口，还是百工商贾皆有本有末。细究"重本抑末"这种思想的本源，首先，民以食为天，传统社会中温饱问题是最基本的民生问题，而农业是根本，当然会受到极度重视。其次，中国位于亚洲东部，处在一个半封闭的地理环境中，精耕细作大体上能够自给自足，商贸不像地中海和中东那样发达，尽管有丝绸之路、茶马古道和茶马互市，但自给自足的小农经济仍然是主流。最后，抑制商贾是为了限制其谋求政治权力，金钱加上权力必然对统治者构成巨大威胁，而相对来说，安土重迁的小农社会则更容易管理。但是商贸尤其是海外贸易除了繁荣经济以外往往能加速人员流动，同时促进知识技术等的传播，从而推动社会创新和快速发展。从这个意义上讲，抑制商贸不利于社会的进步。

收获篇第十一

孔氏《书传》曰[1]："种曰稼，敛曰穑。"种敛者，岁事之终始也。《食货志》云[2]："力耕数耘，收获如盗贼之至。"盖谓收之欲速也。故《物理论》曰："稼，农之本；穑，农之末。本轻而末重，前缓而后急。稼欲熟，收欲速，此良农之务也。"《记》曰，种而不耨[3]，耨而不获。讥其不

古人称农业生产为稼穑，穑即是收获，它是农业生产的最终目的和重要环节。

能图功攸终也^[4]。是知收获者，农事之终，为农者可不趋时致力以成其终，而自废其前功乎？

《月令》：仲秋之月，命有司趣民收敛^[5]。季秋之月，农事备收。孟冬之月，循行积聚^[6]，无有不敛^[7]。至于仲冬，农有不收藏积聚者，取之不诘^[8]。皆所以督民收敛，使无失时也。《禹贡》曰："二百里纳铚^[9]，三百里纳秸服。"盖纳铚者，截禾穗而纳之；纳秸者，去穗而刈其稿纳之也。《诗》言刈获之事最多。《臣工》诗曰"命我众人，庤乃钱鎛^[10]，奄观铚艾^[11]"，铚、艾二器见《农器谱》。《七月》诗云"九月筑场圃，十月纳禾稼"，言农功之备也。《载芟》之诗云"载获济济^[12]，有实其积^[13]，万亿及秭^[14]"，《良耜》之诗云"获之挃挃^[15]，积之栗栗^[16]，其崇如墉^[17]，其比如栉^[18]，以开百室"，皆言收获之富也。

以上两段列举经传中有关收获的记述。

[注释]

[1] 孔氏《书传》：旧题《尚书孔安国传》。传，注释。　[2]《食货志》：《汉书·食货志》。　[3]"种而不耨"二句：出自《礼记·礼运》，原文作"为义而不讲之以学，犹种之而弗耨也；讲之于学而不合之以仁，犹耨而弗获也"。　[4] 图：谋求。攸：所。　[5] 趣（cù）：督促。　[6] 循行：巡视。　[7] 无有不敛：不要有尚未收

储的。　[8]取之不诘：别人拿走不问罪。诘（jié）：问罪，追究。　[9]铚（zhì）：古代一种短的镰刀。　[10]庤（zhì）：储备，准备。钱、镈：皆为农具。　[11]奄：包括。　[12]济济：众多的样子。　[13]实：满。　[14]秭（zǐ）：周代十万为亿，十亿为秭。　[15]桎桎：通"挃挃（zhì zhì）"，割禾的声音。　[16]栗栗：众多的样子。　[17]墉（yōng）：城墙。　[18]比：靠近。枍（zhì）：梳子和箆子的总称。

凡农家所种，宿麦早熟[1]，最宜早收。故《韩氏直说》云："五六月麦熟，带青收一半，合熟收一半。若候齐熟，恐被暴风急雨所摧，必致抛费。每日至晚，即便载麦上场堆积，用苫密覆[2]，以防雨作。如搬载不及，即于地内苫积。天晴，乘夜载上场，即摊一二车。薄则易干。碾过一遍，翻过，又碾一遍，起秸下场[3]。扬子收起[4]。虽未净，直待所收麦都碾尽，然后将未净秸稗再碾。如此，可一日一场，比至麦收尽，已碾讫三之二矣。大抵农家忙并[5]，无似蚕、麦[6]。古语云：'收麦如救火。'若少迟慢[7]，一值阴雨[8]，即为灾伤。迁延过时，秋苗亦误锄治[9]。"今北方收麦多用铦杉去声、刃、麦绰[10]，铦麦覆于腰后笼内，笼满则载而积于场。一日可收十余亩，较之南方以

此段讲收麦。

镰刈者，其速十倍。麦笼、麦绰、钐刃并见《农具谱》。

此段讲收粟。

凡北方种粟，秋熟当速刈之。《齐民要术》云，收谷而熟速刈，干速积。刈早则镰伤[11]，刈晚则穗折[12]，遇风则收减。湿积则稿烂，积晚则耗损。连雨则生耳[13]。南方收粟用粟鍪古旬反摘穗[14]，北方收粟用镰，并稿刈之。粟鍪与镰并见《农器谱》。田家刈毕，稇苦本切而束之[15]，以十束积而为穬力科切[16]，然后车载上场，为大积积之。视农功稍隙[17]，解束，以旋旋镵士咸切穗[18]，挞之。

此段讲南方收稻。

南方水地，多种稻秫。早禾则宜早收，六月、七月则收早禾。其余则至八月、九月。《诗》云"十月获稻"，《齐民要术》曰，稻至霜降获之，此皆言晚禾大稻也。故稻有早晚大小之别。然江南地下多雨，上霖下潦，劋刈之际，则必须假之乔扦[19]，多则置之笐架[20]，待晴干曝之，可无耗损之失。乔扦、笐架见《农器谱》。

[注释]

[1]宿麦：冬麦。　[2]苫（shān）：草帘子。　[3]秸：庄稼茎秆。　[4]扬子：扬场，用木锨等农具播扬谷物，去掉碎芒壳、尘土等，收获种子。　[5]忙并：忙碌。　[6]蚕、麦：蚕上蔟，收

麦。 [7]少：稍微。 [8]值：遇到。 [9]误：耽误。 [10]钐（shàn）：一种割庄稼的农具。麦绰（chuò）：抄收麦子的农具。 [11]镰伤：割早了籽粒不够成熟饱满。 [12]折（shé）：损耗。 [13]生：籽粒发芽。 [14]鏩（jiān）：收割禾穗的刀。 [15]稇（kǔn）：捆束。 [16]穤（luó）：谷堆。 [17]隙：空闲。 [18]旋旋：缓缓地。镵：通"劖（chán）"，割。 [19]乔扦（qiān）：用细竹竿做成的三脚架，在下雨地面潮湿时，悬挂收获的庄稼。 [20]筿（hàng）架：用来晾禾的多排架子。

《齐民要术》云，收禾之法，熟过半断之。刈穄欲早[1]，刈黍欲晚，皆即湿践[2]。穄践讫即蒸而漉之[3]。黍宜晒之令燥。凡麻，有黄墱则刈[4]，刈毕则沤之。沤麻法见《谷谱》。刈菽欲晚，叶落尽然后刈。脂麻欲小束，以五六束为一丛，斜倚之。候口开[5]，乘车诣田抖擞[6]，还丛之[7]。三日一打，四五遍乃尽耳。梁秫收刈欲晚[8]，早刈损实。大抵北方禾黍，其收颇晚，而稻熟亦或宜早。南方稻秫[9]，其收多迟，而陆禾亦或宜早。通变之道，宜审行之。

此段讲收穄、大麻、大豆、芝麻等。最后提出要根据实际情况用变通之道。

今按古今书传所载，南北习俗所宜，具述而备论之，庶不失早晚先后之节也[10]。夫田家作苦，令收获以时，了无遗滞[11]，黍稷富仓箱之望，足慰勤劳。乡社结闾里之欢，递相庆劳，有以见国家龙恩之所被，而民俗乐业之无穷也。

[注释]

[1] 穄（jì）：糜子，不黏的谷子。 [2] 践：碾压。 [3] 浥：保湿封存。 [4] 垺（bó）：通"勃"，粉末，这里指花粉。 [5] 口开：芝麻的蒴果开裂。 [6] 抖擞：这里意思是抖动。 [7] 还丛之：依旧五六束绑成一丛。 [8] 粱：一种优良品种的粟。 [9] 秫（shú）：在粱秫中是黏小米，在稻秫中是黏稻米即糯米的意思。 [10] 庶：差不多。 [11] 遗滞：遗落。

[点评]

本篇主要讲收获之事。俗话说，"编筐编篓，全在收口"。经过垦耕、耙劳、播种、锄治、粪壤、灌溉等一系列辛勤的劳作，终于到了收获的环节，可以说收获环节对于最终所得是非常重要的。同时，收获环节需要注意的事项也不少，比如收获的时机、收割的方式等，此时最怕雨水天气，会带来很多折耗，这就需要大片田地要在短时间内完成收割，非常辛苦，不过看到数月辛勤耕耘的收获，心情应该是无比喜悦的。本篇王祯撰述得流畅有序，先是记述经传中对收获的记载，强调其重要性；其次，从主粮到其他作物、从北到南、从旱地到水田，依次讲述如何收获麦、粟、水稻，以及大麻、大豆、芝麻等；再次，提到一切都要根据实际情况变通行之，充满了辩证的智慧；最后，讲到乡里丰收之后相互庆祝，安居乐业，似乎能体味出作者衷心的祝福和喜悦之情。

蓄积篇第十二

古者三年耕必有一年之食[1]，九年耕必有三年之食，虽有旱干水溢，民无菜色[2]，岂非节用预备之效欤？冢宰眡音视年之丰凶[3]，以制国用，量入以为出，祭用数之仂[4]。而又以九贡、九赋、九式均节之[5]。取之有制，用之有度，此理财之法有常，而国家之蓄积所以无阙也。国无九年之蓄曰不足，无六年之蓄曰急，无三年之蓄曰国非其国矣。蓄积者，岂非有国之先务乎？

这段内容出自《礼记·王制》《周礼·天官·太宰》，转引自陈旉《农书·节用之宜篇》，是王祯继承前人之说。

《周礼》："仓人掌粟入之藏，以待邦用。若不足，则止余法用[6]，有余则藏之，以待凶而颁之。""遗人掌邦之委积，以待施惠。乡里之委积[7]，委、积，并去声。以恤民之艰阨[8]；关市之委积，以养老孤；郊里之委积，以待宾客；野鄙之委积，以待羁旅[9]；县都之委积，以待凶饥。"以此见先王蓄积，皆为民计，非徒曰藏富于国也。彼有损下以自益，剥民以自丰，如商王钜桥之粟[10]，隋人洛口之仓[11]，所积虽多，岂先王预备忧民之意哉？

以上讲国家的粮食储备。

[注释]

[1] 一年之食：一年的余粮。　[2] 菜色：因饥饿而营养不良的脸色。　[3] 冢宰：宰相。眂：同“视”。　[4] 祭用数之仂（lè）：祭祀的花费占全年开支的十分之一。仂，平均数的十分之一。　[5] 九贡：诸侯国的九种贡品。九赋：九种赋税收入。九式：财务用度的九种法则。　[6] 止余法用：减少余粮的收储。　[7] 委积：积累，聚积。　[8] 艰阨（è）：困乏、困苦。　[9] 羁旅：寄居他乡的人。　[10] 钜桥：商纣王粮仓所在地。　[11] 洛口之仓：隋代粮仓洛口仓。

此段讲民间的储备。

大抵无事而为有事之备，丰岁而为歉岁之忧，是故国有国之蓄积，民有民之蓄积。当粒米狼戾之年[1]，计一岁一家之用，余多者仓箱之富，余少者儋音担石之储[2]，莫不各节其用，以济凶乏。此固知尧之时有九年之水，汤之时有七年之旱，而国亡捐瘠[3]，所谓蓄积多而备先具者，岂皆藏于国哉？盖必有藏于民者矣。

这段讲小农不注重储备，荒年借贷容易被兼并变成雇农，是哀其不幸、怒其不争之言。

今之为农者，见小近而不虑久远，一年丰稔，沛然自足，侈费妄用，以快一时之适，所收谷粟，耗竭无余。一遇小歉，则举贷出息于兼并之家，秋成倍称而偿之。岁以为常，不能振拔[4]。其间有收刈甫毕[5]，无以糊口者，其能给终岁之用乎？尝闻山西汾晋之俗，居常积谷，俭以足用，虽间有饥歉之岁，庶免夫流离之患也。传曰[6]："收敛蓄藏[7]，节用御欲，则天不能使之贫。"信斯言也。

[注释]

[1]粒米狼戾：出自《孟子·滕文公上》："乐岁，粒米狼戾。"谷粒撒得满地都是，形容粮食充足。狼戾：狼藉。　[2]儋石（dàn shí）：计量谷物单位。一石为十斗，一儋为一石或者两石。　[3]亡：通"无"。捐瘠：饥饿瘦弱而死。　[4]振拔：奋发自强。　[5]甫：才，刚刚。　[6]传：一般指经典解说或者诸子著作，与经相对。　[7]"收敛蓄藏"三句：以《荀子》语捏合，按，《荀子·荣辱篇》有"于是又节用御欲，收敛蓄藏以继之也"，又《荀子·天论篇》有"强本而节用，则天不能贫也"。御欲，抵抗过度的欲望。

近世利民之法，如汉之常平仓[1]，谷贱则增价籴之[2]，不至于伤农；谷贵则减价而粜之[3]，不使之伤民。唐之义仓[4]，计垦田顷亩多寡，丰年纳谷而藏之，凶年出谷以赒音周贫乏[5]。官为主之，务使均平。是皆敛其余以济不足，虽遇俭岁而不忧饥殍也[6]。

然尝考之汉史，贾生言于文帝曰[7]："汉之为汉，几四十年，公私之积，犹可哀痛。"彼一

此段讲常平仓和义仓都以利民为本。

此段强调统治
者要节用。储备和
节约粮食，以克服
灾荒等粮食短缺的
危机，是古代施政
的重要内容。

时也。自文帝躬行节俭，以化天下。至景帝末年，太仓之粟陈陈相因，而民亦富庶。人徒见古之蓄积常有余，后之蓄积常不足，岂天之生物不如古之多，人之谋事不如古之智？盖古之费给有限，而后之费给无穷，无怪乎有余、不足之不同也。诚使天下之耕者，因人力之所至，尽地力之所出，食之以时，用之以礼，则男有余粟，女有余布。上之人复明《大学》生财之道以御之 [8]，公私两裕，君民俱足，又何患蓄积之不如古哉？故历论之，敢以此言佐时政云。

[注释]

[1] 常平仓：西汉宣帝时耿寿昌建议修建的粮仓，贵买贱卖，用来调节粮价。　[2] 籴（dí）：买米。　[3] 粜（tiào）：卖米。　[4] 义仓：隋代开始设置的各地方防荒粮仓。　[5] 赒（zhōu）：救济。　[6] 俭岁：歉收之年。殍（piǎo）：饿死的人。　[7] 贾生：贾谊。　[8]《大学》是《礼记》中的一篇，文中所说生财之道，可能是《大学》中的论述："生财有大道：生之者众，食之者寡，为之者疾，用之者舒，则财恒足矣。"

[点评]

本篇主要讲储粮节用之事。蓄积最初目的是应对荒年，毕竟农业相当程度上是靠天吃饭，不同年头总有丰歉差别。先民从事农业之前估计就有采摘的储备，各季节的采摘收获也必然丰歉不同。后世的义仓即是这种功用，战国时期魏国的改革家李悝（kuī）发明了"平籴法"：官府丰年提价购进粮食储存，以免谷贱伤农，歉年降价卖出所储粮食，以免谷贵伤民。汉武帝时桑弘羊发展了这种思想，提出"平准法"，扩大到其他货物，是对价格围绕价值根据供求上下波动这一市场规律的深刻认识和运用，其后耿寿昌提出建立常平仓。平准和平籴不但能很好地解决农业丰歉和市场波动的调节问题，还可以为政府带来一定的财政收入，可以说是一种先进的制度设计。美国哥伦比亚大学中国留学生陈焕章在其1911年的博士论文中讨论了"平籴"这种中国古代农业经济理论，正巧落到了后来出任美国农业部长的亨利·华莱士（Henry Wallace）手中，1933年美国农业部颁布的《农业调节法》即参照了"平籴法"，是罗斯福新政的主要措施之一。

本篇的撰写王祯参考了南宋陈旉《农书·节用之宜篇》，也就是说蓄积之外，还要节用，这一点很重要。王祯在最后一段直接用汉文帝的例子点出，"上之人"不能节制欲望，"费给无穷"往往造成赋税沉重，使百姓很难有所积蓄。孟子就说："民之为道也，有恒产者有恒心，无恒产者无恒心，苟无恒心，放辟邪侈，无不为已。"意思是百姓只有蓄积财产，才能安居乐业，民风淳朴。而《大学》中论述的一段则是王祯对统治者的衷心之谏："是故君子先慎乎德。有德此有人，有人此有土，有土此有财，有财此有用。德者本也，财者末也，外本内末，争民施夺。是故财聚则民散，财散则民聚。"

集之五

种植篇第十三

　　司马迁《货殖传》曰："山居千章之楸[1]，安邑千树枣，燕、秦千树栗，蜀、汉、江陵千树橘，齐、鲁千树桑，其人皆与千户侯等[2]。"其言种植之利博矣。观柳子厚《郭橐驼传》[3]，称驼所种树，或移徙，无不活，且硕茂，早实以蕃，他人效之，莫能如也。又知种树之不可无法也。

　　考之于《诗》："帝省其山[4]，柞棫斯拔，松柏斯兑"，周之所以受命也；"树之榛栗[5]，椅桐梓漆"，卫文公之所以兴其国也。夫以王侯之富且贵，犹以种树为功，况于民乎？《周礼·太宰》："以九职任万民：一曰三农，生九谷；二曰园圃，毓草木[6]。"园圃之职，次于三农，其为民事之重尚矣。然则种植之务，其可缓乎？

这里的种植指种植树木，是对农民生计的重要补充，相当于今天的农林副业。

[注释]

[1] 千章：形容木材之大。楸（qiū）：一种树，质地致密，耐湿，可造船等。 [2] 其人皆与千户侯等：财富可与食邑千户的侯爵相当。 [3] 郭橐（tuó）驼：人名。橐驼，即骆驼。 [4] "帝省其山"三句：出自《诗经·大雅·皇矣》。柞（zuò），橡树。棫（yù），白桵（ruí）树。拔，挺拔。兑，高大。 [5] "树之榛栗"二句：出自《诗经·鄘风·定之方中》。椅（yī），山桐子。桐，梧桐。梓（zǐ），一种树，木材轻软耐朽。漆，一种树，树脂即生漆。 [6] 毓（yù）：养育。

种植之类夥矣[1]，民生济用，莫先于桑，故首述而备论之。桑种甚多，不可遍举。世所名者，荆与鲁也[2]。荆桑多椹[3]，鲁桑少椹。叶薄而尖，其边有瓣者，荆桑也。凡枝干条叶坚劲者，皆荆之类也。叶圆厚而多津者，鲁桑也。凡枝干条叶丰腴者，皆鲁之类也。荆之类根固而心实，能久远[4]，宜为树；鲁之类根不固、心不实，不能久远，宜为地桑。然荆之条叶不如鲁叶之盛茂，当以鲁桑条接之，则能久远而又盛茂也。鲁为地桑，而有压条之法，传转无穷，是亦可以久远也。荆桑所饲蚕，其丝坚韧，中去声纱、罗用。《禹贡》称"厥篚檿丝"[5]，注曰"檿，山桑"。此荆之美而尤者也。鲁桑之类，宜饲大蚕。荆桑宜饲小蚕。

《齐民要术》曰，收椹之黑者，剪去两头，惟取中间一截。盖两头者，其子差细，种则成鸡桑、花桑。中间一截，其子坚栗，则枝干坚强而叶肥厚。将种之时，先以柴灰淹揉，次日，水淘去轻秕不实者，晒令水脉才干，种乃易生。仍当畦种[6]，常薅令净[7]。慎勿采摘。大如指许，正月中移之，十步一树，行欲少掎角[8]，不用正相当。凡耕桑田，不用近树，犁不着处，劚土令起，斫去浮根，以蚕矢粪之。剶桑[9]，十二月为上时，正月次之，二月为下。大抵桑多者宜苦斫[10]，桑少宜省剶。

《农桑要旨》云[11]："平原淤壤，土地肥虚，荆桑、鲁桑，种之俱可。若地连山陵，土脉赤硬，止宜荆桑。"

种桑是为了养蚕，这里区别了荆桑和鲁桑，并提出通过嫁接取长补短。

"将种之时"句以上实出自陈旉《农书·种桑之宜篇》。以下介绍桑种的选择、处理，以及播种、移栽等方法。

《士民必用》云:"种艺之宜,惟在审其时月,又合地方之宜,使之不失其中。"盖谓栽培之宜,春分前后十日及十月并为上时。春分前后,以及发生也;十月号阳月,又曰小春,木气长生之月,故宜栽培,以养元气。此洛阳方佐千里之所宜,其他地方,随时取中可也。大抵春时及寒月,必于天气晴明巳、午时,籍其阳和。如其栽子已出元土,忽变天气风雨,即以热汤调泥培之[12]。暑月则必待晚凉,仍预于园中稀种麻、麦为荫。惟十一月种栽不生活。

这里讲桑树移栽的时节和方法。

[注释]

[1]夥(huǒ):多。　[2]荆:楚。　[3]椹(shèn):同"葚",桑树的果实。　[4]能久远:这里指活得久,树龄长。　[5]筐(fěi):用筐装着。壓(yǎn):古称山桑。　[6]畦种:畦种育苗。　[7]常薅令净:拔干净杂草。　[8]少:稍微。掎(jǐ)角:也作"犄角",这里指呈一定角度,不要直线排列,要呈折线状。　[9]剶(chuān):修剪枝条。　[10]苦:甚,这里指加重修剪。　[11]《农桑要旨》:《农桑要旨》与下文《士民必用》(应为《士农必用》)都是金元间农书,《农桑辑要》最早引用,今已亡佚。　[12]汤:沸水,热水。

种桑之次,则种材木果核。按龚遂为渤海太守,令民口种一树榆[1],秋冬课收敛,益蓄果实

以下讲其他林木果树的种植。

菱芡^[2]，民皆富实。黄霸治颍川，使民务耕桑种树，治为天下第一。后汉樊重欲作器物^[3]，先种梓漆，时人嗤之^[4]。然积以岁月，皆得其用，向之笑者咸求假焉^[5]。李衡于武陵龙阳洲上种柑橘千树^[6]，敕儿曰^[7]："吾洲上有千头木奴，不责衣食，岁得绢一匹，亦足可用矣。"橘成，岁得绢数千匹。此栽植之明效也。使今之时，上之劝课皆如龚、黄，下之力本皆如樊、李，材木不可胜用，果实不可胜食矣。

木奴，原指柑橘，后泛指其他林木。

《齐民要术》言，种榆者，三年之后，便可将荚、叶卖之^[8]。五年之后，便堪作椽^[9]，即可斫卖。十年后，盆、椀、瓶、榼^[10]，器皿无所不任。十五年后，可为车毂^[11]。其岁岁科简剶治之功，指柴雇人^[12]。卖柴之利，已自不赀^[13]。况诸般器物，其利十倍。斫后复生，不劳更种，所谓一劳永逸。

[注释]

[1]口：每人。　[2]菱芡（líng qiàn）：菱角和芡实。　[3]樊重：西汉末年人，东汉光武帝外公。　[4]嗤（chī）：嘲笑。　[5]向：以前。咸：全都。假：借。　[6]李衡：三国时吴丹阳太守。　[7]敕：

告诫。　[8] 荚（jiá）：豆科植物的长形果实，亦指狭长无隔膜的其他草木的果实，这里指榆荚。　[9] 椽（chuán）：放在檩上架着屋顶的木条。　[10] 盉：盂一类的容器。椀：同"碗"。榼（kē）：盛酒的容器。　[11] 毂（gǔ）：车轮中心穿轴承辐条的部分。　[12] 指柴雇人：提供柴薪雇人修剪。　[13] 赀（zī）：计算货物价格数量。这里不赀指价值不菲。

《务本直言》云[1]，近闻诸般材木，比之往年，价直重贵，盖因不种不栽，一年少如一年，可为深惜。古人云："木奴千，无凶年。"木奴者，一切树木皆是也。自生自长，不费衣食，不忧水旱。其果木材植等物，可以自用，有余又可以易换诸物。若能多广栽种，不惟无凶年之患，抑亦有久远之利焉。

> 以上主要举例讲种植树木的用处和好处。

《齐民要术》云："凡栽一切树木，欲记其阴阳，不令转易[2]。大树髡之[3]，小树则不髡。先为深坑，纳树讫，以水沃之，着土令如薄泥，东西南北摇之良久，然后下土坚筑。埋之欲深，勿令挠动。栽讫，皆不用手捉，及六畜抵突[4]。凡栽树，正月为上时，二月为中时，三月为下时。然枣，鸡口；槐，兔目；桑，虾蟆眼[5]；榆，负瘤；自余杂木，鼠耳、虻翅[6]，各以其时。树种既多，

> 以下讲树木移栽的方法和时机。

> 这里的栽树是指移植，对于各种树来说等到树叶的形状长成鸡口、兔目、蛤蟆眼等形状的时候适宜移栽。

不可一一备举。"

[注释]

[1]《务本直言》：已亡佚，本书引用。 [2]"欲记其阴阳"二句：要记住树原来的朝阳方向，移栽后要保持不变。 [3] 髡（kūn）：剃发，引申为剪去树木枝条。 [4] 抵突：抵触冲撞。 [5] 虾蟆（há ma）：蛤蟆。 [6] 虻（méng）：一种昆虫，吸食动物血液。

以下讲嫁接的机理和方法，包括接穗和砧木的选择、嫁接工具等。

凡桑果以接博为妙[1]，一年后便可获利。昔人以之譬螟子者[2]，取其速肖之义也[3]。凡接枝条，必择其美，宜用宿条向阳者[4]，庶气壮而茂。嫩条阴弱而难成。根株各从其类。然荆桑亦可接鲁桑，梅可接杏，桃可接李。接工必有用具，细齿截锯一连，厚脊利刃小刀一枚。要当心手款稳[5]，又必趁时。以春分前后十日为宜，或取其条衬青为期[6]。然必待时暄可接[7]，盖欲藉阳和之气也[8]。一经接博，二气交通，以恶为美，以彼易此，其利有不可胜言者。

夫接博，其法有六：

一曰身接。先用细锯截去元树枝茎作盘砧[9]，高可及肩。以利刃小刀，际其盘之两旁[10]，微启小罅，深可寸半。先用竹橛之[11]，测其深浅，却以所接条，约五寸长，一头削作小篦子[12]，先嚍口中[13]，假津液以助其气，却内之罅中，皮肉相对插之。讫用树皮封系，宽紧得所，用牛粪和泥，斟酌封裹之，勿令透风。外仍上留二眼，以泄其气。

二曰根接。锯截断元树身，去地五寸许，以所接条削篦插之，一如身接法，就以土培封之，以棘枝围护之。

三曰皮接。用小利刃刀子，于元树身八字斜锉之[14]，以小竹籤测其浅深，以所接枝条皮肉相向插之，封护如前法。候接枝发茂，以斩去其元树枝茎，使之茎茂耳。

四曰枝接。如皮接之法，而差近之耳。

五曰靥于协切接[15]。小树为宜。先于元树横枝上截了，留一尺许，于所取接条树上眼外方半寸，刀尖刻断皮肉至骨，并款揭带皮肉一方片，须带芽心揭下，口噙少时，取出，印湿痕于横枝上，以刀尖依痕刻断元树靥处，大小如之，以接按之。上下两头以桑皮封系，紧慢得所，仍用牛粪泥涂护之。随树大小，酌量多少接之。

六曰搭接。将已种出芽条，去地三寸许，上削作马耳[16]，将所接条并削马耳，相搭接之，封系粪壅如前法。

以上讲六种嫁接方法。

[注释]

[1] 接博: 这里指嫁接。博, 交换。　[2] 螟（míng）子: 螟蛉（líng）幼虫。蜾蠃（guǒ luǒ）是一种寄生蜂, 产卵于螟蛉体内, 然后搬到蜂巢中, 后代从螟蛉体内孵化而出, 古人误以为蜾蠃替螟蛉抚养幼虫, 这里比喻嫁接。　[3] 肖（xiào）: 相似。　[4] 宿条: 两年生的枝条。　[5] 款: 缓慢。　[6] 衬青: 冬芽脱苞, 露出新嫩芽。　[7] 暄（xuān）: 阳光和暖。　[8] 藉, 同“借”。　[9] 元树: 嫁接时作为根基的树。盘砧（zhēn）: 现称为“砧木”, 嫁接时作为基础的枝条, 与接条（现称为“接穗”）相对。　[10]“际其盘之两旁”二句: 是说在盘砧的韧皮与中间的木质之间开一个小缝。际, 交界处。罅（xià）, 裂缝。　[11] 櫼（jiān）: 楔子。　[12] 小篦子: 篦子齿。　[13] 噙（qín）: 含在口中。　[14] 八字斜锉之: 在树干上切上窄下宽的八字形切口。　[15] 靥（yè）接: 片状芽接, 用接条连皮切成一个八字方块, 并在盘砧上挖去与接条相等的树皮, 然后将接条嵌入, 使二者密切吻合。之所以叫芽接, 就是嫁接的不是枝条而是嫩芽。靥, 女子面部的片状贴饰。　[16] 马耳: 马耳状。搭接就是两根粗细相近的枝条捆绑嫁接。

今夫种植之功, 其利既博, 又加之以接博, 犹变稂莠而为嘉禾, 易碔砆而为美玉[1]。世之欲业其生者, 其可不务之哉?

又去蠹法[2]。桑果不无虫蠹, 宜务去之。其法: 用铁线作钩取之。一法: 用硫黄及雄黄作烟薰之, 即死。或用桐油纸燃塞之, 亦验。夫既已种植, 复接博之; 既接博矣, 复剔其虫蠹。柳子所谓“吾问养树, 得养人术"[3]，此长民为国者所当视效也[4]。夫民为国本，本斯立矣，既与其利，而复除其害，为治之道，无以外是。苟审行之，不惟得劝课之法，抑亦知政教之本欤！

以种植树木比喻治国之术，处处不离政事。

[注释]

[1] 碔砆（wǔ fū）：似玉之石。 [2] 蠹：蛀虫。 [3] 柳子所谓：柳宗元所说，即《种树郭橐驼传》。 [4] 长民：民之长，官吏。视效：效法。

[点评]

本篇主要讲种树之事。从本篇开始的三篇种植、畜养、蚕缲是讲农林副业，将其放在主粮作物的后面，重要性虽有差别，但依然是农业重要的组成部分。种植树木有各种用处：比如文中详细讲解的桑树，就是蚕缲业的基础，而丝织品是中国重要的制衣原料，还可以通过贸易创收。像柑橘、梨、桃、梅、杏等水果，榛、栗等干果，可以作为食物补充。像榆、柳、梓、楸等树木木材可以做建筑材料，制作器具等。另外，漆树可以产漆，楮树皮可以造纸，这些都是重要的经济作物，当然最重要的是种茶。一般情况下，农家利用宅居空地或者附近山地种植少量树木，作为大田作物的补充，可以丰富食谱，供给日用，当然也可以卖钱获得额外收入，还有防备荒年的作用。和种庄稼相比，种树相对容易，成熟后年年生产，可谓"一劳永逸"，一本万利。如何种植，和庄稼不同，种子种植只是一种方法而已，采用畦种然后移栽的方法可以保证更高成活率和效率，而选取长速快、抗虫病的树木作为砧木来嫁接，则收获更快，体现了先民的杰出智慧。文中详细介绍了移栽和嫁接的技术，因为具体树种的栽培技术在《谷谱》相关条目中分别详述，这里只是通论一般的原理和方法。

畜养篇第十四

养马类

陶朱公曰[1]："子欲速富，当畜五牸疾利切[2]。"五牸之中，惟马为贵。其饮食之节有六：食有三刍，饮有三时。何谓也？一曰恶刍，二曰中刍，三曰善刍[3]。何谓三时？一曰朝饮，少之；二曰昼饮，则胸餍水[4]；三曰暮，极饮之[5]。驴、骡大概类马，不复别起条端。今农家以牛为本，虽以马为首，略叙于此。

马主要用于驾车和战争，与农事关系较小。

[注释]

[1]陶朱公：春秋末期助越灭吴的范蠡，相传灭吴后定居齐国，改名陶朱，经商致富。　[2]牸（zì）：雌性牲畜，这里泛指牲畜。　[3]刍（chú）：草料。马饿时喂粗料，平常时喂中料，吃饱

时喂精料。　　[4] 餍（yàn）：饱腹。　　[5] 极饮之：痛饮一番。

养牛类

牛之为物，切于农用。善畜养者，必有爱重之心；有爱重之心，必无慢易之意。然何术能使民如此哉？必也在上之人爱重严禁，使民不敢轻视妄杀。若夫农之于牛也，视牛之饥渴，犹己之饥渴；视牛之困苦羸瘠[1]，犹己之困苦羸瘠；视牛之疫疠[2]，若己之有疾；视牛之字育[3]，若己之有子也。苟能如此，则牛必蕃盛矣，奚患田畴之荒芜，衣食之不继哉？今夫牛之为畜，其血气与人均也[4]，勿犯寒暑；其性情与人均也，勿使太劳。固之以牢楗[5]，顺之以凉燠。时其饥饱，以适其性情；节其作息，以养其血气。若然则皮毛润泽，肌体肥腯[6]，力有余而老不衰，其何困苦羸瘠之有？

于春之初，必去牢栏中积滞蓐粪[7]。自此以后，但旬日一除，免秽气蒸郁为患，且浸渍蹄甲，易以生疾。又当以时被除不祥[8]，净爽乃善。方旧草凋朽，新草未生之时，宜取洁净槁草细剉

牛是农业的主要畜力，所以《农桑通诀》篇首有"牛耕起本"。农民之爱牛应与战将之爱马相同。

处处见祈报，体现王祯农业观念的特点。

之^[9]，和以麦麸、谷糠、碎豆之属^[10]，使之微湿，槽盛而饱饲之。春秋草茂放牧，饮水，然后与草，则腹不胀。至冬月，天气积阴，风雪严凛，即宜处之暖燠之地，煮糜粥以啖之^[11]。又当预收豆、楮之叶^[12]，春碎而贮积之以米泔，和剉草、糠麸以饲之。古人有卧牛衣而待旦^[13]，则知牛之寒，盖有衣矣；饭牛而牛肥，则知牛之馁，盖啖以菽粟矣。衣以褐荐^[14]，饭以菽粟，古人岂重畜如此哉？以此为衣食之本故耳。此所谓"时其饥饱，以适性情"者也。

[注释]

[1]羸瘠（léi jí）：瘦弱。　[2]疫疠（lì）：瘟疫，急性传染病。　[3]字育：养育。　[4]均：一样。　[5]牢：养牲畜的圈。楗（jiàn）：门闩上的横木。　[6]腯（tú）：肥。　[7]蓐（rù）：厚。　[8]祓（fú）除：除灾驱邪的祭祀。　[9]剉：铡碎。　[10]麸（fū）：小麦磨面过箩后剩下的皮。　[11]啖（dàn）：吃，这里指喂。　[12]楮（chǔ）：落叶乔木，树皮是造纸的原料。　[13]牛衣：用乱麻制成的毯子用来盖牛。　[14]褐：粗麻编的衣服。荐：草垫。

每遇耕作之月，除已牧放，夜复饱饲。至五更初，乘日未出，天气凉而用之，则力倍于常，半日可胜一日之功。日高热喘，便令休息，勿竭其力，以致困乏。此南方昼耕之法也。若夫北方，陆地平远，牛皆夜耕，以避昼热。夜半仍饲以刍豆，以助其力。至明耕毕则放去。此所谓"节其作息，以养其血气"也。

　　且古者分田之制，必有莱牧之地[1]，称田为等差[2]，故养牧得宜而无疾苦。观宣王考牧之诗可见矣。其诗曰："谁谓尔无牛[3]，九十其犉而纯切。尔牛来斯，其耳湿湿。或降于阿，或饮于池，或寝或讹。"以见字育蕃滋而寝食适宜也。今夫稿秸不足以充其饥，水浆不足以济其渴，冻之、曝之，困之、瘠之，役之、劳之，又从而鞭棰之[4]，则牛之毙者过半矣。饥欲得食，渴欲得饮，物之情也。至于役使困乏，气喘汗流，耕者急于就食，或放之山，或逐之水。牛困得水，动辄移时[5]，毛窍空疏，困而乏食，以致疾病生焉。放之高山，筋力疲乏，颠蹶而僵仆者[6]，往往相藉也[7]。利其力而伤其生，乌识其为爱养之道哉？

　　牛之为病不一，其用药与人相似，但大为剂以饮之，无不愈者。便溺有血，伤于热也，以致

要注意牛的习性，怕热就是一个重要方面。

便血之药治之^[8]。冷结则鼻干而不喘，以发散药投之；热结即鼻汗而喘，以解利药投之^[9]。其或天行疫疠，率多薰蒸相染，其气然也。爱之则当离避他所，袚除沴_{音戾}气而救药^[10]，或可偷生。《传》曰："养备动时^[11]，则天不能使之病。"畜牛之家，诚能节适养护，如前所云，则自无病。然有病而治，犹愈于不治。若夫医治之宜，则亦有说。《周礼》："兽医掌疗兽病，凡疗兽病，灌而行之^[12]，以发其恶^[13]，然后药之。"其来尚矣。今诸处自有兽工，相病用药，不必预陈方药^[14]，恐多差误也。

（旁注：提到传染病的接触传染，选择隔离回避的方法是很得当的。）

[注释]

[1] 莱牧之地：休耕可用来放牧的地。　[2] 称：称量。等差：等级次序；等级差别。《周礼·地官·遂人》中说按照田地的优劣等级分配田地：上等地一家一百亩，休耕地五十亩；中等地一家一百亩，休耕地一百亩；下等地一家一百亩，休耕地二百亩。　[3] "谁谓尔无牛"至"或寝或讹"：出自《诗经·小雅·无羊》。犉（chún），黄毛黑唇的黄牛。湿湿，摇动的样子。阿（ē），山谷弯曲处。讹，动。　[4] 棰（chuí）：鞭打。　[5] 移时：一段时间。　[6] 颠蹶（jué）：步态不稳。仆（pū）：向前跌倒。　[7] 相藉：互相践踏。　[8] 致：通"制"，控制。　[9] 解利：解暑利湿。　[10] 沴（lì）气：天地不和之气，灾害。　[11] "养备动时"二句：出自《荀子·天论篇》。

养备动时，给养充备，动作得时。 [12]灌而行之：灌药后让牲畜行走观察病情。 [13]以发其恶：挖去坏死的组织。 [14]预陈：事先开列。

养羊类

羊当留腊月、正月生羔为种者第一，十一月、二月生者次之。大率十口二羝[1]，羝无角者更佳。拟供厨者宜剩之[2]。牧羊者必须大老子[3]，其心性宛顺，起居以时，调其宜适。卜式云[4]："牧民何异于是。"惟远水为良，二日一饮。缓缓驱行，勿使停息。春夏早放，秋冬晚出。圈渠院切不厌近，必须与人居相连，开窗向圈。架北墙为厂[5]，圈中作台，开窦[6]，无令停水[7]。二日一除[8]，勿使粪秽。圈内须贴墙竖柴栅，令周匝[9]。

日夜看护防止野兽侵害。羊不耐潮湿，这点尤其要注意。

羊一千口者，三四月中种大豆一顷，杂谷并草留之，不须锄治，八九月中刈作青茭[10]。若不种豆、谷者，初草实成时，收刈秋青杂草，薄铺使干，勿令郁浥。既至冬寒，多饶风霜。或春初雨落，春草未生时，则须饲，不宜出放。此牧羊之大要。

其羊每岁得羔，可居大群，多则贩鬻，及

所剪毫毛作毡，并得酥乳，皆可供用、博易^[11]，其利甚多。谚云"养羊不觉富"，正谓此也。

[注释]

[1]羝（dī）：公羊。　[2]供厨者：供吃肉的。剩：通"騬"（chéng），阉割牲畜。　[3]大老子：老年人。　[4]卜式：西汉御史大夫，以畜牧发家。　[5]厂：有顶无壁的牲口棚子。　[6]窦：通水道。　[7]无令停水：不要有积水。　[8]除：扫除。　[9]周匝（zā）：围绕一圈。　[10]青茭（jiāo）：喂牲畜的绿色饲料。　[11]博易：贸易。

养猪类

母猪取短喙无柔毛者良^[1]。牝者子母不同圈^[2]，牡者同圈则无嫌。圈不厌秽。亦须小厂，以避雨雪。春夏草生，随时放牧。糟糠之属，当日别与^[3]。八、九、十月，放而不饲。所有糟糠，则蓄待穷冬春初。初产者，宜煮谷饲之。其子三日便掐尾，六十日后犍^[4]。供食豚，乳下者佳^[5]，简取别饲之^[6]。

尝谓江南水地多湖泊，取萍藻及近水诸物，可以饲之。养猪，凡占山皆用橡食，或食药苗，谓之山猪，其肉为上。江北陆地，可种马齿^[7]。

猪是在中国被驯化的，由于杂食又不怕脏，对环境要求低，所以家家户户都可饲养。发展养猪业最重要的是要解决饲料问题，这里讲了南北各地就地取材解决饲料的方法，特别提到北方通过种马齿苋养猪是一种宝贵的经验。

约量多寡，计其亩数种之，易活耐旱。割之，比终一亩，其初已茂，用之铡查辖切切，以泔糟等水浸于大槛中，令酸黄，或拌麸糠杂饲之，特为省力，易得肥脂。前后分别，岁岁可鬻，足供家费。

[注释]

[1] 喙（huì）：嘴。　[2] 牝（pìn）：雌性，与牡相对。　[3] 当日别与：按日每天给新饲料。　[4] 犍（jiān）：阉割牲畜。　[5] 乳下者：能抢到母猪最前面乳头吃奶的小猪更强壮。　[6] 简取：选取。　[7] 马齿：马齿苋（xiàn），一种野菜。

养鸡类

鸡种取桑落时生者良[1]，春夏生者则不佳。春夏雏二十日内无令出窠[2]，饲以燥饭。鸡栖宜据地为笼，笼内着栈[3]。虽鸣声不朗，而安稳易肥，又免狐狸之患。若任之树木，一遇风寒，大者损瘦，小者或死。燃柳柴，小者死，大者盲。

园中筑小屋，下悬一簤[4]，令鸡宿上。或于墙内作㝩[5]，又以草缚窠，令鸡伏抱[6]。其园傍可种蜀黍亩许[7]，以取蔽荫。至秋收子，又可饲

最新的研究揭示鸡应该是在中国西南一带被驯化为家禽的。养鸡的主要目的是提供肉蛋，公鸡还有报时功能。

鸡，易为肥长。其母，春秋可得两窠鸡雏。若养二十余鸡，得雏与卵，足供食用，又可博换诸物。养生之道，亦其一也。

[注释]

[1]桑落时：桑叶落时大约在农历十月。　[2]窠（kē）：这里指鸡窝。　[3]栈：竹木编成的架子。　[4]簀（zé）：意思与"栈"相同。　[5]龛（kān）：小阁子。　[6]伏抱：禽鸟孵卵。　[7]蜀黍：高粱。

养鹅、鸭类

鹅、鸭取一岁再伏_{扶又切，抱子也}者为种[1]。大率鹅三雌一雄，鸭五雌一雄。鹅初辈生子十余[2]，鸭生数十；后辈皆渐少矣[3]。欲于厂_{音敞}屋之下作窠，多着细草于窠中令暖。先刻白木为卵形，窠别着一枚以诳之[4]。生时寻即收取，别着一暖处，以柔细草覆藉之[5]。伏时大鹅一十子，大鸭二十子；小者减之。数起者不任为种[6]。其贪伏不起者，须五六日一与食，起之令洗浴。鹅鸭皆一月雏出。量雏欲出之时，四五日内不用闻打鼓、纺车、大叫、猪犬及春声，又不用器淋灰，又不用见新产妇。

应是迷信。

雏既出，作笼笼之。先以粳米为粥糜，一顿饱食之，名曰填嗉[7]。然后以粟饭切苦菜、蔓青英为食[8]。以清水与之，浊则有泥，恐塞鼻孔，小鹅泥塞鼻则死。入水中不用停久，寻宜驱出。于笼中高处敷细草，令寝处其上。十五日后乃出笼。

鹅惟食五谷、稗子及草莱，不食生虫。鸭靡不食矣。水稗实成时[9]，尤是所便，啖此足得肥充。供厨者，子鹅百日以外，子鸭六七十日佳，过此肉硬。大率鹅鸭六年以上老，不复生伏矣，宜去之。少者恐不惯习，宿者乃善伏也[10]。纯取雌鸭，无令杂雄，足其粟豆，常令肥饱，一鸭可生百卵。

夫鹅鸭之利，又倍于鸡，居家养生之道不可阙也。

鸡鸭鹅既可提供肉食，又可产蛋。

[注释]

[1]再伏：第二次孵出的小雏。 [2]初辈：第一次下蛋。 [3]后辈：第二次以后下的蛋。 [4]诳（kuáng）：骗。 [5]藉：垫在下面。 [6]数起者不任为种：总是起来懒伏的不能孵卵。 [7]嗉

（sù）：鸟类喉咙下装食物的囊。　[8]蔓青：芜菁，类似萝卜，俗称诸葛菜。蔓青英：萝卜叶。　[9]水稗：水生稗子，可以用作饲料。　[10]宿：两年。

养鱼类

《陶朱公养鱼经》曰[1]："夫治生之法有五，水畜第一。水畜，所谓鱼池也。以六亩地为池，池中作九洲[2]。求怀子鲤鱼长三尺者二十头，牡鲤鱼长三尺者四头，以二月上庚日内池中[3]，令水无声，鱼必生。至四月，内一神守；六月，内二神守；八月，内三神守。神守者，鳖也。所以内鳖者，鱼满三百六十，则蛟龙为之长，而将鱼飞去。内鳖则鱼不复去，在池中周绕九洲无穷，自谓江湖也。至来年二月，得鲤鱼长一尺者一万五千枚，三尺者四万五千枚，二尺者万枚。至明年，得长一尺者十万枚，长二尺者五万枚，长三尺者五万枚，长四尺者四万枚。留长二尺者二千枚作种，所余皆货。候至明年，不可胜计也。池中有九洲八谷，谷上立水二尺，又谷中立水六尺[4]。所以养鲤者，鲤不相食，易长又贵也。"

凡育鱼之所，须择泥土肥沃、蘋藻繁盛为上[5]。然必召居人筑舍守之，仍多方设法以防獭害[6]。凡所居近数亩之湖，如依上法畜之，可致速富，此必然之效也。今人但上江贩取鱼种，塘内畜之，饲以青蔬，岁可及尺，以供食用，亦为便法。

淡水养鱼是中国渔业的特色。

[注释]

[1]《陶朱公养鱼经》：相传范蠡写的养鱼的书，已亡佚。 [2]洲：露出水面的陆地。 [3]上庚日：农历每月第一个庚日。内：通"纳"。 [4]谷：水面下深坑。谷口距水面两尺，谷深六尺。 [5]蘋（pín）：水草，今称田字草。 [6]獭（tǎ）：水獭。

养蜜蜂类

人家多于山野古窑中收取。盖小房，或编荆囤[1]，两头泥封。开一二小窍，使通出入。另开一小门，泥封，时时开却，扫除常净，不令他物所侵及。于家院扫除蛛网，及关防山蜂、土蜂，不使相伤。秋花彫尽[2]，留冬月可食蜜脾[3]，余者割取作蜜、蜡。至春三月，扫除如前。常于蜂窠前置水一器，不致渴损。

　　　　春月蜂盛，一窠止留一王，其余摘之。其有
蜂王分窠，群蜂飞去，用碎土撒而收之，别置一
窠，其蜂即止。春夏合蜂及蜡，每窠可得大绢一
匹。有收养分息数百窠者，不必他求而可致富也。

[注释]

[1] 囤（dùn）：用竹篾、荆条等编织成的盛粮食的器
具。　[2] 彫：通"凋"。　[3] 蜜脾：蜜蜂营造的连片巢房，酿蜜其中，
形状像脾。这里的意思是留够冬月蜜蜂够吃的蜜脾。

[点评]

　　本篇主要讲农副业中动物饲养之事，内容基本上依
据《农桑辑要·孳畜篇》，只是养牛的内容根据陈旉《农
书·牧养役用之宜篇》和《医治之宜篇》，而《农桑辑要》
除养蜜蜂是新添外，基本上全抄自《齐民要术》。饲养动
物是古代农业中的重要内容，俗话说"六畜兴旺"，六畜
就是指猪、牛、羊、马、鸡、狗，这里面除了狗，都谈
到了。狗可能在牧区豢养更普遍。其余五畜作用也各不
相同，其中牛最重要的作用是耕田，而猪主要提供肉食，
羊除了肉食以外，还提供羊毛。鸡与鸭、鹅一样除了提
供肉食，还能提供蛋类，这是很好的动物蛋白来源。与
肉类生产相比，产蛋是效率较高的生产动物蛋白的方式。
马在农业社会中主要用于驾车和战争，一般农户养殖较
少。与农业经济不同，北方游牧民族在草原上主要还是
放牛养羊，牛羊奶也是重要的食品，他们更擅长养马，

用于骑兵战争。

　　在此之外本篇还介绍了淡水养鱼，这是中华农业文明的特色，其他文明主要靠海洋捕鱼，我们则善于养殖，如今还发展了海水养殖业。在养鱼的介绍中我们看到水池中设九洲八谷，还有鳖被放入，都是为了模拟野生的环境，体现了先民的智慧。人们还发明了稻田养鱼的复合种养技术，鱼在稻田中以杂草和害虫为食，鱼粪直接可以作为肥料。中国还利用杂种优势用鲫鱼培育出了金鱼这种观赏鱼。其实，还有一种非常重要的经济动物，就是家蚕，这将在下一篇中讲述。

集之六

蚕繰篇第十五

《淮南王蚕经》云，黄帝元妃西陵氏始蚕。盖黄帝制作衣裳，因此始也。其后禹平水土，《禹贡》所谓"桑土既蚕"，其利渐广。《礼·月令》曰，古者天子诸侯，必有公桑、蚕室[1]。季春之月，具曲、植音值、籧、筐[2]。后妃齐戒[3]，亲东乡音向躬桑[4]。禁妇女毋观去声[5]，省妇使[6]，以劝蚕事。蚕事既登[7]，分茧称丝效功[8]，以共郊庙之服[9]，无有敢惰。及考之历代皇后与诸侯

夫人亲蚕之事，照然可见，况庶人之妇，可不
务乎？

　　夫育蚕之法，始于择种、收种。茧种取簇之
中向阳明净厚实者。蛾出，第一日者名苗蛾，末
后出者名末蛾，皆不可用。次日以后出者，取之，
铺连于槌箔[10]，蚕连、蚕槌见《农器谱》。雄雌相配，
至暮抛去雄蛾，将母蛾于连上匀布。所生子[11]，
环堆者皆不用[12]。生子数足，更就连上令覆养
三五日。挂时须蚕子向外，恐有风磨损其子。

选择蚕种，要
选择成熟期适中、
蚕茧干净厚实的。
　　古人选种时去
两头取中间，不仅
蚕种如此，作物种
子也是如此，或许
出自中庸的观念。

［注释］

[1]公桑：公家桑园。蚕室：养蚕之室。　[2]具：准备。曲：
薄曲，蚕箔，用竹篾或苇子等编成的养蚕器具。植：木柱，这里
指蚕槌（zhuì），搭蚕箔的木柱。篷：通“筥（jǔ）”，圆筐。筐：
方筐。　[3]齐：通“斋”。　[4]乡：通“向”。　[5]观：游玩。　[6]妇
使：妇女的差事。　[7]登：成。　[8]效：验证。　[9]共：通“供”。
郊：祭天。庙：祭祖。　[10]连：蚕连，盛蚕卵的厚纸。槌：蚕架
木柱。箔：蚕箔，搭在蚕槌上的养蚕器具。　[11]子：卵。　[12]环
堆：环状成堆。

　　冬节及腊八日浴时[1]，无令水极冻。浸二日，
取出复挂。年节后[2]，瓮内竖连，须使玲珑[3]。
每十数日，日高时一出。每阴雨止，即便晒暴。

蚕子变色，要在迟速由己，勿致损伤自变。桑叶已生，自辰巳间[4]，将瓮内连取出，舒卷提掇[5]，亦无度数[6]。但要第一日变三分[7]，第二日变七分，却用纸蜜糊封了[8]，还瓮内收藏。至第三日午时，又出连舒卷，须要变至十分。

蚕卵变蚕蚁。

其蚕屋、火仓、蚕箔[9]，见《农器谱》。并须预备。蚕屋宜高广，窗户虚明，易辨眠起。仍上于行椫各置照窗[10]，每临早暮，以助高明下就。附地列置风窦，令可启闭，以除湿郁。若新泥湿壁，用热火薰干。窗上用净白纸新糊，门窗各挂苇帘、稿荐[11]。下蚁之时[12]，勿用鸡翎等物扫拂，惟在详款稀匀[13]，不至惊伤、稠叠。生齐，取叶着怀中令暖，用利刀切极细，筵于器内蓐纸上[14]，匀薄。将连合于叶上，蚁闻叶香自下。或过时不下连，及缘上连背者并弃[15]。

准备蚕室种种。

[注释]

[1]冬节：冬至。浴：浴蚕卵。　[2]年节：春节。　[3]玲珑：通透。　[4]辰巳：辰时到巳时。　[5]提掇（duō）：提起。　[6]亦无度数：反复多次，没有标准次数。　[7]变三分：蚕卵由白变成灰黑色。　[8]蜜：精密细致。　[9]火仓：养蚕蚁的暖室。　[10]行椫（qiàn）：桁檩（héng lǐn），房梁上托住椽子的横木。　[11]荐：

席子。　[12]蚁：蚕蚁。　[13]详：细密。款：缓慢。　[14]筛（shāi）：用筛子筛。　[15]缘上连背：爬到蚕连背面的。

养蚕蚁时，先辟东间一间，四角挫垒空龛[1]，状如三星[2]，以均火候，谓屋小则易收火气也。停眠前后则彻去[3]，择日安槌[4]。每槌上下闲铺三箔[5]，上承尘埃，下隔湿润，铺砌碎秆草于上。中箔以备分抬[6]，用细切捣软秆草匀铺为蓐[7]，又揉净纸，粘成一片，铺蓐上安蚕。

建火仓、搭蚕架养蚕。

初生色黑，渐渐加食。三日后渐变白，则向食，宜少加厚[8]。变青则正食，宜益加厚。复变白则慢食，宜少减。变黄则短食，宜愈减。纯黄则停食，谓之正眠。眠起，自黄而白，自白而青，自青复白，自白而黄，又一眠也。每眠例如此，候之以加减食。凡叶不可带雨露及风日所干[9]，或浥臭者食之，令生诸病。常收三日叶，以备霖雨，则蚕常不食湿叶，且不失饥。采叶归，必疏爽于室中，待热气退乃与食。

蚕时，昼夜之间，大概亦分四时：朝暮类春秋，正昼如夏，夜深如冬。寒暄不一。虽有熟火[10]，各合斟量多少，不宜一例。自初生至两眠，

这两段讲蚕之四眠。

这里由人及物的体察，和养牛时与牛同感受的理念一致，体现了古人由己及人"恕"的思想观念。

正要温暖。蚕母须着单衣，以为体测。自觉身寒，则蚕必寒，便添熟火；自身觉热，蚕亦必热，约量去火。一眠之后，但天气晴明，巳、午之间时，暂揭起窗间帘荐，以通风日。南风则卷北窗，北风则卷南窗，放入倒溜风气，则不伤蚕。大眠起后 [11]，饲罢三顿，剪开窗纸透风日，必不顿惊生病。大眠之后，卷帘荐，去窗纸。天气炎热，门口置瓮，旋添新水，以生凉气。如遇风雨夜凉，却当将帘荐放下。其间自小至老，蚕滋长则分之，沙燠厚则抬之 [12]，失分则稠叠，失抬则蒸湿。蚕，柔软而宛切之物，不禁揉触。小而分抬，人知爱护。大而分抬，或懒倦而不知顾惜，久堆乱积，远掷高抛，损伤生疾，多由于此。

[注释]

[1] 挫：屈折着。垒：垒砌。　[2] 三星：参宿，中间三星，四角四颗星，这里说像参宿四角形状。　[3] 彻：拆除。停眠：二眠。　[4] 安槌：安装蚕架。　[5] 闲：通"间"，间隔。　[6] 分抬：除沙扩座，随着幼蚕长大，需要把同一蚕箔上的幼蚕分到更多蚕箔上。分，分箔。抬，换箔。　[7] 蓐：草席。　[8] 少加厚：喂食的桑叶稍稍加厚。　[9] 风日所干：枯萎的叶子。　[10] 熟火：燃烧一段后无烟不呛的火炭。　[11] 大眠：三眠，北方蚕种结茧前

最后一眠。　[12] 沙：这里指残桑、蚕粪等混合物。

蚕自大眠后十五六顿即老，得丝多少，全在此数日。北蚕多是三眠，南蚕俱是四眠。见有老者，量分数减饲。候十蚕九老，方可入簇[1]。值雨则坏茧。南方例皆屋簇，北方例皆外簇。然南簇在屋，以其蚕少易办，多则不任。北方蚕多露簇，率多损压壅阏音遏[2]。南北簇法，俱未得中。今有善蚕者一说：南北之间，蚕少，疏开窗户，屋簇之则可。蚕多，选于院内构长脊草厦，内制蚕簇，周以木架，平铺蒿稍[3]，布蚕于上，用席箔围护，自无簇病，实良策也。蚕簇见《农器谱》。又有夏蚕、秋蚕。夏蚕自蚁至老俱宜凉，惟忌蝇虫。秋蚕初宜凉，渐渐宜暖，亦因天时渐凉故也。簇与缫丝[4]，法同春蚕。南方夏蚕不中缫丝[5]，惟堪线纩而已[6]。《周礼》忌原蚕[7]，岁再登，非不利也，然王者法禁之，谓其残桑也。然则夏蚕最不宜多育。

蚕大眠后上簇结茧。以上都是讲北方三眠蚕。

《务本新书》云[8]："凡茧，宜并手忙择，凉处薄摊，蛾自迟出，免使抽缫相逼。"恐有不及，

以下讲缫丝。

则有瓮浥、笼蒸之法。瓮浥、笼蒸并见《农器谱》。《士农必用》云："缫丝之诀，惟在细圆匀紧，使无褊慢节核[9]，粗恶不匀也。"

缫丝有热釜、冷盆之异，然皆必有缫车、丝軖[10]，然后可用。热釜要大，置于釜上，接一杯甋[11]，添水至甋中八分满，甋中用一板栏断，可容二人对缫也。水须当热，旋旋下茧，多下则缫不及，鬻损[12]。此可缫粗丝单缴者[13]。双缴者亦可，但不如冷盆所缫洁净光莹也。冷盆要大，先泥其外，用时添水八九分。水宜温暖长匀，无令乍寒乍热，可缫全缴细丝。中等茧可缫双缴，比热釜者有精神而又坚韧也。

南北蚕缫之事，摘其精妙，笔之于书，以为必效之法。业蚕者取其要诀，岁岁必得。庶上以广府库之货资，下以备生民之纩帛，开利之源，莫此为大。

[注释]

[1]簇：蚕蔟，供蚕吐丝作茧的用具，俗称蚕山。多用竹、木、草等做成。 [2] 壅阏（yōng è）：阻塞不畅。 [3]蒿稍：黄蒿与桑梢，可驱虫。 [4]缫（sāo）丝：把蚕茧放在水中浸泡，抽出

茧丝。　[5] 中：适合。　[6] 纩（kuàng）：丝绵絮。　[7] 原蚕：一年孵化两次的蚕。　[8]《务本新书》与下文《士农必用》（前文称引为《士民必用》）都是金元间农书，《农桑辑要》最早引用，今已亡佚。　[9] 褊（biǎn）：偏细。慢：偏粗。节：接头。核：疙瘩。　[10] 軖（kuáng）：纺车。　[11] 甑（zèng）：蒸饭的一种炊具。底部有许多透蒸气的孔格，如同现代的蒸锅。　[12] 鬻（yù）：煮。　[13] 单缴（jiǎo）：丝头绕一匝，比绕两匝松一些。缴，绕。

［点评］

本篇主要讲养蚕缫丝之事，全据《农桑辑要·养蚕》缩编而成，价值不及原书。栽桑养蚕是一系统工程，种植篇就以栽桑为例，此处讲养蚕和缫丝，应该说每个环节都有很高的技术含量，特别是养蚕，尤其困难。家蚕是很柔弱的昆虫，只吃桑叶，爱干净，对室温要求也高，容易生病，所以特别不好养。先民在饲养过程中探索和总结出一套行之有效的方法，是对人类巨大的贡献。两千年来丝绸一直是中国享誉世界的品牌，乃至古希腊和古罗马称中国为"赛里斯（丝绸）国"，横亘于欧亚大陆的商贸文化之路被德国学者李希霍芬称为"丝绸之路"，这一名称因其形象生动而被世人接纳。直到现在，中国还是优质蚕丝的最重要产地。蚕丝可以说是大自然的馈赠，它是高档的纺织原料，被誉为"纤维皇后"，是天然纤维中唯一的长纤维，其长度可直接用来纺织。另外，蚕丝不但细而柔软，有弹性，吸湿性好，而且富有光泽，所以织造出的衣物优雅美丽。

长沙马王堆汉墓出土的素纱禅（dān）衣即是丝绸织

物的杰出代表，令人赞叹。它轻薄，通透，朦胧，神秘。禅衣长 1.28 米，两袖通长 1.9 米，算上纹锦镶边的衣领、衣袖口和衣襟边缘，整件衣服一共只有 49 克。丝绸穿梭着经纬，也织就着中华民族的独特气质，体现着一种洋洋洒洒、心定神闲的自由浪漫。

祈报篇第十六[1]

《曾氏农书》云[2]，《记》曰"有其事必有其治"。故农事有祈焉，有报焉，所以治其事也。天下通祀，惟社与稷。社祭土，勾龙配焉[3]；稷祭谷，后稷配焉。此二祀者，实主农事。《载芟》之诗，春耤田而祈社稷也[4]；《良耜》之诗，秋报社稷也。此先王祈报之明典也。匪直此也，山川之神，则水旱疠疫之不时，于是乎禜为命切之[5]；日月星辰之神，则雪霜风雨之不时，于是乎禜之。与夫法施于民者，以劳定国者，能御大菑音灾者[6]，能捍大患者，莫不秩祀[7]。先王载之典礼，著之令式，岁时行之，凡以为民祈报也。

《周礼·籥章》[8]："凡国，祈年于田祖[9]，则吹《豳雅》[10]，击土鼓[11]，以乐田畯[12]。"《尔

祭祀是国家大事。

雅》谓田畯音俊乃先农也[13]。于先农有祈焉，则神农、后稷，与世俗流传所谓田父、田母，皆在所祈报可知矣。《大田》之诗言："去其螟螣音特[14]，及其蟊贼[15]，无害我田稚。田祖有神，秉畀炎火[16]。有渰凄凄[17]，兴雨祁祁[18]，雨我公田，遂及我私。"此祈之之辞也；《甫田》之诗言："以我齐明[19]，与我牺羊，以社以方[20]。我田既臧[21]，农夫之庆。"此报之之辞也。继而"琴瑟击鼓，以御音迓田祖[22]，以祈甘雨，以介我稷黍[23]，以谷我士女[24]。"此又见因所报而寓所祈之义也。若夫《噫嘻》之诗，言春夏祈谷于上帝，盖大雩帝之乐歌也[25]；《丰年》之诗，言秋冬报者，蒸尝之乐歌也[26]，其诗曰："为酒为醴[27]，蒸畀祖妣[28]，以洽百礼。"然于上帝，则有祈而无报；于祖妣，则有报而无祈。岂阙文哉，抑互言之耳[29]？此又祈报之大者也。

《周礼》《诗经》都讲到先民祭祀农神。

[注释]

[1]祈报：泛指祭祀。祈，求。报，答。全篇内容基本根据陈旉《农书·祈报篇》改写。 [2]《曾氏农书》：不详，或许是曾安止《禾谱》及曾之谨《农器谱》。 [3]勾龙：社神名。 [4]耤

（jí）田：籍田。　[5]禜（yíng）：一种祈求神灵消除自然灾害的祭祀。　[6]菑：同"灾"。　[7]秩祀：依礼分等级举行之祭。　[8]籥，音yuè。　[9]田祖：农神。　[10]《豳雅》：《诗经·豳风·七月》。　[11]土鼓：陶鼓。　[12]田畯（jùn）：本意是负责耕种的官吏，这里泛指农神。　[13]《尔雅》：汇编经文注释的辞书。　[14]螟螣（míng tè）：农业害虫。　[15]蟊贼（máo zéi）：也是农业害虫。古人根据害虫食苗的部位将其分为四类：食心曰螟，食叶曰螣，食根曰蟊，食节曰贼。　[16]秉：拿。畀（bì）：给。　[17]渰（yǎn）：云兴起的样子。　[18]祁祁：舒缓貌。　[19]齐：通"齍（zī）"，盛谷物的祭器。　[20]方：四方神。　[21]臧（zāng）：善。　[22]御：通"迓"，迎接。　[23]介：大。　[24]谷（gǔ）：养育。　[25]雩（yú）帝：祈雨于天帝。雩，祈雨。　[26]蒸：冬祭。尝：秋祭。　[27]醴（lǐ）：甜酒。　[28]祖妣（bǐ）：男女祖先。　[29]互言：互文，这里指祈中有报，报中有祈。

《周礼·大祝》："掌六祈，以同鬼神示[1]。示与祇同，六祈谓类、造、禬、禜、攻、说[2]，皆祭名。"《小祝》："掌小祭祀，将事侯禳、祷祠之祝号[3]，以祈福祥，顺丰年，逆时雨，宁风旱，弭灾兵[4]，远罪疾。"举是而言，则祈报禬禳之事，先王所以媚于神而和于人，皆所以与民同吉凶之患者也。凡在祀典，乌可废耶？禳田之祝，乌可已耶？

记礼者曰，伊耆氏之始为蜡也[5]，岁十二月合聚万物而索飨之也[6]。主先啬而祭司啬[7]，飨农及邮表畷_{张劣切}、禽兽^[8]，迎猫迎虎而祭之，祭坊与水庸^[9]，其辞曰："土反其宅，水归其壑，昆虫无作，草木归其泽。"由此观之，飨先啬先农而及于猫虎，祭坊与水庸而及于昆虫，所以示报功之礼，大小不遗也。考之《月令》，有所谓祈来年于天宗者^[10]，有所谓祈谷实者，有所谓为麦祈实者。而《春秋》有一虫兽之为灾害，一雨旸之致愆忒^[11]，则必雩，圣人特书之，以见先王勤恤民隐^[12]，无所不用其至也。夫惟如此，是以物由其道，而无夭阏疵疠^[13]；民遂其性，而无札瘥灾害^[14]。神之听之，有相之道，固如此也。

指出帝王祭祀是为了要忧心民众疾苦。

[注释]

[1]鬼：人神。神：天神。示：同"祇（qí）"，地神。　[2]类：通"禷（lèi）"，因特殊事情祭祀天神。造：祭祖先。禬（guì）：消灾除病的祭祀。攻、说：可能也是消灾祭祀，只是不用牺牲，如日食敲鼓。　[3]侯：迎福的祭祀。禳（ráng）：消除灾殃的祭祀。祷：求福。祠：谢福。　[4]弭（mǐ）：平息。　[5]蜡：音zhà。蜡祭的意思。蜡祭八神为先啬、司啬、百种、农、邮表畷、禽兽、坊、水庸。伊耆氏：传说中上古帝王。　[6]飨（xiǎng）：祭献。　[7]先啬（sè）：神农。司啬：后稷。啬，同"穑"。　[8]农：田官。邮表畷（zhuì）：田间房舍、道路。邮，田间房舍。畷：田间道路。　[9]坊：通"防"，堤防。水庸：水沟。　[10]年：收成。天

宗：日月星辰。　[11]旸（yáng）：晴。愆忒（qiān tè）：差错，失期，这里指晴雨失期，即旱涝之灾。　[12]民隐：民众的痛苦。　[13]夭阏（yāo è）：夭折。疵疠（cī lì）：疾病和灾疫。　[14]札瘥（zhá chài）：因疫疠、疾病而死。

后世从事于农者，类不能然 [1]。借或有一焉，亦强勉苟且而已 [2]，岂能悉循用先王之典故哉？田祖之祭，民间或多行之，不过豚蹄、盂酒。春秋社祭，有司仅能举之，牲酒等物，取其临时，其为礼，盖蔑如也 [3]。水旱相仍 [4]，虫螟为败，饥馑荐臻 [5]，民卒流亡，未必不由祈报之礼废，匮神乏祀以致然也。

虽然不足为据，但是百姓流离失所，也不能不说是统治者不敬天，不为民祈祷的态度所致。

今取其尤关于农事者言之。社稷之神，自天子至郡县，下及庶人，莫不得祭。在国曰大社、国社、王社、侯社，在官曰官社、官稷，在民曰民社。自汉以来，历代之祭虽粗有不同，而春秋二仲之祈报，皆不废也。

又育蚕者亦有祈禳报谢之礼。皇后祭先蚕。《淮南子》云，黄帝元妃西陵氏始蚕，即为先蚕。考之《后汉·礼仪志》，祭宛窳妇人与寓氏公主。至庶人之妇，亦皆有祭。秦观书云 [6]，庶人家妇以下 [7]，再拜，诘旦

即北宋著名词人秦观，字少游。

升香^[8]，各赍设醴而祭^[9]。此后妃与庶人之祭，虽贵贱之仪不同，而祈报之心一也。古者养马一节，春祭马祖^[10]，夏祭先牧，秋祭马社，冬祭马步。此马之祈谢，岁时惟谨。至于牛，最农事之所资，反阙祭礼。至于蜡祭，迎猫迎虎，岂牛之功不如猫虎哉？盖古者未有牛耕，故祭有阙典。至春秋之间，始教牛耕。后世田野开辟，谷实滋盛，皆出其力。虽知有爱重之心，而曾无爱重之实。近年耕牛疫疠，损伤甚多，亦盍禳祷祓除^[11]，祛祸祈福^[12]，以报其功力，岂为过哉？故于此篇祭马之后，以祭牛之说继之，庶不忘乎谷之所自，农之所本也。

祭蚕、祭马和祭牛都是重视农业，心存敬畏和感恩的体现。

[**注释**]

[1]类：大都。　[2]苟且：敷衍了事。　[3]蔑如：轻视。　[4]仍：接连不断。　[5]荐臻：一个个接连到来。　[6]秦观书：秦观《蚕书》。秦观《蚕书》"各赍"作"割鸡"。　[7]冢妇：嫡长子之妻。　[8]诘旦：清晨。　[9]各赍：各持贡品。　[10]"春祭马祖"四句：是说春天祭马祖，夏天祭先牧，秋天祭马社，冬天祭马步。马祖、先牧、马社、马步，皆为马神。　[11]盍（hé）：何不。　[12]祛（qū）：祛除。

[点评]

本篇主要讲有关农业祭祀之事，内容基本上依据陈旉《农书·祈报篇》改写，增加内容很少。《左传》曰："国之大事，在祀与戎。"祭祀和战争是古代社会最重要的大事。在古人泛神崇拜的观念中，天帝和自然诸神代表了神秘的自然力量。所以祭祀诸神，首先，是对自然力量的敬畏，所谓战战兢兢，如临深渊，如履薄冰。其次，每年春夏秋冬不断的祭祀中，有关农业的比重最大，比如春季郊天祈年，就是祈祷一年的收成。靠近年关腊月的蜡祭八神，也都与农事相关。这就是时时刻刻提醒和告诫统治者和民众，要勤于农事。另外，祭祀的内容还包括祓除灾害，遇到干旱、水灾、虫害等，也要向诸神祈祷，虽然今天我们知道这是不管用的。但这样的祭祀活动同样是唤醒统治者和各级官员对民众疾苦的关心。所以说，纵贯全书体现出的王祯重视祈报的观念，实际上也是在提醒皇帝和各级官员要重视农事、体恤百姓疾苦。

农器图谱

集之一

田制门

《农器图谱》首以"田制"命篇者，何也？盖器非田不作，田非器不成。《周礼·遂人》：凡治野，以土宜教氓稼穑，而后以时器劝氓。命篇之义，遵所自也。夫禹别九州，其田壤之法固多不同；而稷教五谷，则树艺之方亦随以异。故皆以人力器用所成者书之，各有科等，用列诸篇之右。其篇目特以"耤田"为冠，示劝天下之农也。然"虽有镃基[1]，不如待时"，乃以《授时图》

阐述《农器图谱》首列《田制门》之意。

正之，庶耕殖者无先后之失云。

[注释]

[1] "虽有镃基" 二句：出自《孟子·公孙丑上》。镃（zī）基，锄头。

耤田

耤田，天子亲耕之田也。古者耤田千亩，天子亲耕，用共郊庙盛音粢盛平声[1]，躬劝天下之农。耤之言"借"也，王一耕之，庶人芸芋以终之[2]，谓借民力成之也。《诗》："春耤田而祈社稷。"《礼·月令》："孟春之月，天子乃以元日谓上辛，郊祭天也。祈谷于上帝。乃择元辰，郊后吉辰也。天子亲载耒耜，措之于三保介保介，车右。人君之车，必使勇士衣甲居右而参乘，以备非常也。之御间[3]，帅三公、九卿、诸侯、大夫，躬耕帝耤。天子三推，三公五推，卿、诸侯九推。反[4]，执爵于太寝[5]，三公、九卿、诸侯、大夫皆御，命曰劳去声酒。"《周礼·内宰》："诏后帅六宫之人，生穜稑之种，以献于王。"使后宫藏种，而又生之。《天官·甸师》："掌帅其属府、史、胥、徒也。

此为籍田之意。

而种王耤，以时入之，以供齍音粢盛平声。"汉文帝开耤田，置令、丞[6]，春始东耕[7]。景帝诏，朕亲耕以奉宗庙粢盛[8]，为天下先。武帝制策曰[9]，今朕亲耕，以为农先。昭帝耕于钩盾弄田[10]。明帝东巡，耕于下邳[11]。章帝北巡，耕于怀县[12]。魏氏天子亲耕于耤[13]。晋武帝耕于东郊，共祀训农。宋文帝制千亩亲耕。齐武帝载耒耜躬耕。梁初依宋礼。后魏太武帝祭先农而后耕。北齐耕耤于帝域。隋制，耤坛行礼，播殖，以拟齍盛。唐太宗致祭先农，耤于千亩之甸[14]。玄宗欲重劝耕，进耕五十余步。肃宗命去耒耜雕刻[15]，冕而朱纮[16]，躬九推焉。宋端拱以来[17]，有《耕耤事类》五卷[18]。此耤田之制，历载经史，昭然可鉴。钦惟圣朝[19]，丕阐皇图[20]，讲明典礼，开帝耤于京畿，备齍盛于郊庙，先身示劝，照映古今。

历数各代籍田故事。

[注释]

[1] 齍盛（zī chéng）：盛在器皿里的谷物祭品。 [2] 芸芓：通"耘耔（yún zǐ）"，泛指耕种。耔，培土。 [3] 御：驾车，这里指驾车之人。 [4] 反：通"返"。 [5] 爵：古代饮酒器，三足。太寝：

帝王的祖庙。　[6]置令、丞：设置籍田令及副官籍田丞，掌管籍田之事。　[7]东耕：古称天子耕于籍田。　[8]粢（zī）盛：齍盛。　[9]制策：策问是汉代选拔人才的一种方法，由主考官出考题曰策问，应试者回答曰对策，天子亲自出考题曰制策。制，天子的命令。　[10]钩盾：掌管皇家园囿的官署。弄田：位于未央宫内，昭帝年幼，于此亲耕。　[11]下邳（pī）：古县名，治所在今江苏睢宁西北。[12]怀县：古县名，治所今河南武陟西南。[13]魏氏：曹魏。　[14]甸：泛指郊外。　[15]雕刻：花纹。　[16]冕：帝王、诸侯、卿大夫的礼帽，这里指戴着冠冕。纮（hóng）：系于颌下的帽带，朱纮指系着红色的帽带。　[17]端拱：宋太宗赵光义的第三个年号（988—989年）。　[18]《耕耤事类》：《宋史·艺文志》记载有李淑《耕藉类事》五卷，应即此，已亡佚。　[19]钦：敬。惟：思。　[20]丕：大。阐：显。皇图：皇朝的版图。

《农器图谱》采用了前文后诗的体例，本篇直接用李蒙的《藉田赋》。

昔李蒙赋云[1]："揉为耒，剡为耜[2]，取其象也远矣[3]；农为本，食为天，惟其利也大焉。圣人利器致农，躬亲莫重乎稼穑；轨物励俗[4]，敦劝克厚乎率先[5]。于以奉神祇，昭报之诚达；于以祈社稷，孝享之德宣。则躬耕之义也，从古以然。皇帝勤惟国本，钦若人天[6]。所务惟农[7]，顺动而取诸豫；所宝惟谷，时行而应乎乾。洎正月之吉日[8]，将有事乎昊天[9]。列千官于近甸，屯万骑于遐阡[10]。当是时也，其祭不戒而宿设[11]，其工职竞以后先[12]。大礼备兮和乐陈[13]，啬夫驰兮庶人走[14]。帝乃服葱犗[15]，乘御耦[16]。我疆我理，礼正于三推；必躬必亲，义存乎千亩。四辅冢宰，六卿近臣，大夫师长之族，都鄙华裔之人[17]。圣有作兮，万物咸睹；人胥效兮[18]，天下归淳[19]。且图匮者于其丰[20]，防俭者于其迤[21]。有备所以无患，克勤是用终吉。三推之礼废，则仓廪以之虚；肆眚之恩废[22]，则简书以之佚[23]。钦哉钦哉，能事斯毕。夫然则农功可大，农扈允臧[24]。以农为本兮，国有常令；以农率下兮，人知向方。亦既奉宗庙，亦既备烝尝[25]。一人垂训兮万国昌。固有述于日用，于胥颂美兮声洋洋。"

[**注释**]

[1]李蒙赋：唐李蒙《藉田赋》。 [2]刬（yǎn）：削，刮。 [3]取其象也远矣：此处用典，《周易·系辞下》云："近取诸身，远取诸物，于是始作八卦。"这里用"远取诸物"之意表达模仿自然万物制作农具。 [4]轨：规范。 [5]敦：恳切。克：（使）能够。厚：这里指民风敦厚。率先：示范，带头。 [6]若：顺。 [7]"所务惟农"四句：是说豫卦因顺而动，乾卦六位时行。两句互文，农事和庄稼成长顺应农时和自然规律。诸，之于。 [8]洎（jì）：到。 [9]昊天：苍天。有事乎昊天：指祭天。 [10]遐（xiá）：远。阡：小路。 [11]不戒：不宵禁。宿设：前一夜准备。 [12]职竞：专职。 [13]陈：

陈设。　[14]畜夫：官吏。　[15]服：乘。葱犗（jiè）：皇帝耕地之牛。　[16]御耦：皇帝籍田的农具。御，皇家的。　[17]都：京师。鄙：边邑。华裔：华夏后裔。　[18]胥（xū）：全都。　[19]淳：淳朴。　[20]匮：匮乏。　[21]迤（yǐ）：延伸。　[22]肆眚（sì shěng）：宽赦罪人。　[23]简书：文牍。　[24]农扈（hù）：农官总称。允：果然。　[25]烝（zhēng）尝：秋祭称尝，冬祭称烝，泛指祭祀。

太社

《祭法》曰[1]："王为群姓立社曰太社，自立曰王社。"又按《唐郊祀录》云，社坛居东面北，广五丈，高五尺，以五色土为之。四面宫坎[2]，饰以方色[3]。稷坛在西，如社之制。每于春秋二仲元辰及腊，各以太牢祭焉[4]。皇帝亲祀，则司农省牲进熟[5]，司空亚献[6]，司农终献。

国社

《祭法》曰："诸侯为百姓立社曰国社，自立社曰侯社。"其制度，考之朱文公《社稷坛记》曰[7]，坛方二丈五尺，崇尺二。其再成[8]，方面皆杀尺[9]，崇四分而去一。三成方杀如之，而崇不复杀。用三献礼，祭以少牢[10]。今郡国祭社皆有定式，此不复具载。

[注释]

[1]《祭法》:《礼记·祭法》。　[2]宫:四面围绕。坎:台阶。　[3]方色:四方之色。按照古代阴阳五行的观念,五色配五方:东方青色,南方红色,西方白色,北方黑色,中央黄色。　[4]太牢:古代祭祀,牛、羊、豕三牲具备谓之"太牢"。　[5]司农:主管农业的官。省:检视。　[6]司空:主管工程、水利的官。亚:第二。　[7]朱文公《社稷坛记》:朱熹《鄂州社稷坛记》。　[8]再成:第二层。　[9]杀(shài):等差递减。　[10]少牢:祭祀时只用羊、豕二牲叫少牢。

民社

古有里社,树以土地所宜之木,如夏后氏以松,殷人以柏,周人以栗。庄子见栎社树[1],汉高祖谨理枌榆社[2],唐有枫林社,皆以树为主也。自朝廷至于郡县,坛壝制度[3],皆有定例。惟民有社以立神树,春秋祈报,莫不群祭于此。考之近代诸祭仪:前一日,社正及诸社人各斋戒。祭日,未明三刻,烹牲于厨,掌馔者实祭器[4],掌事者以席入。设社神之席于神树之下,设稷神之席于神树之西,俱北面。质明[5],社正以下皆再拜[6],读祝[7],礼成而退。

社坛,祭社稷神之所也。社,五土之祇;稷,五谷之神。稷非土无以生，土非谷无以成，故祭社必及于稷。观先王之制，其于社稷，春有祈，歌《载芟》之诗；秋有报，歌《良耜》之诗。然自汉以来，历代之祭虽粗有不同，而春秋二仲之祈报皆不废也。及考之近代祭仪，社以后土勾龙氏，稷以后稷氏配。按《社稷坛记》所谓"社坛必受霜降风雨，以达天地之气，其表则木松柏栗"，是也。《韩诗外传》云，其社主以石为之[8]，状五数[9]，长五尺，准阴之二数[10]，方二尺，刻其上以象物[11]，方其下以象地体。埋其半，以根在土中而本末均也。《礼经考索》云，自天子至郡县，下逮庶人，莫不通祭。

祝辞云：社，五土祇；稷，五谷祖。土谷生成，利用以叙。世感载育，礼从今古。辟壝制坛，刻石为主。封以五方所尚之土，表以三代所宜之树。北面而居，不屋其所。用达两间[12]，阴阳寒暑。仍受四时，霜降风雨。以相田农，以谷士女。去彼螟蝗，介我稷黍。时维二仲，祀事斯举。诗歌《豳雅》，乐奏土鼓。有酒盈觞[13]，有肴在俎[14]。神其享之，愿降多祜[15]。

[**注释**]

[1]栎（lì）：橡子树。　[2]理：治理。枌（fén）：一种榆树。　[3]坛
壝（wěi）：祭祀的场所。壝，古代祭坛四周的矮墙。　[4]馔
（zhuàn）：饮食。实：装满。　[5]质明：天刚亮的时候。　[6]社正：
社祭主官。　[7]祝：祭祀的祝词。　[8]社主：社神的牌位。　[9]状
五数：模仿地的阳数五。　[10]准阴之二数：按照阴数二。　[11]剡
其上以象物：把社主的牌位上面削尖象征万物（生长）。　[12]两
间：天地之间。　[13]盈：满。觞（shāng）：盛酒器，椭圆形浅
底耳杯。　[14]俎（zǔ）：古代祭祀时放祭品的礼器，板状有四
足。　[15]祜（hù）：福。

井田

按古制：井田，九夫所治之田也。乡田同井，
井九百亩。井十为通，通十为成，成十为终，终
十为同。积万井，九万夫之田也。井间有沟，成
间有洫，同间有浍，所以通水于川也。"遂人"
尽主其地，岁出税，各有等差，以治沟洫。

世谓井田沟洫，去古已远，不可复睹。今按
图考谱，犹得想象仿佛。但后世沿革，不能复古，
故因为赋之云：

井九百亩，在方里中。八家百亩，其中为公。
公田共毕，私事方从。积而言之，井十为通，通

井田制很可能
是一种理想型的田
地制度，在春秋战
国时期逐步瓦解。

参看《农桑通
诀·灌溉篇第九》，
此处不重复注释。

王祯自作《井
田赋》。

十为成，成十为终，终十井万，总名曰同。"遂人"掌役，田水何容。沟洫畎浍，距川而东。尽力于此，尝称禹功。经界既正，遂底时雍[1]。秦人一变[2]，阡陌横纵。兼并以力，侵夺相雄。先王旧制，一扫无踪。斯民失所，仁政曷逢。迨汉而降[3]，王伯兼崇[4]。曩固今壤[5]，今非古农。户有增耗，世有污隆[6]。治因是异，法不再穷[7]。各受永业，彼疆此封。穿引万水，足救灾凶。使民奠居[8]，赋简时丰[9]。田虽不井，绰有遗风[10]。

[注释]

[1]底：里面。时雍：天下太平。　[2]"秦人一变"二句：是说秦国商鞅变法废井田，开阡陌，变为论功行赏的田地制度。　[3]迨（dài）：到。　[4]王伯：王道和霸道。伯：通"霸"。　[5]曩（nǎng）：从前。　[6]污隆：世道的盛衰或政治的兴替。　[7]穷：达到极点而不变。　[8]奠居：安居。　[9]赋：赋税。　[10]绰（chuò）：宽绰，这里指生活宽裕。

区田

按旧说：区田地一亩，阔一十五步，每步五尺，计七十五尺。每一行占地一尺五寸，该分五十行。长一十六步，计八十尺。每行一尺五寸，该分五十三行。长阔相折，通二千六百五十区。空一行，种一行。于所种行内，隔一区，种一区。除隔、空外，可种六百六十二区。每区深一尺，用熟粪一升与区土相和，布谷匀，覆土，以手按实，令土种相着。苗出，看稀稠存留。锄不厌频，旱则浇灌。结子时，锄土深壅其根，以防大风摇摆。古人依此布种，每区收谷一斗，每亩可收六十六石。今人学种，可减半计。

又参考《氾胜之书》及《务本新书》，谓汤有七年之旱[1]，伊尹作为区田[2]，教民粪种，负水浇稼，诸山陵、倾阪及田丘城上[3]，皆可为之。其区当于闲时旋旋掘下。正月种春大麦，二、三月种山药、芋子，三、四月种粟及大、小豆，八月种二麦、豌豆。节次为之，不可贪多。

夫丰俭不常，天之道也，故君子贵思患而预防之。如向年壬辰、戊戌饥歉之际，但依此法种之，皆免饿殍。此已试之明效也。窃谓古人区种之法，本为御旱济时，如山郡地土高仰，岁岁如此种艺，则可常熟。惟近家濒水为上[4]。其种不必牛犁，但锹钁垦斸[5]，又便贫难。大率一家五

将一亩地分成 2650 个小方格（区），一区种植，其四周四个区都不再种植，相当于四分之一面积种植，可种 662 区。

除区种外，还可以轮种，耕种面积小，可以精耕细作，保证产量。

口，可种一亩，已自足食。家口多者，随数增加。男子兼作，妇人童稚，量力分工，定为课业，各务精勤。若粪治得法，沃灌以时，人力既到，则地利自饶，虽遇灾，不能损耗。用省而功倍，田少而收多，全家岁计，指期可必。实救贫之捷法，备荒之要务也。

诗云：昔闻伊尹相汤日，救旱有方由圣智。限将一亩作田规，计区六百六十二。星分棋布满方畴[6]，参错有条相列次。耕畬元不用牛犁[7]，短耝长镵皆佃器[8]。粪腴灌溉但从宜，瘦坂穷原俱美地[9]。举家计口各输力，男女添工到童稚。坎余种耨非重劳[10]，日课同趋等娱戏。菽粟薯芋杂数品，辨作储粮接充饵[11]。岁余五口尽无饥，倍种兼收仍不啻。久知丰歉岁不常，大抵古今同一致。天灾莫御自流行，魃虐此时忧悉被[12]。吏民百祷竟无功，稼野一枯乏秉穗。令人空仰昔阿衡[13]，徒法不行诚自弃。曷来学制古侯邦[14]，承恩例署兼农事。带山田少阙食多[15]，教不及民深可愧。故将制度写为图，庶使贫农穷地利。会须岁岁保丰穰[16]，共享太平歌既醉。

[**注释**]

[1] 汤：成汤，商朝的开国国君。　[2] 伊尹：商开国的名臣。　[3] 倾阪（bǎn）：斜坡。　[4] 濒（bīn）：接近。　[5] 钁（jué）：刨土的农具。　[6] 畴：分区的田地。　[7] 畲（shē）：刀耕火种。元：原本。　[8] 臿（chā）：挖土的农具。佃（tián）器：农具。佃，耕作。　[9] 穷：荒僻。　[10] 坎：小坑。　[11] 饵：食物。　[12] 魃（bá）虐：旱灾。　[13] 阿（ē）衡：商代执政大官，后来代指伊尹。　[14] 曷（qiè）来：何不。　[15] 带：靠近。　[16] 穰：丰收。

圃田

种蔬果之田也。《周礼》"以场圃任园地"，注曰"圃，树果蓏之属"。其田缭以垣墙[1]，或限以篱堑[2]。负郭之间[3]，但得十亩，足赡数口。若稍远城市，可倍添田数，至半顷而止。结庐于上[4]，外周以桑，课之蚕利。内皆种蔬，先作长生韭一二百畦，时新菜二三十种。惟务多取粪壤，以为膏腴之本。虑有天旱，临水为上；否则量地凿井，以备灌溉。地若稍广，又可兼种麻苎、果、谷等物[5]，比之常田，岁利数倍。此园夫之业，可以代耕。至于养素之士[6]，亦可托为隐所[7]，日得供赡。又有宦游之家，若无别墅，就可栖身驻迹，如汉阴之独力灌畦[8]，河阳之闲居鬻蔬，

畦种参见《农桑通诀·播种篇第六》。

亦何害于助道哉?

诗云: 二顷负郭田, 人上宁易取? 数口仰成家, 片产足为圃。远即加倍蓰[9], 多仍防莽卤[10]。虽云绝里闬[11], 终得并蒲良切城府[12]。幽可处山隈[13], 润宜临水浒[14]。未始外犁锄[15], 或亦事斤斧。中可居一廛[16], 外或兴百堵[17]。请学拟樊须[18], 不如闻孔父[19]。业作灌园翁[20], 籍沾输税户[21]。作计务勤劬[22], 佣工赡贫窭[23]。水种要渐平声濡[24], 粪滋饶朽腐。蔬茹间去声甘辛, 瓠瓜无苦窳[25]。芃芃黍稷苗[26], 蔚蔚桑果树[27]。鬻利达市廛, 植木入村坞。界展阵图横[28], 区分僧衲补[29]。随分了朝昏, 无心富囷庾[30]。高卧尽元龙[31], 信诬从市虎。闲看穴蚁争, 静听井蛙怒。偶尔阅物情, 居然为地主。进退绰有余, 奔竞耻为伍[32]。寸壤总康庄[33], 众流独砥柱。自我结蓬茅, 从渠爱簪组[34]。畎亩着吾身, 乾坤留此土。陵谷几变迁, 耕凿一今古。四序转轩楹[35], 八表际庭宇[36]。造境到羲炎[37], 逢时知舜禹。柴荆敞昏夜[38], 桔槔憩烟雨[39]。俱同动植苏, 乔与音预膏泽溥[40]。斗酒一醉欢,

此诗歌咏菜圃, 用了不少隐士的典故, 如诸葛亮、陈登、潘岳等。

盘餐众美聚。口腹粗能甘，身形不知苦。养生诚足嘉，报本非敢侮。五土既有神，百谷岂无祖。斋祭奏《豳》诗，岁时鸣土鼓。不离农务中，是用纪《图谱》。

[注释]

[1] 缭：绕。垣（yuán）：墙。 [2] 埂：沟。 [3] 负：靠着。郭：外城。 [4] 庐：房舍。 [5] 麻苎：麻类总称，纺织原料。苎，苎麻。 [6] 养素：修身养性。 [7] 隐所：隐居之所。 [8] "如汉阴之独力灌畦"二句：这里用了两个典故，前一个是《庄子》中汉阴丈人抱瓮灌畦，后一个是西晋潘岳闲居鬻蔬，潘岳曾任河阳令。 [9] 倍蓰（xǐ）：数倍。蓰，五倍。 [10] 莽卤：粗疏，大意。 [11] 里闾：乡里。 [12] 并：挨着。 [13] 隈（wēi）：山水等弯曲的地方。 [14] 浒：水边。 [15] 未始：未尝。 [16] 廛（chán）：平民一家之居。 [17] 堵：古代墙的面积，五版为一堵。 [18] 樊须：樊迟，孔子弟子，曾向孔子请教种菜之道。 [19] 孔父：孔子。 [20] 灌园翁：陈仲子甘做灌园翁。 [21] 籍：凭借。沽：卖。输税：交税。 [22] 计：生计。劬（qú）：勤劳。 [23] 窭（jù）：贫穷。 [24] 濡（rú）：沾湿。 [25] 苦窳（yǔ）：粗劣。 [26] 芃芃（péng）：繁茂的样子。 [27] 蔚蔚：繁茂的样子。 [28] 阵图：用诸葛亮八阵图的典故，孔明曾躬耕南阳。 [29] 僧衲（nà）：僧衣。 [30] 囷庾（qūn yǔ）：粮仓。 [31] "高卧尽元龙"二句：是说三国时陈登待客高卧和战国魏庞恭讲三人言市有虎的典故。 [32] 奔竞：为名利奔走。 [33] 康庄：四通八达的大道。 [34] 渠：他。簪组：官服。 [35] 四序：四季。轩楹：廊间。 [36] 八表：八方。际：连着。庭宇：庭院。 [37] 羲炎：伏羲和炎帝。 [38] 柴荆：柴门。 [39] 憩

（qì）：休息。　[40]忝（tiǎn）：谦辞，自己有愧于。溥（pǔ）：广大，丰厚。

围田

筑土作围，以绕田也。盖江淮之间，地多薮泽[1]，或濒水，不时潦没[2]，妨于耕种。其有力之家，度视地形，筑土作堤，环而不断，内容顷亩千百，皆为稼地。后值诸将屯戍，因令兵众分工起土，亦效此制，故官民异属。

复有圩田[3]，谓叠为圩岸，扞护外水，与此相类。虽有水旱，皆可救御。凡一熟余，不惟本境足食，又可赡及邻郡。实近古之上法，将来之永利，富国富民，无越于此。

诗云：度地置围田，相兼水陆全。万夫兴力役，千顷入周旋。俯纳环城地，穹悬覆幕天。中藏仙洞秘，外绕月宫圆。蟠亘参淮甸[4]，纡回际海壖[5]。官民皆纪号，远近不相缘。守望将同井，宽平却类川。隩桑宜叶沃，堤柳要根骈[6]。交往无多径，高居各一廛。偶因成土著，元不异民编[7]。生业团乡社，嚣尘隔市廛。沟渠通灌溉，

其实围田与圩田差别不大，但不是简单地围建堤岸防水，内部还建有沟渠、水闸等水利工程，用以排水、调水。

说明围田既有水田，也有旱地。

塍埂互连延。俱乐耕耘便，犹防水旱偏。翻车能沃稿，溅穴可抽泉[8]。拥绿秧锄后，均黄刈获前。总治新税籍[9]，素表屡丰年[10]。黍稌及亿秭[11]，仓箱累万千。折偿依市直，输纳带逋悬[12]。岁计仍余羡，牙商许懋迁[13]。补添他郡食，贩入外江船。课最司农绩，治优都水权[14]。富民兹有要，陆海岂无边。祈奏《载芟》咏，报歌《良耜》篇。降穰今若此，蒙利敢安然。壤土常增筑，风涛每虑穿。积储趋日用，防备废宵眠。击鼓供惟急，苫庐守独专。本为凭御护，或未免灾愆[15]。谁念农工苦，徒知粒食鲜。并将图谱事，编纪作诗传。

[注释]

[1]薮（sǒu）泽：水草茂密的沼泽湖泊地带。　[2]渰：通"淹"。　[3]圩（wéi）：围住田地防水的堤。　[4]蟠亘（pán gèn）：盘曲横贯，连结交错。　[5]纡（yū）回：曲折。海壖（ruán）：海边空地。　[6]骈（pián）：聚集。　[7]民编：编入户籍的平民。　[8]溅（jiǎn）穴：圩田所设进出水的涵洞。　[9]税籍：征税的簿册。　[10]素表：绢帛的奏表。　[11]稌（tú）：稻子。　[12]逋悬（bū xuán）：拖欠租税。　[13]牙商：居间中介的商人。懋迁（mào qiān）：贸易。　[14]都水：负责修护水利设施和收取渔税的官署。　[15]灾愆（qiān）：灾祸。

架田

这里所谓架田就是架在水上的泥田，好像竹筏漂浮，属于人造耕地。

架，犹筏也，亦名葑田[1]。《集韵》云："葑方用切，菰根也[2]。"葑亦作䒚，江东有葑田。又淮东、二广皆有之。东坡《请开杭之西湖状》谓："水涸草生，渐成葑田。"

考之《农书》云："若深水薮泽[3]，则有葑田。以木缚为田丘，浮系水面，以葑泥附木架上而种艺之。其木架田丘，随水高下浮泛，自不淹浸。《周礼》所谓'泽草所生，种之芒种'是也。芒种有二义：郑玄谓有芒之种，若今黄穋谷是也；一谓待芒种节过乃种。今人占候，夏至小满至芒种节，则大水已过，然后以黄穋谷种之于湖田。然则'有芒之种'与'芒种节候'，二义可并用也。黄穋谷自初种以至收刈，不过六七十日，亦以避水溢之患。"窃谓架田附葑泥而种，既无旱暵之灾，复有速收之效，得置田之活法，水乡无地者宜效之。

诗云：稻人种艺巧凭籍，既辨土宜植禾稼。年来潦尽更无禾，不料葑田还可架。从人牵引或去留，任水浅深随上下。悠悠生业天地中，一片灵槎偶相假[4]。古今谁识有活田，浮种浮耘成此稼。但使游民聊驻脚，有产谅非为土著。县官税亩傥相容，愿此年年务农作。

作者想到开辟架田收容游民的方法。

[注释]

[1]葑：通"淜（fèng）"，深泥。 [2]菰（gū）：茭白。 [3]"若深水薮泽"至"亦以避水溢之患"：出自陈旉《农书·地势之宜篇》。穋（lù），同"稑"，后种先熟的谷类。 [4]槎（chá）：木筏。

柜田

筑土护田，似围而小，四面俱置溇穴，如此形制。顺置田段，便于耕莳。若遇水荒，田制既小，坚筑高峻，外水难入，内水则车之易涸[1]。浅浸处宜种黄穋稻。《周礼》谓"泽草所生，种之芒种"，黄穋稻是也。黄穋稻自种至收，不过六十日则熟，以避水溢之患。如水过，泽草自生，穋稗可收[2]。高涸处亦宜陆种诸物，皆可济饥。此救水荒之上法。一名埂音匮水溉田[3]，亦曰埂田，与此名同而实异。

诗云：江边有田以柜称，四起封围皆力成。有时卷地风涛生，外御冲荡如严城。大至连顷或

此即小型围田。

指出柜田可以在大水淹过后补种救荒。柜田借用区田的原理，不过区田用于抗旱，而柜田用于防涝。

百亩，内少塍埂殊宽平。牛犁展用易为力，不妨陆耕及水耕。长弹一引彻两际 [4]，秧垄依约无斜横。旁置灊穴供吐纳，水旱不得为亏盈。素号常熟有定数，寄收粒食犹囷京 [5]。庸田有例召民佃，三年税额方全征。便当从此事修筑，永护稼地非徒名。吾生口腹有成计，终焉愿作江乡氓。

[注释]

[1] 车：水车。 [2] 穇（cǎn）：穇子，俗称鸡爪粟。 [3] 埧（jù）：堤塘。按，埧与匮读音相差比较大，此处费解。 [4] 长弹（tán）：秧弹，用篾条编成的长索，在柜田两边拉直，按此插秧。 [5] 囷（qūn）京：粮仓。

即今天的梯田。梯田之名始见于南宋，这里是修造方法的最早记载。扩大耕地面积是提高农业总产量的主要方式。宋元时期，扩大耕地面积呈现由低向高的趋势，梯田就是这一趋势的产物。梯田的出现对宋元以后人口的增长发挥了重要作用。

梯田

谓梯山为田也。夫山多地少之处，除磊石及峭壁例同不毛，其余所在土山，下自横麓 [1]，上至危巅，一体之间，裁作重磴 [2]，即可种艺。如土石相半，则必叠石相次，包土成田。又有山势峻极，不可展足，播殖之际，人则伛偻蚁沿而上 [3]，耨土而种，蹑坎而耘。此山田不等，自下登陟 [4]，俱若梯磴，故总曰梯田。上有水源，则可种秫粳^[5]。如止陆种，亦宜粟麦。盖田尽而地，地尽而山，山乡细民^[6]，必求垦佃，犹胜不稼。其人力所致，雨露所养，不无少获。然力田至此，未免艰食，又复租税随之，良可悯也。

诗云：世间田制多等夷，有田世外谁名题？非水非陆何所兮，危巅峻麓无田蹊。层磴横削高为梯，举手扪之足始跻，伛偻前向防颠挤^[7]。佃作有具仍兼携，随宜垦斸或东西。知时种早无噬脐^[8]，稚苗瓯耬同高低^[9]。十九畏旱思云霓，凌冒风日面且黧^[10]。四体臒瘁肌若刲^[11]，冀有薄获胜稗稊^[12]。力田至此嗟欲啼。田家贫富如云泥，贫无锥置富望迷。古称井地今可稽^[13]，一夫百亩容安栖，余夫田数犹半圭^[14]。我今岂独非黔黎^[15]，可无片壤充耕犁？佃业今欲青云齐，一饱才足及孥妻^[16]。输租有例将何赍^[17]，惭愧平地田千畦。

反复歌咏同情农民，爱民如子。

[**注释**]

[1] 麓：山脚下。　　[2] 磴（dèng）：台阶。　　[3] 伛偻（yǔ lǚ）：驼背。　　[4] 陟（zhì）：登高。　　[5] 秫粳（shú jīng）：黏性稻谷。秫，黏高粱。粳，比籼粳有黏性的稻米；黏性更高的是糯。　　[6] 细民：

平民。　[7]颠挤：坠落，跌倒。　[8]噬脐：比喻后悔不及。　[9]亟（qì）：屡次。　[10]黧（lí）：黑里带黄。　[11]臞瘁（qú cuì）：瘦弱憔悴。刲（kuī）：割。　[12]冀：期望。稊（tí）：稗子一类的草。　[13]稽：考。　[14]余夫：家庭内作为户主的正夫以外的其他成年男子。半圭：《孟子·滕文公上》说"卿以下必有圭田，圭田五十亩，余夫二十五亩"。　[15]黔黎：百姓。　[16]孥（nú）：子女。　[17]赍：交付。

涂田

《书》云："淮海惟扬州，厥土惟涂泥[1]。"夫低水种皆须涂泥，然濒海之地，复有此等田法：其潮水所泛，沙泥积于岛屿，或垫溺盘曲[2]，其顷亩多少不等。上有咸草丛生，候有潮来，渐惹涂泥。初种水稗，斥卤既尽，可为稼田，所谓"泻斥卤兮生稻粱"。盈边海岸筑壁，或树立桩橛，以抵潮泛。田边开沟，以注雨潦，旱则灌溉，谓之甜水沟。其稼收比常田利可十倍，民多以为永业。

用来排出海水盐分才得良田。

又中土大河之侧[3]，及淮湾水汇之地，与所在陂泽之曲，凡潢污洄互[4]，壅积泥滓，退皆成淤滩，亦可种艺。秋后泥干地裂，布扫麦种于上，其所收倍常，此淤田之效也。夫涂田、淤田，各

此是河滩之涂田，即淤田。淤田主要流行于北方地区，王祯这里将淤田与东南沿海地区的涂田相提并论。

因潮涨而成，以地法观之，虽若不同，其收获之利则无异也。

诗云：《书》称淮海惟扬州，厥土涂泥来已久。今云海峤作涂田 [5]，外拒潮来古无有。霖潦渗漉斥卤尽，粳秫已丰三载后。又有河淤水退余，禾麦一收仓廪阜。昔闻汉世有民歌，泾水一石泥数斗，且溉且粪长禾黍，衣食京师亿万口。稔知燕地多陂渠 [6]，后魏裴延隽为幽州刺史，修复燕地故戾陵诸堨及范阳督亢渠，溉田万余顷，为利十倍。粪溉膏腴倍常亩。若云是地可涂田，先愿滋培根本厚。阙政今知水利先，昔司马温公言，今阙政，水利居其一。天下岂无霖雨手。

农田之事水利第一，涂田近水，可充分利用。

[**注释**]

[1]涂：滩涂。　[2]垫溺：淹入水中。　[3]中土：中原地区。　[4]潢（huáng）污：聚积不流之水。　[5]海峤（qiáo）：海边山岭。　[6]稔：熟。

沙田

南方江淮间沙淤之田也。或滨大江，或峙中洲，四围芦苇骈密，以护堤岸。其地常润泽，可

此沙洲之田。

保丰熟。普为塍埂，可种稻秫；间为聚落，可艺桑麻。或中贯潮沟，旱则平溉；或傍绕大港，涝则泄水。所以无水旱之忧，故胜他田也。

旧所谓坍江之田，废复不常，故亩无常数，税无定额，正谓此也。宋乾道年间，近习梁俊彦请税沙田[1]，以助军饷。既施行矣，时相叶颙奏曰[2]："沙田者，乃江滨出没之地。水激于东，则沙涨于西；水激于西，则沙复涨于东。百姓随沙涨之东西而田焉，是未可以为常也。且比年兵兴，两淮之田租并复[3]，至今未征，况沙田乎？"其事遂寝[4]，时论是之。今国家平定江南，以江淮旧为用兵之地，最加优恤，租税甚轻。至于沙田，听民耕垦自便，今为乐土。愚尝客居江淮，目击其事，辄为之赞云：

王祯也主张减轻农民税负。

江上有田，总名曰沙。中开畎亩，外绕蒹葭[5]。耐经水旱，远际云霞。耕同陆土，横亘水涯。内备农具，傍泊鱼权。易胜畦埂，肥渍落华[6]。普宜稻秫，可殖桑麻。种则杂错，收则倍加。潮生上溉，水夹分叉。涝须浚港，旱或戽车[7]。地为永业，姓随某家。三时力穑，多稼逾

耗 [8]。公私彼此，横纵迩遐 [9]。租赋不常，丰稔惟嘉。常思饱德，赞咏非夸。

[注释]

[1] 近习：受宠信之人。　[2] 颙：音 yóng。　[3] 复：免除（徭役赋税）。　[4] 寝：止息。　[5] 蒹葭（jiān jiā）：芦苇。　[6] 菭：同"苔"。　[7] 戽车：戽斗或水车。　[8] 耗（chá）：量词，四百把为一耗。　[9] 迩：近。

[点评]

此是《农器图谱》第一集"田制门"，主要讲依据各种地形的农田建设。王祯所说的"农器"是广义的农具概念，即农业生活中应用到的所有工具，包括农田水利制度。当然，他把相关内容比类相从，有些地方就显得有些杂糅。比如这里虽然都是田制，籍田和三社属于祈报仪式，井田则是传说上古的耕作组织形式，与其后因地制宜的农田建设并不相同，或者说井田和后来的阡陌代表了普遍大田的耕作方式，而区田、圃田则是另外两种补充形式，其中圃田采用畦种，主要用来种瓜果蔬菜，是自给自足小农经济的重要补充。而区田采用区种，将农田分割成区域，间隔耕种。这样做可能有几种好处：首先，区种便于按年对不同区域进行休耕，保持土地肥力，但在粪田技术发展以后，休耕即不太必要。其次，分区之后方便按区域安排间作、轮作、套作等耕种方式，提高土地生产效率。最后，在灾荒后耕种误时、人口密集或者缺乏畜力的情况下，区种可以用来精耕细作，集中人力物力投入到小块田地，通过提高亩产量获得效益。

接下来的几种农田根据地形可采取的不同耕作方式，比如沼泽地区的围田、海滩及河岸泛滥区的涂田、江河沙洲的沙田，以及我们至今熟悉的山坡上的梯田。架田比较特殊，人们看到湖泽中水草淤泥形成漂浮的一层，就开发用来耕种，但是可想而知不可能大规模地应用。柜田实际上就是小型的围田，主要作为一种耕种方式存在，尤其在洪水泛滥过后可以紧急耕种救荒。这些特殊的耕作方式大面积种植时往往形成农业景观，比如云南哈尼梯田、浙江云和梯田和广西龙脊梯田等，还有著名的婺源江岭油菜花梯田。值得注意的是田地的开发需要适度，比如过度采伐林木开发梯田就容易造成水土流失。再如湖沼有调节季节性旱涝的作用，旱时引水灌溉，涝时蓄水防泛，大规模开垦为耕田后，防灾能力就会大大降低。历史上著名的云梦泽，是比今天洞庭湖广大得多的沼泽地，由于人口不断增殖，大多变成耕田，现在湖北一带防洪就只能靠高筑堤坝了。

集之二

耒耜门

昔神农作耒耜以教天下，后世因之。佃作之具虽多，皆以耒耜为始。然耕种有水陆之分，而器用无古今之间，所以较彼此之殊效，参新旧以兼行，使粒食之民，生生永赖。仍以苏文忠公所赋秧马系之[1]。又为《农器谱》之始。所有篇中名数，先后次序，一一用陈于左。

《耒耜门》序言。

这里称《耒耜门》为《农器谱》的开始，很可能是承袭了南宋曾之谨《农器谱》的缘故。

[**注释**]

[1]苏文忠公所赋秧马：苏轼所作《秧马歌》。文忠是苏轼的谥号。

耒耜

图 2　东汉山东嘉祥武梁祠神农执耒画像砖

实际上，耒是一种两齿的翻土锄草农具（图 2），西汉以后被耜替代，所以混称耒耜。这里说耒是耜上的勾木，是延续郑玄注的错误。

耒力对切，耜上勾木也。《易·系》曰[1]："神农氏作，斫木为耜，揉木为耒。"《说文》曰："耒，手耕曲木，从木推丯[2]。"《周官》[3]："车人为耒，庛长尺有一寸[4]。"郑注云[5]："庛[6]，读如棘刺之刺。刺，耒下前曲接耜。"则耒长六尺有六寸，其受铁处软？自其庇，缘其外，遂曲量之，以至于首，得三尺三寸。自首遂曲量之[7]，以至于庇，亦三尺三寸。合为之六尺六寸。若从上下两曲之内[8]，相望如弦量之，只得六尺，与步相应。坚地欲直庇，柔地欲勾庇。直庇则利推[9]，勾庇则利发[10]。倨勾磬折[11]，谓之中地[12]。

耜，详理切。臿也。《释名》曰[13]："耜，齿也，如齿之断物也。"《说文》云："梠，从木，吕声。"徐铉等曰[14]："今作耜。"《周官·考工记》："匠人为沟洫，耜广五寸，二耜为耦。一耦之伐[15]，广尺，深尺，谓之畎。"郑云："古者耜一金[16]，两人并发之。其垄中曰畎，畎上曰伐，伐之言发也。今之耜，岐头两金[17]，象古之耦也。"贾公彦疏云[18]："'古者耜一金'者[19]，对后代耜岐头二金者也。云'今之耜岐头'者，后用牛耕种，故有岐头两脚耜也。"耒、耜二物而一事，犹杵、臼也。

[注释]

[1]《易·系》：《周易·系辞》。　[2]耒（jiè）：芥之象形。　[3]《周官》：《周礼》。　[4]庇：郑众注《周礼》认为庇是"耒下歧"，这种看法是对的，就是耒下端两齿。　[5]郑注：《周礼》郑玄注，

郑玄是东汉末年著名学者，下文"郑云"同。　[6]"庇"四句：这里认为庇是耒耜相接的部分。　[7]"自首遂曲量之"三句：这里按照王祯的理解从耒首至中间的庇是三尺三，从另一边耜首到庇也是三尺三，但中间有一个曲度。遂，顺着。　[8]"若从上下两曲之内"四句：是说从耒首到耜首的直线即弦是六尺。步，古代长度单位，六尺。　[9]推：挖土。　[10]发：翻土。　[11]倨（jù）勾磬折：曲度和磬一样不太大。倨勾，弯曲。　[12]中：软硬居中。　[13]《释名》：东汉末年刘熙所编字典。　[14]徐铉（xuàn）：北宋初语言文字学家，校订《说文解字》。　[15]伐：通"垡"，翻土。　[16]金：金属套。　[17]岐：通"歧"。　[18]贾公彦：唐代学者，注释《周礼》。疏：解说正文和前人注释。　[19]"'古者耜一金'者"五句：这几句注疏都是郑玄注里的话，实际上他正好弄反了。

耒耜是农具之始，耕作诸字多从"耒"这一部首。

陆龟蒙曰[1]："耒耜者，古圣人作也。自'乃粒'以来至于今，生民赖之。有天下国家者，此其本也。饱食安坐，曾不求命称之义[2]，岂非扬子所谓'如禽'者也[3]？余在田野间，一日呼耕氓就数其目[4]，恍若登农皇之庐[5]，受播种之法，淳风泠泠[6]，耸竖毛发，然后知圣人之旨趣，朴乎其深哉。孔子谓'吾不如老农'，信也。因书作《耒耜经》。"

王荆公诗云[7]：耒耜见于《易》[8]，圣人取风雷。不有仁智兼，利端谁能开？神农后稷死，般尔相寻来^[9]。山林尽百巧，揉斫无良材。

[**注释**]

[1]陆龟蒙：晚唐文学家，著《耒耜经》一篇，实际上写的是犁，这一段是《耒耜经序》。　[2]命称：命名。　[3]"如禽"：出自西汉扬雄《法言·学行》："人而不学，虽无忧，如禽何？"　[4]耕氓：农民。就数其目：靠近数出犁的部件。目，详细条目。　[5]农皇：神农氏。　[6]泠泠（líng líng）：清凉。　[7]王荆公诗：王安石所作《和圣俞农具诗十五首》，下文同。　[8]"耒耜见于《易》"二句：出自《周易·系辞》："神农氏作，斫木为耜，揉木为耒，耒耨之利，以教天下，盖取诸益。"说耒耜取象于六十四卦的益卦，即上下风雷之象，能够惠泽天下。　[9]般尔：古代巧匠公输般和王尔。

犁（图 3）

垦田器。《释名》曰："犁，利也。利则发土，绝草根也。"利从牛，故曰犁。《山海经》曰，后稷之孙叔均始教牛耕。注云，用牛犁也。后改名耒耜曰犁。

陆龟蒙《耒耜经》曰："农之言也耒耜。民之习，通谓之犁。冶金而为之，曰犁镵，曰犁壁；壁俗作□^[1]。斫木而为之，曰犁底，曰压镵，曰策额，曰犁箭，曰犁辕，曰犁梢，曰犁评去声，曰

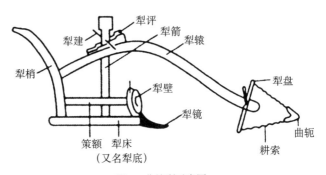

图 3　曲辕犁示意图

犁建，曰犁槃。木、金凡十有一事[2]。耕之土曰墢音坺，墢犹块也。起其墢者，镵也[3]；覆其墢者，壁也。故镵引而居下，壁偃而居上[4]。镵之次曰策额雅格切，言其可以扞其壁也，皆弛然相戴[5]。弛，余豉切，物之相连次也。自策额达于犁底[6]，纵而贯之曰箭[7]。前如桯而樛者曰辕[8]，桯，杠也。按《周礼》："轮人为盖，桯围倍之。"郑司农云："桯，盖杠也，读如丹楹之楹。"后如柄而乔者曰梢[9]。辕有越[10]，加箭可弛张焉。辕之上又有如槽形，亦加箭焉，刻为级，前高而后庳[11]，所以进退，曰评[12]。进之则箭下，入土也深；退之则箭上，入土也浅。以其上下类激射，故曰箭；以其浅深数可否，故曰评。评之上，曲而衡之者曰建。建，楗也，楗，渠堰切，门楗也，与键同。所以扭其辕与

可以通过调节犁评控制犁镵入土深浅。

评[13]。扭，女氏切，倚也。无是则二物跃而出，箭
不能止。横于辕之前末曰槃，言可转也。左右系，
以揯乎轭也[14]。揯，苦耕切，撞也。辕之后末曰梢，
中在手，所以执耕者也。辕取车之胸，梢取舟之
尾，止乎此乎？镵长一尺四寸，广六寸。壁广长
皆尺，微椭。敕果切，狭长也。底长四尺，广四寸。
评底过压镵二尺，策额减压镵四寸[15]，广狭与
底同。箭高三尺，评尺有三寸，槃增评尺七焉，
建惟称[16]。元注"绝"[17]。辕修九尺[18]，梢得其半。
辕至梢，中间掩四尺。犁之终始，丈有二。"

　　诗云：犁以利为用，用在耕夫手。九木虽备
制，二金乃居首[19]。弛张测浅深，高庳定前后。
朝畦除宿草，暮墢起新亩。怀哉服牛功，还胜并
耕耦。古耒耜并耕，曰耦。

通过犁梢调
节犁镵的倾斜度可
以控制耕地垄沟的
宽窄。

[注释]

[1]□：原书缺文。　[2]木、金凡十有一事：是介绍唐代江
东犁的结构。　[3]镵：犁的一种。犁头尖，三角形金属制，用来
在土地上开沟。　[4]壁：犁壁，又称犁镜、犁碗，椭圆形金属
制，侧搭在犁镵上，用来破碎和翻开犁起的土块。偃（yǎn）：仰
卧。　[5]弛（yì）：延展，延续。策额连接犁壁与犁梢，抵住犁
壁，防止其摆动。　[6]犁底：又称犁床，前段套着犁镵，后端

连接犁梢。　[7]箭：犁箭，自犁评以下连接策额、犁底的立木，与犁梢平行。　[8]楹（yíng）：古代车上插车盖柄的长木筒。樛（jiū）：向下弯曲。这里指犁辕，即和楹差不多粗细而向下弯曲的长木。　[9]乔：高而上曲。　[10]越（huó）：穿孔。　[11]庳（bì）：低下。　[12]评：犁评，可以上下调节犁地的深浅。　[13]扼（nǐ）：止。这里说犁建用来固定犁辕和犁评。　[14]摼（qiān）：同"牵"。这里指用来系索牵拉耕牛的轭（è）。王祯的自注不确切。　[15]压镵：扣压在犁镵上，协助犁底稳定犁镵，并且用两根绳绑住犁壁两边的小孔，帮助固定犁壁。这里说犁评比压镵高两尺，策额前端在压镵后四寸。　[16]建惟称：犁建大小合适就行。　[17]元注"绝"：原书（《耒耜经》）这里有注释"绝"，意为介绍犁的部件结束。　[18]"辕修九尺"至"丈有二"：《耒耜经》原文如此，辕长九尺，梢是其一半即四尺五，而其中重合（相掩）四尺，应该是九尺五，而不是一丈二，并且犁梢和犁辕大体上是垂直的，长度也不宜相加。修，长。　[19]二金：犁镵、犁壁为金属制作，其余木质构件为九木。

耙（图4）

本书之中耙专用于耙劳之耙，耙梳之意专用杷，以示区别，参见《杷朳门》。

又作爬，今作䎫[1]，通用。宋魏之间呼为渠拏[2]诺诺切，又谓渠疏。陆龟蒙曰，凡耕而后有耙，所以散墢去芟，渠疏之义也。《种莳直说》[3]："古农法云，犁一耙六。今日只知犁深为功，不知耙细为全功。耙功不到则土粗不实，后虽见苗立根，根不相着土，不耐旱，有悬死、虫咬、干

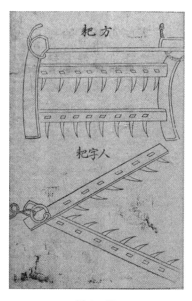

图 4 耙

死等病。耙功到则土细又实，立根在细实土中，又碾过，根土相着，自然耐旱，不生诸病。"盖耙遍数惟多为熟，熟则上有油土四指，可没鸡卵为得。

耙桯长可五尺[4]，阔约四寸，两桯相离五寸许。其桯上相间去声各凿方窍，以纳木齿。齿长六寸许。其桯两端木枯长可三尺[5]，前梢微昂，穿两木梠[6]，以系牛挽钩索。此方耙也。又有人字耙，铸铁为齿，《齐民要术》谓之铁齿编鎒。俎候切。

凡耙田者，人立其上，入土则深。又当于地

头不时跂足，闪去所拥草木根茇[7]。水陆俱必用之。

诗云：古人制农器，因物利其利。犁耕启厥初[8]，耙入抑为次。迹居镉鎒功，齿有渠疏义。再遍不妨多，稼事匪求易。

[注释]

[1] 耙：音 bà。　[2] 宋魏之间：大致相当于河南南部一带。挐（ná）：牵引。　[3]《种莳直说》：大概是宋元间农书，已亡佚。　[4] 桯（tīng）：横木，这里指方耙的两根横杠。　[5] 栝（tiǎn）：木杖，这里指方耙两端与桯垂直的立木。　[6] 梮：同"輂（jú）"，举食物的托盘，两边有柄，这里两梮即是两边木柄。　[7] 茇（bá）：草木根。　[8] 厥初：开端。

秒初教切[1]

专用于稻田。

疏通田泥器也。高可三尺许，广可四尺，上有横柄，下有列齿。其齿比耙齿倍长且密。人以两手按之，前用畜力挽行，一秒用一人一牛。有作连秒，二人二牛，特用于大田，见功又速。耕耙而后用此，泥壤始熟矣。

前人《耕织图诗》云[2]：脱裤下田中，盍浆着脞尾[3]。巡行遍畦畛，扶秒均泥滓。迟迟春日斜，稍稍樵歌起。薄暮佩牛归，共浴前溪水。

[**注释**]

[1]耖：音chào。疏通田泥器，主要用于稻田。 [2]《耕织图诗》：南宋楼璹（shú）《耕织图诗》，是王祯参考的重要材料，《农器图谱》一器一诗，并附图画即承袭其体例。 [3]盅浆：米浆一类的饮料。

劳郎到切（图5）

无齿耙也，但耙槌之间用条木编之[1]，以摩田也。耕者随耕随劳，又看干湿何如，但务使田平而土润。与耙颇异，耙有渠疏之义，劳有盖摩之功也。《齐民要术》曰："春耕寻手劳，秋耕待白背劳。"注云，春多风，不即劳则致地虚燥；

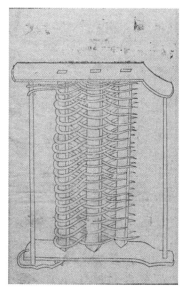

图5 劳

秋田塌_{直辄切湿}[2]，速劳则恐致地硬。又曰："耕欲廉，劳欲再。"今亦名劳曰摩，又名盖。凡已耕耙欲受种之地，非劳不可。谚曰："耕而不劳，不如作暴。"谓仰墢则田无力也[3]。

诗云：始教耒耜耕，后有耙劳利。耙与劳制同，劳比耙功异。平摩期保泽，盖埽非拥篲[4]。时哉不可失，已有受种地。

[注释]

[1] 梃（tǐng）：木杖，这里指劳的横杠。　[2] 塌（zhí）：田埂。　[3] 仰墢：放垡土在那里不管。　[4] 埽（sǎo）：同"扫"，盖埽这里指用劳盖摩田。篲（huì）：竹扫帚。

挞

打田篲也[1]。用科木缚如埽篲，复加匾阔，上以土物压之，亦要轻重随宜，用以打地。长可三四尺，广可二尺余。古农法云，耧种既过，后用此挞，使垄满土实，苗易生也。《齐民要术》曰："凡春种欲深，宜曳重挞；夏种欲浅，直置自生。"注云："春气冷，生迟，不曳挞则根虚，虽生辄死。夏气热而生速，曳挞遇雨，必致坚垎。其春泽多

者，或亦不须挞。必欲挞者，须待白背，湿挞
则令地坚硬故也。"又用曳打场面[2]，极为平实。
今人耧种后，唯用砘车碾之。然执耧种者，亦须
腰系轻挞曳之，使垄土覆种稍深也。或耕过田亩，
土性虚浮，亦宜挞之。

除了压实土
壤，也用来整理晒
谷场的地面。

诗云：有物同帚篲，谓能资种艺。负载体加
重，利干材乃备。方深覆护功，已寄发生意。回
看畎亩间，所历尽实地。

[**注释**]

[1]打田篲：用来压打田地的扫帚状农具。 [2]曳：拉。场面：
晒谷场地面。挞的用法即压上重物在地上拖拽来压打地面。

櫌于求切[1]

槌块器[2]。《说文》云："櫌，摩田器，从木，
忧声。"晋灼曰[3]："櫌，椎块椎也[4]。"《吕氏春
秋》曰："锄、櫌、白梃。櫌，椎也。"《管子》云：
"一农之事，必有一铚一椎，然后成为农。"今田
家所制无齿杷[5]，首如木椎，柄长四尺，可以平
田畴、击块壤，又谓木斫，即此櫌也。

诗云：声忧字从木，农器书所载。古今用不

殊，摩田复椎块。坐见锋镝销[6]，太平风物在。尧年击壤民[7]，今闻歌圣代。

《击壤歌》词为："日出而作，日入而息。凿井而饮，耕田而食。帝力于我何有哉？"

[注释]

[1]櫌：同"耰（yōu）"，弄碎土块、平整土地的农具。　[2]槌（chuí）：捶击。　[3]晋灼：西晋时人，著《汉书集注》，此即其引文。　[4]椎（chuí）块椎：椎打土块的椎子。　[5]杷（pá）：长柄有齿的农具，用以聚拢、耙梳，今通用"耙"，本书区分两字用法。　[6]锋镝（dí）：刀锋与箭头，泛指兵器，比喻战争。销：销毁。销锋镝，比喻停止战争。　[7]击壤：古代一种投掷游戏。传说尧的时代，有八九十岁的老人作《击壤歌》歌颂太平盛世。

碌古竹切碡徒笃切（图6）[1]

又作礰礋[2]。陆龟蒙《耒耜经》云："耙而后有碌碡焉，有礰礋焉[3]。自耙至礰礋皆有齿[4]，碌碡觚棱而以[5]。咸以木为之，坚而重者良。"余谓碌、碡，字皆从石，恐本用石也。然北方多以石，南人用木，盖水陆异用，亦各从其宜也。其制长可三尺，大小不等，或木或石，刊木括之[6]，中受簨轴[7]，以利旋转。又有不觚棱，混而圆者，谓混轴。俱用畜力挽行，以人牵傍[8]，碾打田畴上块垡，易为破烂。及碾捍场圃间麦

礰礋有齿，专用于稻田，碎土疏泥。

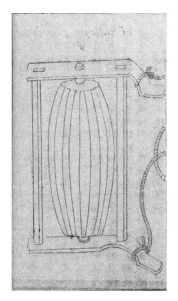

图6　碌碡

禾 [9]，即脱稃穗 [10]。水陆通用之。

　　诗云：木石非异名，大小惟一致。机栝内圆转 [11]，觚棱外排峙 [12]。登场脱稃穗，入埂均块滓。物用随所宜，人兮胡不尔 [13]？

[注释]

　　[1]碌：音 liù。　[2]碙：音 lù。碡：音 zhóu 或 zhou　[3]礰礋（lì zé）：形制与碌碡同，不过外身有齿，用于水田。　[4]爬：这里指耙。　[5]觚（gū）棱：棱角。以：通"已"。　[6]括：结扎，捆束。　[7]簨（sǔn）轴：横轴。　[8]傍：引导。　[9]捍（gǎn）：碾平，轧薄。　[10]稃（fū）：谷壳。　[11]机栝（kuò）：机关，这里指中间横轴。　[12]排峙：这里指推压田地。　[13]尔：如此。

耧落候切车（图7）

下种器也。《通俗文》曰[1]，覆种曰耧。一云耧犁，其金似镵而小[2]。《魏志略》曰[3]，皇甫隆为燉煌太守，民不知耕，隆乃教民作耧犁，省力过半，得谷加五。崔寔论曰："汉武帝以赵过为搜粟都尉[4]，教民耕殖。其法：三犁共一牛，一人将之，下种挽耧，皆取备焉。日种一顷，据齐地大亩，一顷为三十五亩也。今三辅犹赖其利。"自注云："按，三犁共一牛，若今三脚耧矣。"然则耧种之制不一，有独脚、两脚、三脚之异。今燕赵、齐鲁之间，多有两脚耧。关以西有四脚耧，但添一牛，功又速也。

夫耧中土皆用之，他方或未经见，恐难成造。其制：两柄上弯，高可三尺；两足中虚[5]，阔合一垄。横桄四匝[6]，中置耧斗，其所盛种粒，各下通足窍[7]。仍旁挟两辕，可容一牛。用一人牵傍，一人执耧，且行且摇，种乃自下。此耧种之体用，今特图录，不无有"见镢削镢"之意[8]。镢，渠吕切。近有创制下粪耧种，于耧斗后另置筛过细粪，或拌蚕沙，耩时随种而下[9]，覆于种上，

（a）

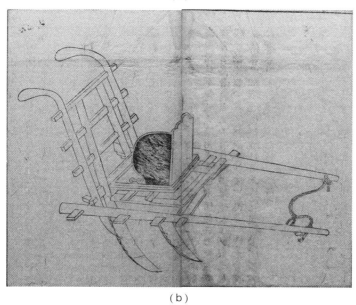

（b）

图 7 楼车

尤巧便也。今又名曰种莳，曰耩子，曰耧犁，习俗所呼不同，用则一也。

王荆公诗云：富家种论石，贫家种论斗。贫富同一时，倾泻应心手。行看万垄间，坐使千箱有。利物博如此，何惭在牛后。

这是一首典型的咏物诗，不提及物的名称，而将物的特征描绘出来，类似谜语。唐代贺知章《咏柳》"不知细叶谁裁出，二月春风似剪刀"即如此。

[注释]

[1]《通俗文》：东汉末年服虔撰写的俗语辞书，已亡佚。　[2]金：耧脚末端的金属犁头，用来开沟，所以比犁镵小。　[3]《魏志略》：《三国志·魏书·仓慈传》裴松之注引《魏略》内容。《魏略》为三国时曹魏人鱼豢撰，已亡佚。　[4]"汉武帝以赵过为搜粟都尉"至"今三辅犹赖其利"：出自崔寔《政论》。挽耧，牵引耧车。三辅，西汉治理京畿地区三个长官的合称，这里泛指关中一带。　[5]两足：这里讲的是两脚耧，耧脚之间宽度正好一垄，即同时给两垄地播种。　[6]横桄（guàng）四匝：横木四周一圈组成架子。桄，横木。　[7]各下通足窍：耧斗与空心的耧脚相连，种子随着耧车的摇晃可以漏到耧脚中，耧脚在犁镵的后面有孔，可以随着耕地下种到田地中。　[8]见镰削镰：语出《庄子·外篇·达生》，这里的意思是看到器物的样子才能制作。镰：通"虡（jù）"，古代悬挂钟或磬的架子两旁的柱子，常为猛兽形。　[9]耩（jiǎng）：耕种。

砘音钝车[1]

砘，石碢也[2]，以木轴架碢为轮，故名砘车。

两碢用一牛[3]，四碢两牛力也。凿石为圆，径可尺许，窍其中以受机栝。畜力挽之，随耧种所过沟垄碾之，使种土相着，易为生发。然亦看土脉干湿何如，用有迟速也。古农法云，耧种后用挞，则垄满土实。又有种人足蹑垄底，各是一法。今砘车转碾沟垄特速，此后人所创，尤简当也。

诗云：以砘名车古未闻，字因义取石从屯。斫成璧月云根老[4]，动殷春雷陆地喧。势藉机衡圆转力[5]，辙循种土发生原。田头已碾农夫说[6]，沟垄苗深谷易蕃。

此句甚妙，形容砘车轮用山石斫成，宛如满月，开动起来如春雷一般，生趣盎然。

[注释]

[1] 砘：音 dùn。　[2] 碢（tuó）：碾轮。　[3] 两碢：两轮，同时碾两垄地。　[4] 云根：山石。　[5] 机衡：北斗七星中天机星和玉衡星，这里指轮轴。　[6] 说：通"悦"。

秧马（图8）[1]

苏文忠公序云："余过庐陵[2]，见宣德郎致仕曾君安止出所作《禾谱》[3]，文既温雅，事亦详实，惜其有所缺，不谱农器也。予昔游武昌，见农夫皆骑秧马，以榆枣为腹，欲其滑；以楸梧

图8　秧马

为背，欲其轻。腹如小舟，昂其首尾；背如覆瓦，以便两髀雀跃于泥中 [4]。系束稿其首以缚秧 [5]。日行千畦，较之伛偻而作者，劳佚相绝矣 [6]。《史记》：'禹乘四载 [7]，泥行乘橇 [8]。' 解者曰：'橇形如箕，摘行泥上 [9]。' 岂秧马之类乎？作《秧马歌》一首，附于《禾谱》之末云：

春云蒙蒙雨凄凄，春秧欲老翠剡齐。嗟我父子行水泥，朝分一垄暮千畦。腰如箜篌首啄鸡 [10]，筋烦骨殆声酸嘶。我有桐马手自提 [11]，头尻轩昂腹胁低 [12]。背如覆瓦去角圭 [13]，以我两足为四蹄。耸踊滑汰如凫鹥 [14]，纤纤束稿亦

此歌以马的形象比喻秧马，生动地表现出了农民对秧马的喜爱。"以我两足为四蹄""忽作的颅跃檀溪""了无刍秣饥不啼""不知自有木駃騠"等句，活泼自有情趣。

可赍[15]。何用繁缨与月题[16]，羁从畦东或畦西。山城欲闭闻鼓鼙[17]，忽作的颅跃檀溪[18]。归来挂壁从高栖，了无刍秣饥不啼[19]。少壮骑汝逮老犁[20]，何曾蹶轶防颠挤[21]。锦鞯公子朝金闺[22]，笑我一生蹋牛犁，不知自有木驶骎[23]。"

[**注释**]

[1]本条为苏轼《秧马歌并引》，前面一段即歌之《引》。秧马，又称秧船或秧凳，是稻田中拔秧、插秧乘坐的坐具。 [2]庐陵：江西吉安古称。 [3]宣德郎：宋代文职散官。致仕：辞官退休。曾安止：撰《禾谱》，已亡佚。 [4]髀（bì）：大腿。 [5]束稿：一束晒干的细禾秆，用来捆绑拔下来的秧苗。 [6]劳佚：同"劳逸"。 [7]四载：四种交通工具。 [8]橇（qiāo）：古代泥上滑行的交通工具。 [9]摘：通"擿（tī）"，探索着。 [10]箜篌（kōng hóu）：古代一种弦拨乐器，类似今天的竖琴，这里指拔秧的时候腰弯得像箜篌。 [11]桐马：这里指秧马。 [12]尻（kāo）：屁股。 [13]角圭：棱角。 [14]凫鹥（fú yī）：水鸟。 [15]赍：携持。 [16]繁缨：马的装饰。月题：马络头。 [17]鼙（pí）：小鼓。 [18]的颅：三国时候刘备的坐骑，曾驮着刘备越过檀溪逃过追杀。 [19]刍秣（chú mò）：牛马的草料。 [20]老犁（lí）：老人。 [21]蹶（jué）：疾行。轶：同"逸"，快跑。 [22]鞯（jiān）：马鞍垫子。金闺：金马门，代指朝廷，这里指做官。 [23]驶骎（jué tí）：驴骡，这里指骏马。

[**点评**]

此是《农器图谱》第二集"耒耜门",开始讲各种农具。这一集以"耒耜"名篇,但是不仅有垦耕的农具,还有播种、移栽的农具,分类标准不太清晰。当然,耒耜是农具之始,表示耕作的字往往以"耒"为部首,实际上耒就是两齿杴,汉代以后不再用两齿杴,于是就和杴(也就是耜)混淆。耒耜都是耕地翻土的农具,不过最重要的耕地农具当然是犁,尤其是唐代流行的江东犁,设计巧妙,体制完备,是中国古代农业重要的发明创造。它可以通过调节犁梢和犁评控制耕地的宽窄深浅,另外曲辕犁的设计可以只用一头牛拉犁,大大节省了畜力。犁之后还讲了牛、驾牛用的牛轭以及驾犁用的耕槃(pán)。耕垦之外,还讲了整地、播种的农具:耙耢的如耙、耢(耮)、耖;碎土压土的如挞、橯(橯)、礰礋、礰礋、砘车;播种的如耧车、瓠种。这里介绍各种农具兼顾了旱地和水田,比如耖、礰礋就是水田中分别用来耙耢和破碎泥块的农具。秧马可以用于插秧和拔秧移栽,可以看作水田中的农具。耧车基于流程一体的机械化设计思想,体现了先民的高超智慧和传统农业机械化的高超水平。它将开沟、下种、覆土三个程序整合为一,一气呵成。使用多脚耧,还可以一次播种多垄田地,效率倍增。有的还加上了粪耧,播种同时少量施肥。播种之后需要压土,有利于保墒育苗,有的在耧车后绑一重物,在耧车前进时随即压实,有的再利用砘车等压实土壤。

集之三

镈耜门

镈、耜[1]，起土具也。《太公六韬·农器篇》云[2]："镈、耜、斧、锯。"盖镈、耜农所必用，垦劚荒梗、疏决沟渠，不可阙者，因以名篇，冠其类也。又有镵、鐴等器，虽略见《犁谱》，终未详备，乃复表出之，次于耒耜之后，就附镈耜之内，庶无遗逸。仍系之梧桐角，以起东作云。

镈即大锄，今天通常所说的锄头，用来刨地，与中耕锄草的小锄有别。本书称大锄为镈，小锄为锄，以示区分。

[注释]

[1] 钁：音 jué。　[2]《太公六韬》：后人假托姜太公（子牙）所作，此句出自《龙韬·农器》。

镢居缚切

厮田器也。《尔雅》谓之鐯[1]，斫也。又云鲁斫。《说文》云，欘陟玉切也[2]。《玉篇》云[3]，欘亦作厮，又作镯[4]，诛也，主以诛除物根株也。盖钁，厮器也，农家开辟地土，用以厮荒。凡田园山野之间用之者，又有阔狭大小之分，然总名曰钁。

诗云：銎柄为身首半圭[5]，非锋非刃截然齐。凌晨几用和烟厮，逼暮同归带月携。已啄灵苗挑药笼[6]，每通流水入蔬畦。更看功在盘根地，办与春农趁雨犁。

这是一首绝好的田园诗，先从钁的形状咏起，再讲参与农耕，上山挖掘草药，疏通菜畦等功用。一派自然田园生活景象，妙趣天成。

[注释]

[1] 鐯：音 zhuó。　[2] 欘：音 zhú。　[3]《玉篇》：《玉篇》为南朝梁顾野王编撰的中国第一部楷书字形的字典，现存若干残卷。　[4] 镯：音 zhú。　[5] 銎（qióng）：斧子上装柄的孔。半圭：钁首的形状似半圭，圭为古代玉制礼器，上圆（或三角形）下方。　[6] 灵苗：仙草，这里说钁能用来挖仙草。

臿楚洽切

颜师古曰[1]："锹也，所以开渠者。"或曰削，有所穿也。《唐韵》[2]："作䤋[3]，俗作函[4]。"同作插。《尔雅》曰："㓮谓之䤋[5]。"《方言》云[6]："燕之东北、朝鲜洌水之间谓之㓮，宋魏之间谓之铧[7]，或谓之鍏音韦[8]，江淮南楚之间谓之臿，赵魏之间谓之晜七俏切[9]。"皆谓锹也。锹、铫、㓮音同[10]。铫、㓮，《唐韵》又"吐彫反"。亦谓鎍锹[11]，然多谓之臿。盖古谓臿，今谓锹，一器二名，宜通用。《淮南子》曰："禹之时，天下大水，禹执畚臿[12]，以为民先。"《前汉·沟洫志·白渠歌》曰[13]："举臿为云，决渠为雨。"以此见水利之事，皆本于臿也。

诗云：有臿公耶私？与畚日为伍。荷去应官徭[14]，归来事田圃。起土作堤防，决渠沛霖雨。但恐农隙时，又趁挑河鼓[15]。

其实就是耜，这里主要讲用来挖渠，以示区别。

臿一般在柄上有横木，可以脚踏。

[注释]

[1]颜师古：唐初著名学者，集注《汉书》，此即出自颜师古《汉书注》。 [2]《唐韵》：唐代孙愐所编韵书，已佚。今本《说文解字》注音即用《唐韵》。 [3]䤋：音chā。 [4]函：音

chā。　[5] 劁：音 qiāo。　[6]《方言》：西汉扬雄编撰的中国第一部方言词典。　[7] 铧：音 huá。　[8] 韠：音 wéi。　[9] 枭：音 qiāo。　[10] 銚：原义大锄，音 yáo，这里通"锹"。　[11] 鎙（huá）锹：即锹。鎙，同"铧"。　[12] 畚（běn）：用草绳或竹篾编成的盛土器具，详见《蓧蒉门》。　[13]《前汉》：班固《汉书》，以区别于范晔《后汉书》。　[14] 荷（hè）：负担。　[15] 河鼓：中国古代星官，属于牛宿，三星形状像扁担，称为河鼓三星。这里是说农民趁农闲时，用耒挖沟渠，挑着扁担运土。

铁搭

似杷而用来刨土。

四齿或六齿，其齿锐而微钩，似杷非杷，斸土如搭，是名铁搭。就带圆銎，以受直柄。柄长四尺。南方农家或乏牛犁，举此斸地，以代耕垦，取其疏利。仍就镉鏼块壤，兼有杷镬之效。尝见数家为朋，工力相传，日可斸地数亩。江南地少土润，多有此等人力，犹北方山田镬户也。

赋云：有器与杷镬而各殊，辙用与杷镬而无别。自夫煅炼而锋，乃有銎柄之揭。独擅力乎田园，尝始见于江浙。锐比昆吾之钩[1]，利即镆铘之铁[2]。举巨爪兮爬抉[3]，具疏齿兮噬啮[4]。凭爪牙兮汝艺是施，假肘臂兮我力欲竭。不耕而种，且宽牛畜之租；既斸而镬，似觉杷功之拙。每破

铁搭是一种翻土农具，先秦已出现，宋元以后广泛地用于南方水田整地。有趣的是，曲辕犁也是最早出现在唐代的江浙地区。

陌上之晨烟，几荷江边之明月。彼杜甫长镵而岂托我生 [5]，又尧民击壤而焉知帝力。必能审察其异同，方达彼此之缓急。愿编图谱，附锗也于《农书》[6]，使贫窭者得之，用普及于稼穑。

[注释]

[1] 昆吾之钩：用昆吾山矿石炼铁铸就的钩。　[2] 镆鋣，即莫邪，吴国时铸剑师干将、莫邪夫妻铸就一对宝剑，名为干将、莫邪。　[3] 抉：挖出。　[4] 啮（niè）：咬。　[5] 彼杜甫长镵而岂托我生：杜甫《乾元中寓居同谷县作歌七首·其二》曰："长镵长镵白木柄，我生托子以为命。"长镵，一种镵头木柄，木柄下有横木供脚踏的翻地农具，又称跖铧、踏犁。　[6] 锗（dā）：铁搭，也作铁锗。

镵仕杉切

犁之金也。《集韵》注，锐也。吴人云铁犁 [1]。长尺有四寸，广六寸。陆龟蒙《耒耜经》曰："冶金而为之者曰犁镵，起其墢者也。负镵者底 [2]，底实于镵中，工谓之鳌肉，底之次曰压镵，皆䢼然相戴。"䢼，以豉切，物之连次也。若剗土既多，其锋必秃，还可铸接，贫农利之。夫镵之体用，又见铧序。

铧胡瓜切

《集韵》云，耕具也。《释名》：铧，锸类[3]，起土也。《说文》铧作𦓀[4]，两刃锸也。从木，象形。宋魏作𦓀互瓜切。《集韵》𦓀作铧。或曰削，能有所穿也。又铧，刳地为坎也[5]。《淮南子》曰："故伊尹之兴土功，修脚者使之跖音只铧[6]。"长脚者跖铧，得土多也。今谓之踏犁者，旧用铧，亦用镵。

镵为三角形，较小；铧为圭形，幅面更宽。

铧与镵颇异，镵狭而厚，惟可正用；铧阔而薄，翻覆可使。老农云："开垦生地宜用镵，翻转熟地宜用铧。"盖镵开生地着力易，铧耕熟地见功多。然北方多用铧，南方皆用镵，虽各习尚不同，若取其便，则生熟异气，当以老农之言为法，庶南北互用，镵铧不偏废也。

镵铧共一诗。

诗云：惟犁之有金，犹弧之有矢。弧以矢为机，犁以金为齿。起土甿刃同，截荒剑锋比。缅怀神农学，利端从此始。

[注释]

[1]铁犁：应为犁铁。　[2]底：犁底。　[3]锸（chā）：同"𢂴"。　[4]𦓀：音 huá。　[5]刳（kū）：剖开。坎：坑。　[6]跖（zhí）：踏，踩。

鐴蒲狄切

犁耳也。陆龟蒙《耒耜经》其略曰，冶金而为之，曰犁鐴[1]。起其墢者，镵也；覆其墢者，鐴也。镵引而居下，鐴倚而居上。鐴形其圆，广长皆尺，微椭。徒果切，狭长也。背有二乳[2]，系于压镵之两旁。镵之次曰策额，言其可以扦其鐴也。皆相连属，不可离者。夫鐴形不一，耕水田曰瓦缴，曰高脚；耕陆田曰镜面，曰碗口，随地所宜制也。

诗云：犁以耜为齿，耜以鐴为耳。背盎作双枢[3]，面深停偃水。覆墢翻若云，起畎直如矢。裁成辅相间[4]，厥功深可倚。

[注释]

[1]犁鐴(bì)：犁壁。 [2]二乳：两孔或为两乳钉。 [3]背盎：出自《孟子·尽心上》："君子所性，仁义礼智根于心，其生色也睟然，见于面，盎于背，施于四体，四体不言而喻。"指君子的性情在背部都有显现，这里就是指背面。双枢：文中双乳。 [4]裁成：栽培。

[点评]

此是《农器图谱》第三集"镵䎬门"，主要补充上一集耕地翻土的农具，计有钁（大锄）、畬（耜、锹）、杴（xiān）、长镵、锋、铁搭等。其中杴与畬类似，就是柄上没有供脚踏的横木，主要用来撮东西。长镵、锋都是尖头，适用于耕坚硬的土地。然后介绍了犁的两个金属部件，犁镵和犁壁，补充了南方熟地替代犁镵的犁铧，以及耧车上用来开沟的劐（huō）。还有一种平土的工具划（chǎn）。最后讲了一种田间吹奏的乐器梧桐角，再一次显示了王祯广义农器的理念和分类不够严谨的缺陷。实际上，应该把上一集耒耜、犁、牛轭放在这一集，称为"耒耜门"，以犁镵、犁壁附于犁后。而把这一门中的劐、划、梧桐角移入前一集，分成"耙劳门"和"耧秧门"，分别集中讲整地和播种的农具，劐可以附于耧车之后。当然，根据耕作次序，还是"耒耜"在前，"耙劳""耧秧"在后。

集之四

钱镈门

钱镈,古耘器,见于声诗者尚矣[1]。然制分大小,而用有等差。揆而求之[2],其锄、耨、铲、荡等器[3],皆其属也;如耧锄、镋锄、耘爪之类[4],是其变也;至于薅马、薅鼓,又其辅也[5]。侊度而用之,则知水陆之耘事,有大功利在矣。

这一门主要讲中耕锄草农具。

[**注释**]

[1]声诗:配乐的诗歌,这里指《诗经·周颂·臣工》有"庤乃钱镈"。尚:久远。 [2]揆:度量,揣度。 [3]锄:这里指锄草

的小锄。荡（dàng）：耘荡。　[4] 耧锄：多脚锄，指耧车不装耧斗，把脚上用于开沟的劗换成小锄，可以同时锄多垄地。镫（dèng）锄：形制如漏锄，锄面如马镫，空心，刃在锄面两侧，没有刃角，避免锄时伤苗。又可以用于锄地，锄土不翻土，有利于保墒。耘爪：水田中用手薅草时戴在手指上的竹制或铁制指套，既保护手指，又更锋利。　[5] 薅鼓：薅草时用来督促农民劳作敲的鼓。

钱子践切

《臣工》诗曰"庤乃钱镈"，注"钱，铫也"[1]。铫，七遥切。《世本》垂作铫[2]，《唐韵》作剸[3]，今锹与锸同此。钱与镈为类，薅呼豪切器也，非锹属也。兹度其制，似锹非锹，殆与铲同。《纂文》曰："养苗之道，锄不如耨力豆切，耨不如铲楚简切。铲，柄长二尺，刃广二寸，以划地除草。"此铲之体用即与钱同，钱特铲之别名耳。

铫有两义：其一指像矛一样的古代兵器；其二与锹、锸的意思相同，不是指小锄。

镈布各切

耨别名也。《良耜》诗曰："其镈斯赵，以薅荼蓼。"《释名》曰："镈，迫也，迫地去草也。"《尔雅》疏云，镈、耨一器，或云锄，或云锄属。尝质诸《考工记》，凡器皆有国工，粤独无镈[4]，何也？粤之无镈，非无镈也，夫人而能为镈也。

镈、耨都是小锄，与后面櫌锄相比，柄比较短。

荆州之田第八而赋第三^[5]，扬州之田第九而赋杂出第六者，人功修也。以人皆趋农，故耕耨之器，手熟目稔，不须国工而自能也。窃谓镈，锄属，农所通用，故人多匠之，不必国工，今举世皆然，非独粤也。

　　王荆公诗云：于《易》见耒耜，于《诗》闻钱镈。百工圣人为，此最功不薄。欲收禾黍善，先去蒿莱恶。愿因观器悟，更使臣工作。

钱、镈共一诗。

[注释]

[1] 铫（yáo）：大锄，文中用耕地大锄"铫"解释"钱"，其实钱是除草小锄，二者同是锄类，形制类似。　[2]《世本》：先秦史书，记载从黄帝到春秋时期帝王、诸侯、卿大夫的世系和氏姓等，已散佚。垂是传说中的著名工匠，《世本》记载垂作钟、规矩准绳、铫、耜、耨等。　[3] 劚：同"锹"。　[4] 粤：通"越"，越国。　[5]"荆州之田第八而赋第三"二句：这里田地等级和赋税情况出自《尚书·禹贡》。

耰锄

　　古云斫劚^[1]，一名定，耰为锄柄也。贾谊云"秦人借父耰锄"^[2]，即此也。《释名》："锄，助也，去秽助苗也。"《说文》："锄，立薅也。"《齐民要

此句叙述主题是"锄"，长柄之小锄，可站立锄草，所以《说文解字》说"立薅也"。

镞锄，就是用锄的两个角尖铲草。

术》曰："苗生马耳则镞初角切。谚曰：'欲得谷，马耳镞。'锄。稀豁之处，锄而补之。凡五谷，惟小锄为良。勿以无草而暂停。春锄起土，夏锄除草。故春锄不用触湿，六月以后，虽湿亦无嫌。"夫锄法有四，一次曰镞，二次曰布，三次曰拥，四次曰复。谚云"锄头自有三寸泽"，言锄则苗随滋茂[3]。

又称"鹤颈锄"。

称为耰锄的原因是，有人认为可以翻过来用钩子弯处碎土平土，用如耰。

直颈锄用如大锄，刨去草根，效率不如耰锄。

其刃如半月，比禾垄稍狭，上有短銎，以受锄钩。钩如鹅项[4]，下带深裤[5]，皆以铁为之。以受木柄。钩长二尺五寸，柄亦如之。北方陆田，举皆用此。江淮间虽有陆田，习俗水种，殊不知菽、粟、黍、稷等稼耰锄镞布之法，但用直项锄头。刃虽锄也，其用如剧，是名钁锄，故陆田多不丰收。今表此耰锄之效，并其制度，庶南北通用。

王荆公诗云：锻金以为曲，揉木以为直。直曲相后先，心手始两得。秦人望屋食[6]，以此当金革。君勿易耰锄[7]，耰锄胜锋镝。

[注释]

[1] 斪：音 qú。　[2]"秦人借父耰锄"：出自《汉书·贾谊传》之《陈政事疏》，颜师古解释耰、锄为两种农具。　[3]滋茂：草

木茂盛。　[4]项：脖子。　[5]裤：通"袴（kū）"，器具插柄的圆筒部分。　[6]"秦人望屋食"二句：是说陈胜、吴广揭竿而起，用耰锄做武器，行军不带粮草，随处就食。金革，武器与铠甲。　[7]易：看轻。

耘荡徒浪切

　　江浙之间新制之。形如木屐而实，长尺余，阔约三寸，底列短钉二十余枚，篯其上，以贯竹柄。柄长五尺余。耘田之际，农人执之，推荡禾垄间草泥，使之溷溺[1]，则田可精熟。既胜杷锄，又代手足。水田有手耘、足耘。况所耘田数，日复兼倍。尝见江东等处农家皆以两手耘田，匍匐禾间，膝行而前，日曝于上，泥浸于下，诚可嗟悯。真西山言《豳》诗农事之叙[2]，至耘苗则曰："暑日流金[3]，田水若沸。耘籽是力，稂莠是除。爬沙而指为之戾，伛偻而腰为之折。"此耘苗之苦也。今睹此器，惜不预传，以济彼用。兹特图录，庶爱民者播为普法。

　　诗云："稻人"掌稼须下地，秧垄年年勤插莳。适当盛暑见薅人，手足爬沙泥浸溃。伊谁制器代爪耘，长竹柄头加木屟所绮切。底列短钉为

耘荡能代替手耘、足耘之苦，效率更高。

铁齿，荡草入泥俱胀去声死。速比耰锄用处功，谓杀草与耰锄等速也。粒食由来同所致。举世谁非谷腹人，智力取之宁有异？至若执笔公署间，但仰廪支供口费。又若持戈征戍徒，尤籍赍粮远输馈。世间亦复多挟艺，作计无非谋此食。试将兹器云于人，由此致食应不识。便当献送政事堂，谷禄使知从我得。愿将制度付国工，遍赐吾农资稼穑。

[注释]

[1]溷（hùn）：混合。溺：淹没。　[2]真西山：真德秀，号西山先生，南宋著名理学家。　[3]"暑日流金"至"伛偻而腰为之折"：这里是引用真德秀解说《豳风》农事诗的话。戾，破裂。

薅马（图9）

薅禾所乘竹马也。似篮而长，如鞍而狭，两端攀以竹系。农人薅禾之际，乃置于跨间，余裳敛之于内，而上控于腰畔乘之。两股既宽，叉行垄上，不碍苗行胡郎切，又且不为禾叶所绪[1]，故得专意摘剔稂莠，速胜锄耨。此所乘顺快之一助也。余尝盛夏过吴中见之，土人呼为

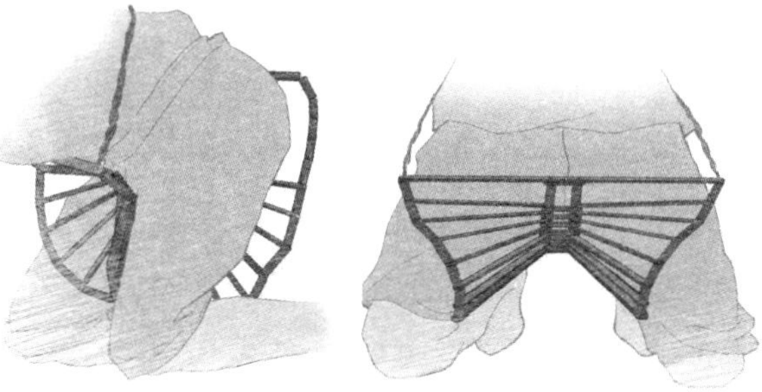

图9　薅马示意图

竹马，与儿童戏乘者名同而实异，殆若秧马之类，因命曰薅马，乃作诗道其梗概云：

尝见儿童喜相迓，抖擞繁缨骑竹马。今落田家薅具中，仿佛形模悬跨下。头尾微昂如据鞍，腹胁中虚深仰瓦。乘来垄上敛褰裳[2]，借足于人宽两髁[3]。初无鞭辔手不施，只有丛荒常满把。昔闻坡老歌秧田，以木为躯名我假[4]。虽云制度各殊工，不出同途趋稼野。岂无燕市骐骥材[5]，千里驱驰汗如泻。亦有尚厩麒麟姿[6]，路乘一鸣何似哑。争如寓器午同宫[7]，刍秣不烦殃咎寡。又如画幅出龙媒[8]，过目徒教费模写。尤疑铁骑响风檐，聒耳胡为劳铸冶[9]。岂知创物利于民，独有老农真智者。朝骑暮去有常程，暑月奔忙非夏庌[10]。荼蓼朽止方告劳，杳不闻期驯里厦。

比喻穿戴上薅马的姿态。

以下以马为喻。

回看所历稼如云，拟贺丰穰奏《豳雅》。功成翻为一长嗟，控御由人多用舍。

[注释]

[1]绪：其意不详，疑应为"络"字，缠绕、刮划之意。　[2]褰：揭起。　[3]髁（kē）：大腿。　[4]假：借。　[5]骐骥（qí jì）：骏马。　[6]尚厩：官署名，负责饲养和训练皇帝御用马匹。　[7]午：地支为马。同宫：传统命理有所谓"禄马同宫"，是好命。　[8]龙媒：骏马。　[9]聒（guō）耳：声音嘈杂。　[10]庌（yǎ）：马棚。

[点评]

此是《农器图谱》第四集"钱镈门"，主要讲中耕翻土锄草的农具，计有钱（铲）、镈（耨、小锄）、耰锄（鹤颈锄）、耧锄（多脚锄）、镫锄（漏锄）等。相应地，水田专用的有耘荡、耘爪、薅马及薅鼓。相对来说，这一门的农具功用比较一致。这里需要补充说一下薅马，它是辅助农民在水田中匍匐薅草的一种竹结构支具，可以在帮助农民分开两胯、防止压苗的同时，阻止稻苗刮伤大腿，是十分巧妙的设计。最后的薅鼓与上一集梧桐角类似，都是田间劳作的乐器，只能算广义的农具。

集之五

铚艾门

《传》曰："种曰稼，敛曰穑。"稼为农之本，穑为农之末。本轻而末重，先缓而后急。故农法曰熟欲速获。此铚、艾等器所以为田农收敛之要务也。仍以斧、锯等附，亦农事之不可缓者。

此门讲收割收获农具。

铚知栗切。

获禾穗刃也。《臣工》诗曰："奄观铚艾。"《书·禹贡》曰："二百里纳铚。"注，刈禾半稿也。《小尔雅》云[1]："'截颖谓之铚'，截颖即获铚是短镰。

也^[2]。"据陆《诗释文》云^[3]："铚，获禾短镰也。"《纂文》曰，江湖之间，以铚为刈。《说文》云，此则铚器断禾声也，故曰铚。《管子》曰："一农之事，必有一椎一铚，然后成为农。"此铚之历见于经传者如此，诚古今必用之器也。

诗云：制形类短镰，名义因声闻。总秸既异赋，禾稿惟中分。虽云一钩铁，解空千亩云。小材有大用，乘时策奇勋。苟无遽弃捐^[4]，磨砺以须君。

[注释]

[1]《小尔雅》：仿《尔雅》而作，《孔丛子》中一篇。　[2] 颖：禾的末端。　[3] 陆《诗释文》：隋唐间陆德明《经典释文》，注释各种经典的汇集。这里出自《诗经》的释文。　[4] 遽（jù）：急于。弃捐：抛弃。

艾_{鱼肺切}

艾是钩镰。

获器，今之刈镰也^[1]。《方言》曰："刈，江淮陈楚之间谓之铚_{音昭}^[2]，或谓之鐹_{音果}^[3]，自关而西或谓之钩，或谓之镰，或谓之锲_{音结}。"《诗》"奄观铚艾"，《释》"音义"^[4]，《韵》作艾^[5]，芟草，

亦作刈。贾《策》"若艾草菅"[6]，注"艾读曰
刈"[7]。古艾从草，今刈从刀，字宜通用。

诗云：艾也著周诗，一物两用备。始资芟蔓
草，终赖敛秉穟[8]。磨淬拟工利[9]，收获疾寇至。
毋谓雪翻匙，腰月弃尘翳[10]。

描写钩镰的形
状、颜色，如汤勺，
如弯月。

[**注释**]

[1] 刣（gōu）：同"钩"。　[2] 钊：音 zhāo。　[3] 鍋：音
guò。　[4]《释》:《经典释文》。　[5]《韵》：大概是《集韵》。　[6] 贾
《策》:《汉书·贾谊传》之《陈政事疏》。　[7] 此注为《汉书》颜
师古注。　[8] 穟：同"穗"。　[9] 淬（cuì）：把烧红了的金属
铸件往水或其他液体里一浸立刻取出来，用以提高其硬度和强
度。　[10] 尘翳（yì）：尘垢。

镰 力詹切

刈禾曲刀也。《释名》曰："镰，廉也，薄，
（甚）[其] 所刈，似廉者也。"又作鎌。《周礼》：
"薙氏掌杀草，春始生而萌之，夏日至而夷之。"
郑玄谓："夷之，钩镰迫地芟之也，若今取茭矣。"
《风俗通》曰[1]："镰刀自揆，积刍茭之效[2]。"然
镰之制不一，有佩镰，有两刃镰，有裤镰，有钩
镰，有镰桐镰柄楔其刃也。之镰[3]，皆古今通用芟

器也。

诗云：利器从来不独工，镰为农具古今同。芟余禾稼连云远，除去荒芜卷地空。低控一钩长似月，轻挥尺刃捷如风。因时杀物皆天道，不尔何收岁杪功[4]？

推镰（图10）

敛禾刃也。如乔麦熟时，子易焦落，故制此具，便于收敛。形如偃月。用木柄，长可七尺。首作两股短叉，架以横木，约二尺许。两端各穿小轮圆转，中嵌镰，刃前向，仍左右加以斜杖，

柄长可以站立使用，方法为一次猛力推割一小段距离，推倒的禾秆向内倒在两根交叉的蛾眉杖上，将推镰向一侧转，取出杖内禾捆，放在一边，然后继续推割。

图10　推镰

谓之蛾眉杖，以聚所劖之物 [5]。凡用则执柄就地推去，禾茎既断，上以蛾眉杖约之，乃回手左拥成稃 [6]，以离旧地，另作一行。子既不损，又速于刀刈数倍，此推镰体用之效也。

诗云：北方寒早多晚禾，赤茎乌粒连山阿。霜余日薄熟且过，脆落不耐挥刈何。因物制器用靡他，田夫已见伐长柯。一钩偃月镰新磨，置之叉头行两碢。仍加修杖双眉蛾，推拥捷胜轮走坡。左捩忽若持横戈 [7]，原头积穗云长拖。秋成助敛知时和，欲充粝食无饥魔。北风卷地翻长河，此时镰也收加多，试向田翁云此歌。

两杖斜向上交叉，形状像双眉一样。

[**注释**]

[1]《风俗通》：东汉应劭撰，已散佚。 [2]刍荛（chú ráo）：割草打柴。 [3]柌（cí）：镰柄。镰柄楔其刃：不用时镰刀刃可以折叠嵌入镰柄。 [4]岁杪（miǎo）：岁末年终。 [5]劖（chán）：割。 [6]稃：通"稪（fù）"，禾捆。 [7]捩（liè）：扭转。

粟鉴古贤切

截禾颖刃也。《集韵》云："鉴，刚也。"其刃长寸余，上带圆銎，穿之食指，刃向手内。农人收获之际，用摘禾穗。与铚形制不同，而名亦异，然其用则一，此特加便捷耳。

诗云：截然小刃带圆錾，禾颖还分掌握中。总道诗人能赋物，好将题咏继《臣工》。

劙郎计切刀

《集韵》与劙同[1]，辟荒刃也。其制如短镰，而背则加厚。尝见开垦芦苇、蒿莱等荒地，根株骈密，虽强牛利器，鲜不困败。故于耕犁之前，先用一牛引曳小犁，仍置刃裂地，辟及一陇[2]，然后犁镜随过覆墢，截然省力过半。又有于本犁辕首里边就置此刃，比之别用人畜，就省便也。

在犁辕前面绑上劙刀，前劙后镜，同时耕过，效率倍增。

诗云：萑苇根骈密若封[3]，耕犁借尔作前锋。欲知牛力宽多少，万墢翻云看不供[4]。

［注释］

[1]劙（lí）：用刀斧等剖开。　[2]陇：通"垄"。　[3]萑（huán）苇：长成的芦苇。　[4]看不供：看不尽。

斧

《释名》曰："斧，甫，始也。凡将制器，始以斧伐木，已，乃制之也。"《周书》曰："神农作陶冶斧，破木为耒耜锄耨，以垦草莽，然后五谷兴。"其柄为柯。然樵斧、桑斧，制颇不同，樵斧狭而厚，桑斧阔而薄，盖随所宜而制也。今农夫耕作之际，修拯佃具，随身尤不可阙者。

王荆公诗云：百金聚一冶，所赋以所遭。此岂异镆鋣，奈何独当樵？朝出在人手，暮归在人腰。用舍各有时，此心两无邀。

斧为先民最早制作的工具之一，用于砍斫，后来还成为武器和象征王权的礼器。汉字中的"王"就是象形字，上面是斧柄，下面是斧的宽刃。

锯

解截木也。《古史考》曰[1]："孟庄子作锯。"《说文》曰："锯，枪唐也[2]。"《庄子》曰："礼若亢锯之柄。"亢，举也。礼有所断，犹举锯之柄以断物也。又曰："天下好智，而百姓求竭矣，于是乎釿音斤锯颙焉[3]。"《太公·农器篇》云："钁、锸、斧、锯。"此锯为农器尚矣。今接博桑果不可阙者。

诗云：百炼出煅工，修薄见良铁。架木作梁横，错刃成齿列。直斜随墨弦，来去霏轻屑[4]。

即《农桑通诀·种植篇》讲的嫁接之术。

傥遇盘错间，利器乃能别。

[注释]

[1]《古史考》：三国谯周撰，已亡佚。　[2]枪唐：大概是汉朝人对锯的称呼。　[3]斤：同"斤"，本义为锛子。颛：通"专"，专门。　[4]霏：飘扬。

鑡查辖切[1]。秦云切草也[2]。又作劗[3]。俗作劏[4]，非也

凡造鑡，先锻铁为鑡背，厚可指许。内嵌鑡刃，如半月而长。下带铁桲[5]，以插木柄。截木作砧[6]，长可三尺有余，广可四五寸。砧首置木簨，高可三五寸，穿其中以受鑡首。

现在通用的铡刀是上下两片刃的，这里的只有上片刃。

砺

磨刃石也。《书》曰："扬州厥贡砺砥。"砥细于砺，石皆磨也。《广志》曰[7]："砺石出首阳山，有紫、白、粉色，出南昌者最善。"《山海经》曰："高梁之山多砥砺。"今随处间去声亦有之，但上数处为佳耳。《尸子》曰[8]："铁，使干越之工[9]，铸之以为剑，而勿加砥砺，则以刺不入，击不断。磨之以砻[10]，加之以黄砥，则刺也无前，击也

"扬州"，《尚书》原文为"荆州"。

无下。自是观之，砺与弗砺，其相去远矣。"今农器镰斧镢铩之类[11]，非砺不可，大小之家所必用也。

蔡邕铭曰[12]：木以绳直，金以淬刚。必须砥砺，就其锋铓[13]。

[**注释**]

[1]鍤(zhá)：同"鍤"，铡刀。　[2]秦云：即秦人称呼。　[3]劅(zhá)：切碎。　[4]笧(cè)：断的声音。　[5]桍(kū)：器具插柄的圆筒部分。　[6]砧(zhēn)：捶砸或切东西时用的垫板。　[7]《广志》：晋郭义恭撰，已亡佚。　[8]《尸子》：传为战国时思想家尸佼撰。　[9]干(gàn)越：吴越。　[10]砻：磨刀石，即砺。　[11]镢(jiē)：短柄弯刀，不过刃向内用如镰刀。铩(pō)：一种双刃长柄镰刀，人可直立收割。　[12]蔡邕(yōng)：东汉末年著名学者，蔡文姬的父亲。铭：古代一种文体，起源于金石上铭刻的警戒自身或称述功德的文字，以四字句为主，押韵，如刘禹锡《陋室铭》。　[13]铓(máng)：刀剑等尖端。

[**点评**]

此是《农器图谱》第五集"铚艾门"，主要讲收割农具，计有铚（短镰）、艾（钩镰）、镰、粟鋻、镢、铩、推镰等。其中铩和推镰是长柄镰，可以直立收割，虽然免除了弯腰收割之苦，但是收束禾秆，相对地就没有短柄镰刀近身方便，于是铩和推镰都设置了掠草杖，帮助收束禾捆。直立收割可以利用腰腹力量，推镰用向前推力，这样力量大，铍为两刃，可以前后收割。这一集还介绍了劚刀、斧、锯、铡、砺。大概是因为铚艾有割砍之意，于是将类似农具附此，砺为磨刀石，便收录在末尾。实际上，劚刀明显为耕地用，应收入耒耜门，而斧锯多用于种树，铡刀则多用于切割牲畜饲料。收割在农事诸环节中，技术含量比较低，但收割期较短，且要集中收割，所以非常辛苦。千年以来，收割的农具进步也不大。

集之六

杷朳门

《农谱》以杷朳命篇，取世所通用。内多收敛等具，故叙于铚艾之后。自田家筑场纳禾之间，所用非一器，今特列次。虽有巨细之分，然其趋功便事，各有所效，无得而间焉。及乎岁事既终，田夫野老不无乐戏，乃以击壤继之。

本集讲谷场上的农具。

杷蒲巴切

镂鏉器也[1]。《方言》云："宋魏间谓之渠挐女余切[2]，或谓之渠疏。"直柄，横首，柄长四尺，首阔一尺五寸，列凿方窍，以齿为节。夫畦畛之间，锼剔块壤 [3]，疏去瓦砾 [4]；场圃之上，耧聚麦禾 [5]，拥积秸穗，此益农之功也。后有谷杷，或谓透齿杷，用摊晒谷。又耘杷，以木为柄，以铁为齿，用耘稻禾。竹杷，场圃、樵野间用之。王褒《僮约》曰 [6]："揉竹为杷。"

可用于水田锄草。

大杷诗云：直躬横首制为杷，入土初疑巨爪爬。解与当途除瓦砾，且将疏迹混尘沙。操持有要从穰柄，镉镂惟勤利齿牙。去恶从来类忠谠 [7]，惜哉独用野夫家。

谷杷诗云：晒盘留迹以杷名，翻覆能令五谷平。毋讶晴阴不恒德，舍之藏则用之行。

竹杷诗云：揉竹为杷指爪如，强于穰稿易渠疏。仆僮有约供薪爨 [8]，一务谁知用有余。

耘杷诗云：铁作渠疏代爪耘，几将疏质效微勤。缠绵蔓草知多少，辄为良苗一解纷。

[注释]

[1] 锼鏉（sōu）：搂搜，聚集的意思。　[2] 挐：音 ná。　[3] 锼（sōu）剔：削除，剔除。　[4] 瓦砾（lì）：破碎的砖瓦。　[5] 耧：通"搂"。　[6] 王褒：西汉文学家。　[7] 谠（dǎng）：正直的（言

论）。 [8]爨（cuàn）：烧火做饭。

朳博拔切

无齿杷也。所以平土壤，聚谷实。《说文》云："无齿为朳。"《禾谱》字作戛讫黠切[1]。周生烈曰[2]："夫忠蹇[3]，朝之杷朳；正人，国之埽篲。秉杷执篲，除凶扫秽，国之福、主之利也。"杷朳之为器也，见于书传，至今不替[4]，其用为不负纪录矣[5]。

朳诗云：长柄为身首阔横，似杷无齿朳为名。补填罅漏坤无缺[6]，推拥泥污坎易盈[7]。每与渠疏供垄亩，解收狼戾作囷京。从今柄用多余力，未许人间有不平。

用来聚集谷粒。

田荡他浪切

均泥田器也。用叉木作柄，长六尺，前贯横木五尺许。田方耕耙，尚未匀熟，须用此器平着其上荡之[8]，使水土相和，凹凸各平，则易为秧莳。《农书·种植篇》云[9]，凡水田渥漉精熟，然后踏粪入泥，荡平田面，乃可撒种。此亦荡之音异不详何意，可能指意义有区别。耘荡为锄草，田荡为盖摩。现在两者都写作"耥（tāng）"，读音也相同。

用也。夫田荡与上篇耘荡徒浪切。之盪，字同音异，所用亦各不类，因辩及之。耘荡见《钱镈门》。

诗云：农事方殷春已归[10]，绿云满掘春秧齐[11]。秧马既具田成畦，尚欠有物平水泥。横木叉头手自携，荡磨泥面如排挤。人畜一过饶足蹄，却行一抹前踪迷。莹滑如展黄玻璃，插莳足使无高低。处污不染濯清溪，归来自洁从高栖。一遇诗人经品题，附名《农谱》名始跻，愿言永用同锄犁。

[注释]

[1] 戛：音 jiá。　[2] 周生烈：三国时魏人。　[3] 忠謇（jiǎn）：忠诚正直的人。　[4] 替：废。　[5] 纪录：记录。　[6] 罅（xià）：裂缝。坤：八卦之一，表示土。　[7] 坎：八卦之一，表示水。　[8] 荡：摇动。[9]《农书·种植篇》：应为陈旉《农书·善其根苗篇》。 [10] 殷：盛。　[11] 掘：通"崛"，长起。

辊 古本切 **轴**

辊碾草禾轴也。其轴木径可三四寸，长约四五尺，两端俱作转簨，挽索用牛拽之。夫江淮之间，凡漫种稻田，其草禾齐生并出，则用此辊碾，使草禾俱入泥内。再宿之后，禾乃复出，草则不起。又尝见一方稻田，不解插秧，惟务撒种，却于轴间交穿板木，谓之雁翅，状如礰礋而小，以辊打水土成泥，就碾草禾如前。江南地下，易于得泥，故用辊轴；北方涂田颇少，放水之后，欲得成泥，故用雁翅辊打。此各随地之所宜用也。

在辊轴外面插上木条。

诗云：稻田荒秽与苗同，都入机衡辊碾中。本拟助禾轻着力，却凭偃草重于风。一番泥滓重加熟，几倍薅耘可并功。思巧何人添雁翅，联翩更觉用尤工。

秧弹平声

秧垄以篾为弹。弹犹弦也，世呼船牵去声。曰弹[1]，字义俱同。盖江乡柜田，内平而广，农人秧莳，漫无准则，故制此长篾，掣于田之两际[2]，其直如弦。循此布秧，了无鼓斜[3]，犹梓匠之绳墨也[4]。

诗云：塍埂宽长有柜田，秧弹依约不容偏。物情自是宜标准，苗垄回看直似弦。

[注释]

[1]牵：同纤夫之"纤（qiàn）"。　[2]掣（chè）：拉拽。　[3]攲（qī）：倾斜。　[4]梓匠：木匠。

权*初加切*

钳禾具也 [1]。揉木为之，通长五尺，上作三股，长可二尺，上一股微短，皆形如弯角，以钳取禾稇也。又有以木为干，以铁为首，二其股者，利如戈戟，唯用叉取禾束，谓之铁禾权。《集韵》云："权杷，农器也。"

总与武器相比。

诗云：竖若戈戟森，用与戈戟异。彼能御外侮，此则供稼事。愿言等锄耰，非因为战备。今遇太平时，又也即农器。

笇*下浪切*（图11）[2]

架也。《集韵》作筤，竹竿也，或省作笇。今湖湘间收禾，并用笇架悬之。以竹木构如屋状，若麦若稻等稼，获而槩*音茧*之 [3]，悉倒其穗，控于其上。久雨之际，比于积垛，不致郁浥。江南上雨下水，用此甚宜；北方或遇霖潦，亦可仿此。庶得种粮，胜于全废。今特载之，冀南北通用。

图 11　筕

诗云：江乡临老稻收天，筕架栖禾岂弃捐。
多稼一川归伟构，祥云万叠表丰年。有同巨廪成
高积，要与饥民解倒悬[4]。稼毕莫辞零落去，从
来万事等蹄筌[5]。

［注释］

[1] 钳禾：夹取禾捆。　[2] 筕：音 hàng。　[3] 襚（jiǎn）：扎
成把。　[4] 倒悬：比喻处境危难。　[5] 蹄筌（quán）：比喻为实
现目的之手段。蹄，捕兔的器具。筌，捕鱼的篓子。

乔扦音千

挂禾具也。凡稻皆下地沮湿，或遇雨潦，不

无潲浸。其收获之际，虽有禾稛，不能卧置。乃取细竹，长短相等，量水浅深，每以三茎为数，近上用篾缚之，叉于田中，上控禾把。又有用长竹横作连脊，挂禾尤多。凡禾多则用笐架，禾少则用乔扦[1]，虽大小有差，然其用相类，故并次之。

诗云：江乡新霁稻初收，缚竹为扦可寄留。白水有时深鼎足，黄云随意挂叉头。丰年有象居人喜，滞穗无遗寡妇愁。稼事毕时仍有用，不妨场圃作量筹。

連耞古牙切（图12）

击禾器。《国语》曰[2]："权节其用，耒耜、耞芟[3]。"耞，枷也，以击草。《广雅》曰[4]："枷谓之架[5]。"《说文》曰："枷，架也。枷，击禾连架。"《释名》曰："架，加也，加杖于柄头以挝陟瓜切穗而出谷也[6]。"其制用木条四茎，以生革编之，长可三尺，阔可四寸。又有以独梃为之者。皆于长木柄头造为擐轴[7]，举而转之，以扑禾也。《方言》云："金[8]，宋魏之间谓之摄芟音殊，自关而西谓之棓蒲项切[9]，齐楚江淮之间谓之枙音快[10]，

鼎足有三，形象比喻乔扦三根竹腿。黄云比喻搭在乔扦上的庄稼。

在长木柄头穿轴相连，可以旋转。

图 12　连耞

或谓之梻音勃[11]。"今呼为连耞。南方农家皆用之，北方获禾少者亦易取办也。

《耕织图诗》云：霜时天气佳，风劲木叶脱。持穗及此时，连耞声乱发。黄鸡啄遗粒，乌鸟喜聒聒[12]。归家抖尘埃，夜屋烧榾柮[13]。

[注释]

[1]扦（qiān）：用金属或竹木制成的一头尖的器具。　[2]《国语》：春秋时期左丘明所撰的一部国别体史书。　[3]耞：音 jiā。殳（shū）：一种兵器，竹木制成，一端有棱。　[4]《广雅》：三国魏张揖编撰的辞书。　[5]梻：音 fú。　[6]挝（zhuā）：敲击。　[7]擐（huàn）：贯穿。　[8]佥：音 qiān。　[9]棓：音 bàng。　[10]枑：音

yàng。 　[11]桲：音bó。 　[12]聒（guō）聒：喧闹的样子。 　[13]榾
柮（gǔ duò）：树疙瘩，块柴。

[**点评**]

　　此是《农器图谱》第六集"杷朳门"，主要讲堆垛、
脱粒等所用农具，计有杷、朳、杈、筕、乔扦、禾钩、
搭爪、禾担、连枷等。实际上镬臿门的杴更多的功用也
是晒场堆垛，应放在这里比较好。而此集的平板、田荡
是整地农具，秧弹则是插秧辅助农具，似应归入播种类
农具。辊轴、刮板是整地、中耕锄草农具，似应归入钱
镈门。击壤则是田间游戏，可以归入杂用类。

集之七

蓑笠门

传曰："首戴茅蒲[1]，身服襏襫[2]。"此谓之农。今田家蓑笠，以莎以箬为之者是也[3]。后之御雨蔽日等具，由此增其巧便，为田农必用之物，是可尚也。复以牧笛、葛灯笼等附之，愈贲饰于《图谱》矣[4]。

蓑

雨衣。《无羊》诗云："何蓑何笠[5]。"毛注曰："蓑所以备雨，笠所以御暑。"《唐韵》云："蓑，草名，可为雨衣。"又名袯北末切襫施只切。《说文》云："秦谓之萆方历切[6]，又崥赤切。"《尔雅》曰："蓑侯[7]，莎。"蓑衣以莎草为之，故音同莎。又名薛。《六韬·农器篇》曰："蓑薛簦笠[8]。"今总谓之蓑，雨具中最为轻便。

王荆公诗云：采采霜露下，披披烟雨中。蒲茅以为衣，短褐相与同。勿妒市门人，绮纨被奴僮。当惭边城戍，擐甲徂春冬[9]。

笠

戴具也。古以台皮为笠[10]，《诗》所谓"台笠缁撮"[11]。今之为笠，编竹作壳，里以箬箬[12]，或大或小，皆顶隆而口圆，可芘雨蔽日[13]，以为蓑之配也。

王荆公诗云：耕有春雨濡，耘有秋阳暴。二物应时需，九州同我欲。孰能生少慕，得此云自足。君思周伯阳[14]，所愿岂华毂[15]？

与下文"耕有春雨濡，耘有秋阳暴"，都写出耕作经受的冬寒暑热、日晒雨淋，所以要悯农。

[注释]

[1]茅蒲：斗笠。　[2]袯襫（bó shì）：蓑衣。　[3]莎（suō）：莎草。箬（ruò）：一种竹子，叶大而宽，可编竹笠，也用于包粽子。　[4]贲（bì）饰：文饰。　[5]何蓑何笠：出自《诗经·小雅·无

羊》。　[6]草：音bì。　[7]蒿侯（hào hóu）：莎草别名。　[8]簦（dēng）：有柄的笠，类似伞。　[9]擐：穿着。徂（cú）：往。　[10]台皮：莎草。出自《诗经·小雅·都人士》。　[11]缁（zī）撮：黑布制成的束发小冠。　[12]籜（tuò）：笋皮。　[13]芘：通"庇"。　[14]周伯阳：周代的老子，字伯阳。《史记》说老子得其时则驾车而行，不得其时则穿着蓑衣斗笠而行。　[15]华毂（gǔ）：华美的车。

[**点评**]

　　此是《农器图谱》第七集"蓑笠门"，主要讲穿戴用具，计有蓑、笠、扉（草鞋）、屦（麻履）、橇（泥行鞋）、履壳（护背）、通簪、臂篝（套袖）等，倒是比较一致。这类农具有点像今天说的劳保用品，起到耕作时保护农民避免日晒雨淋的作用。后附的牧笛、葛灯笼可以归入杂用类。

集之八

篠簧门

篠、簧[1]，皆古盛谷器也，《论语》谓"荷
簧""荷篠"。今以名篇，遵古制也。由是类而书
之。然谷物别入声精粗之异等，故器用随细大之
有差。方俗称呼，分彼此之名；室家用舍，备盈
虚之数。既贮储之多便，复簸蹂之同资[2]。今总
收录，庶不乏用云。

篠徒吊切

字从草从條，取其象也，即今之盛谷种器。

篠是多音字，
《论语》的荷篠丈
人，读作diào，是
一种耘田锄草工
具；当盛谷器讲时
读作dí。

《语》曰："丈人以杖荷蓧。"盖蓧，器之小者，可杖荷之，既农隐所用，必为盛谷器也。包氏曰[3]："蓧，竹器。"考其字体非从竹，若谓竹器，非也。《说文》曰，耘器。稽之书传，钱镈锄耨，皆刃为之，谓蓧为耘器，亦非也。当与蒉同类，皆盛谷器，但有大小之差，故因辩之，以祛世惑[4]。南方盛稻种用箪，以竹为之；北方藏粟种用篓，多以草木之条编之。蓧盖是此类。

蒉

草器。从草，贵声。《论语》："有荷蒉而过孔氏之门者。"古文作臾，象形。盛谷器。《集韵》作簣[5]，字从竹，举土笼也。《语》云："譬如为山，未成一篑。"《书》云："功亏一篑。"俱从竹。注云"土笼"。今上文从草，以草为之，即盛谷器也。

诗云：伊昔丈人辈，荷蓧与荷蒉。蓧蒉虽若殊，知皆古农器。视彼隐者流，避世复避地。为兹身口谋，宁同圣人意？寥寥千载后[6]，犹能睹余制。因物想遗风，怃然发三喟[7]。

应为《论语·微子》，王祯不了解蓧是多音多义字，这里的解释有问题，《论语》中应该是耘田器。

芸（耘）、艾都从草，都表示锄草、收割的意思，不能用草字头否定其是耘田器。

应为《论语·子罕》。

从竹从草常相通，如答荅、籍藉等。

蓧形状像坛子，蒉是圆桶状。蓧、蒉共一诗。

[注释]

[1]蓧: 音 dí。蒉: 音 kuì。 [2]簸（bǒ）: 簸扬。踩: 揉搓。 [3]包氏: 东汉学者包咸, 注释过《论语》。 [4]袪（qū）: 消除。 [5]籄: 音 kuì。 [6]寥寥: 悠远。 [7]怃（wǔ）然: 怅然若失的样子。喟（kuì）: 叹。

畚音本（图 13）

土笼力董切也。《左传》[1]: 乐喜陈畚梮[2], 注云"畚, 簣笼"。《集韵》作籄[3]。《晋书》: 王猛少贫贱, 尝鬻畚为事。《说文》云, 畚, 㼽音瓶属[4]。又蒲器也[5], 所以盛种。杜林以为竹笪[6], 扬雄以为蒲器。然南方以蒲竹, 北方用荆柳。或负土, 或盛物, 通用器也。

诗云: 江南贵蒲竹, 汉北取荆柳。致用与蒉均, 联名惟畚偶。不辞编织劳, 常为贫贱有。他日兴土工, 嗟哉须汝负。

主要和畚配套, 用来运土。

儋都监切（图 14）[7]

贮米器也。《汉书》: 扬雄无儋石之储。晋刘毅家无儋石之储。应劭曰: "齐人名罂为儋[8], 受二斛[9]。"颜师古曰: "儋者, 一人所负担也。"

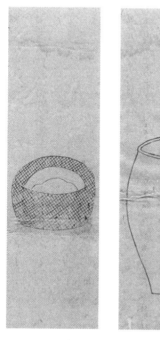

图 13　畚　　　　　　图 14　儋

《方言》云："罃[10]，陈魏宋楚之间曰甀音臾[11]，或曰瓶音殊[12]，燕之东北、朝鲜列水之间谓之瓺音畅[13]，周洛韩郑之间谓之甀[14]。"儋或作甔[15]，字从瓦，瓦器也。今江淮间农家造泥为瓮，披以麻草，用贮食米，可以代儋，细民甚便之。

瓦制，可防潮。

诗云：腹宽口绰岂瓶罂，力负从知一担平。外备五名因俗异，中容两斛赖陶成。扬雄嗜酒嗟常乏，刘毅呼卢愧岂盈^[16]。我愿贮储能稍给，不须攀慕二公名。

［注释］

[1]《左传》：记载春秋时期史事的史书。　[2]乐喜：为宋国执政。陈：准备。桐（jū）：抬土的工具。这里是说乐喜为防火灾，准备好畚和桐。　[3]畚：音běn。　[4]鉼（píng）：古代用蒲草或竹篾编成的盛饭器具。　[5]蒲（pú）：蒲草，可以用来编蒲席、蒲扇等。　[6]杜林：东汉学者。筥（jǔ）：圆筒形筐。　[7]儋：音dàn。名：称呼。　[8]罂（yīng）：腹大口小的瓦罐。　[9]斛（hú）：旧量器名，容量单位。一斛本为十斗，南宋末年改为五斗。　[10]甇：同"罂"。　[11]甊：音yú。　[12]瓶：音shū。　[13]瓺：音cháng。　[14]甀：音zhuì。　[15]甔：音dān。　[16]呼卢：赌博。刘毅好赌，散尽家产。

［点评］

此是《农器图谱》第八集"筱蒉门"，主要讲装盛类用具，如筱（坛形）、蒉（圆筒）、筐（方形）、筥（圆筒）、笔、篅、鏬、箩（上圆下方）、篓、篮（有提）、种箪、谷匣、儋、畚（缸形）等。虽然种类很多，但只是形状大小和材质的区别。这些用具大多数用竹草编成。除此之外，谷匣一般是木质的，儋是瓦器，装粮食防水性能好，而畚常用来装土运土，所以从功能讲和开沟的耒锹经常一起用，而种箪是专门用来储种的，用竹草器可以保持透气，放在播种类农具里面似乎更好。这一集还夹杂不少竹草编的其他农具，如箕、筛、筛谷镂、飏篮、掼稻簟、晒盘、帚等，实际上这些都属于谷场簸扬类农具，应该集中归入杷朳门比较合适。最后簌（淘米）和籍（盛饭）都与做饭有关，可以归入杂用类。

集之九

杵臼门

昔圣人教民杵臼[1]，而粒食资焉。后乃增广制度，而为碓、为硙、为砻、为辗等具[2]，皆本于此。盖圣人开端，后人蹈袭，得其变也。孔融谓后世机巧[3]，胜于圣人，过矣。今特辩之，使知本末云。

杵臼

舂也。《易·系辞》曰："黄帝尧舜氏作，断木为杵，掘地为臼，杵臼之利，万民以济。"按古春之制，秙^{常只切}[4]，百二十斤。稻重一秙[5]，为粟二十斗，为米十斗曰毇^{许委切}，为米六斗大半斗曰粲。又曰，粝^{洛帯切}米一石[6]，春为九斗曰繫^{则各切}。繫，米之精者。斯古春之制，自杵臼始也。

诗云：《易·系》十三卦[7]，皆为万民利。圣人创杵臼，尚象以制器。于义取雷山，上动而下止。人知捣春法，脱粟从此始。后世相沿袭，更变各任智。制度虽不同，由来资古意。

春去谷壳得米多少决定稻米的精细程度。不同精细程度谷物交易的问题成为中国古代数学的一类重要问题，这就是《九章算术》的"粟米"问题。

[注释]

[1] 杵臼：音 chǔ jiù。 [2] 碓：音 duì。硙（wèi）：磨。辗：同"碾"。 [3] 孔融：东汉末年学者，曾作《肉刑论》中有"贤者所制，或逾圣人，水碓之巧，胜于断木掘地"之句。 [4] 秙（shí）：同"石"，古代重量单位，一石为一百二十斤。石同时也为容量单位，一石为十斗。《说文解字》载："秙，百二十斤也。稻重一秙，为粟二十斗。"二十斗为一儋，则一石重稻谷容积为一儋。 [5]"稻重一秙"四句：出自《说文解字》"粲（càn）"，与"毇（huǐ）"字解释"米一斛（十斗）春为八斗也"不同。粟，这里指带壳稻谷。 [6]"粝米一石"二句：出自《说文解字》"繫（zuò）"。 [7]"《易·系》十三卦"至"上动而下止"：引用《周易·系辞》"万民以济，盖取诸小过"，就是说杵臼是模仿"小过卦"的卦象而制作的，小过卦上震下艮即上雷下山，也即上雷动下山止。这是《系辞》中解说取象十三卦之一。

碓

春器。用石，杵臼之一变也。《广雅》曰："礑丁力切[1]，碓也。"《方言》云，碓梢谓之碓机，自关而东谓之梴音延[2]。桓谭《新论》曰[3]："杵臼之利，后世加巧，因借身重以践碓，而利十倍。"

《耕织图诗》云：娟月过墙头，薪薪风吹叶[4]。田家当此时，村春响相答。竹间炊玉香，会见流匙滑[5]。更须水轮转，地碓劳蹴蹋。

利用杠杆原理，用身体重量压碓机春谷物。

比喻洁白的稻米以落叶点出秋收季节篇之外还有水力驱动的水碓，详见《利用门》。

砻力董切

砻谷器[6]，所以去谷壳也。淮人谓之砻[7]，力董切。江浙之间谓之砻卢东切。编竹作围[8]，内贮泥土，状如小磨，仍以竹木排为密齿，破谷不致损米。就用拐木窍贯砻上[9]，掉轴以绳悬檩上，众力运肘转上声之，日可破谷四十余斛。北方谓之木砻，石凿者谓之石木砻。砻、砻，字从石，初本用石，今竹木代者亦便。

磨用来破碎谷粒成粉面，砻劲小，用于去谷壳。

又有废磨，上级已薄，可代谷砻，亦不损米，或人或畜转之，谓之砻磨（图15）。复有畜力挽行大木轮轴，以皮弦或大绳绕轮两周，复交于砻

图 15　砻磨

之上级。轮转_{上声}则绳转，绳转则砻亦随转。计轮转一周，则砻转十五余周，比用人工，既速且省。

[**注释**]

[1] 礌：音 dí。　[2] 梴：音 chān。　[3] 桓谭：东汉著名学者。　[4] 蔌蔌（sù sù）：这里指花叶缓缓落下的样子。　[5] 流匙（chí）：舀食物的器具。　[6] 礧（léi）：撞击冲击。　[7]"淮人谓之砻"二句：前一"砻"字音 lǒng，后一"砻"字音 lóng。　[8]"编竹作围"五句：此处很简略，其实是用竹篾为圆柱形外围，内里以泥为胎，中间嵌入众多竹木条紧密排列做齿，夯实，使竹木齿在上下片砻面之间形成类似磨盘咬合的槽面，上片砻上有漏槽装入稻谷，下片砻可放入大木槽中，收纳从砻缝中磨出的稻米和谷糠，既破谷又不损米。　[9]"就用拐木窍贯砻上"三句：大意是讲转磨动力，用一横木贯穿砻上片，再通过一根短立柱接到丁字形大拐上。其

砻缺诗。纪录片《围龙故事》之"钉砻纪"拍摄了土砻的制作过程，很详尽，可参考观看。

丁字形横木两端用绳吊在屋顶上，通过推动丁字形大拐带动砻上片转动，比较省力。檩（lǐn），架在房梁上托住椽子或屋面的横木。

辗女箭切

《通俗文》曰："石硴轹谷曰辗[1]。"《后魏书》曰[2]："崔亮在雍州，读《杜预传》，见其为八磨，嘉其有济时用，因教民为辗。"今以粝石甃为园槽[3]，周或数丈，高逾二尺。中央作台，植以簨轴；上穿干木，贯以石硴。有用前后二硴相逐[4]，前备撞木，不致相击。仍随带搅杷。畜力挽行，循槽转碾，日可毂米三十余斛。近有法制辗槽，法制：用沙石芹泥[5]，与糯粥同胶和之，以为圆槽。候泹，下以木棰缓筑令实，直至干透可用。轹米特易，可加前数。此又辗之巧便者。

诗云：欲兼杵臼功，制辗中去声。规式。劳勚畜代人[6]，圆转智胜力。朝夕课量数，公私饶粒食。更令水轮转上声，后世工巧极。

辊古本切辗

世呼曰海青辗[7]，喻其速也。但比常辗减去圆槽，就硴干栝以石辊，辊径可三尺，长可五尺。上

碾和砻的作用一样，都是去稻谷壳，用轮状石砣在石槽中来回滚动碾压。

搅拌槽中谷粒，使碾压均匀。

同时将石砣换成石磙，效率更高，如今说碾一般都是辊碾。

置板槛[8]，随辗干圆转，作窍下谷，不计多寡，旋碾旋收，易于得米。较之碌碡，疾过数倍，故比于鸷鸟之尤者[9]，人皆便之。

诗云：制辗应嫌杵臼迟，岂知辗制有遗机。顿教粒食从今易，别转上声碾车疾似飞。

[注释]

[1] 轹（lì）：轮子滚压。 [2]《后魏书》：《魏书》，记载北魏历史的史书。 [3] 粝石：粗糙的石头。 [4] "有用前后二碌相逐"三句：是说前后两轮用撞木固定住，同步滚动。 [5] 芹泥：和草之泥。 [6] 勚（yì）：辛劳。 [7] 海青：海东青，一种猛禽。 [8] 板槛（jiàn）：这里指类似漏斗的木槽。 [9] 鸷（zhì）：凶猛。

飏与章切扇[1]

《集韵》云，飏，风飞也。扬谷器。其制：中置簨轴，列穿四扇或六扇，用薄板或糊竹为之。复有立扇、卧扇之别。各带掉轴，或手转足蹑，扇即随转。凡春辗之际，以糠米贮之高槛，底通作扁缝，下泻均细如帘，即将机轴掉转扇之。糠秕既去[2]，乃得净米。又有异之场圃间用之者[3]，谓之扇车。凡蹂打麦禾等稼，穰秕相杂[4]，亦须用此风扇。比之枚掷、箕簸[5]，其功多倍。

这里的飏扇现在称为"扇车"（图16），是颇具中国特色的农具。《农书》中，此处插图呈现的是开放式的鼓风方式，而圆筒状封闭式的扇车才是更先进的。因为封闭式减少涡流现象，转动更加快捷有效率。

梅圣俞诗云[6]：飐扇非团扇，每来场圃见。因风吹糠粃，编竹破筠箭。任从高下手，不为寒暄变。去粗而得精，持之莫言倦。

图 16　明《顾氏图谱》中的扇车

䃺莫卧切[7]

《唐韵》作磨，砠五对切也，䃺同。《说文》云："䃺，石砠也。"《世本》曰："公输班作砠。"《方言》："或谓之硙错硙切[8]。"《字说》云[9]："䃺，从石、从靡，䃺之而靡焉。"今皆作磨。字既从石，又从磨平声之义，特易晓也。《通俗文》曰："填音镇䃺曰硐大公切[10]，磨床曰橘直易切[11]。"今又谓主磨曰脐[12]，注磨曰眼[13]，转磨曰干[14]，承磨曰盘[15]，载磨曰床。

多用畜力挽行。或借水轮。或掘地架木，下置镈轴[16]，亦转以畜力，谓之旱水磨，比之常磨，特为省力。凡磨，上皆用漏斗盛麦，下之眼中，则利齿旋转_{上声}，破麦作麸，然后收之筛罗，乃得成面。世间饼饵自此始矣[17]。

诗云：斫圆山骨旧胚胎，动静乾坤有自来。利齿细喷常日雪，旋_{平声}机深殷_{音隐}不云雷[18]。临流须藉水轮转_{上声}，役畜岂劳人力推。已自世间多饼食，便知元是济民材。

比喻磨出的面粉。

[注释]

[1] 飏：音 yáng。　[2] 栖（xī）：糠，谷子磨去的壳。　[3] 舁（yú）：抬。　[4] 秅（hé）：稻麦等的籽粒。　[5] 枚掷：用枚簸扬，籽粒和碎秆因所受重力不同在空中飞行后落下的远近不同，从而分开。　[6] 梅圣俞：北宋梅尧臣，字圣俞，作《和孙端叟寺丞农具十三首》，王安石又和其诗。　[7] 䃺：音 mò。　[8] 硬：音 cuì。　[9]《字说》：北宋王安石撰，已亡佚。　[10] 填：通"镇"，压，镇磨即石磨。磨床是架磨的木台。硐：音 tóng。　[11] 樀：音 zhí。　[12] 主磨：磨中之心。　[13] 注磨：磨上之孔。　[14] 转磨：磨上片旋转部分。　[15] 承磨：磨下片。　[16] 镈（zūn）轴：轴下端为锥状，放置在一个臼状物中，这样转动摩擦比较小，利于推磨。　[17] 饵：糕饼。　[18] 殷（yǐn）：雷声。

油榨

《舌尖上的中国》第二季"心传"一集里记述的古法榨油，与此完全相同，可以说千年如此，可参考观看。

芝麻是当时主要的油料作物。

取油具也。用坚大四木，各围可五尺，长可丈余，叠作卧枋于地[1]。其上作槽，其下用厚板嵌作底盘，盘上圆凿小沟，下通槽口，以备注油于器。凡欲造油，先用大镬爨炒芝麻[2]，既熟，即用碓舂或辗碾令烂，上甑蒸过。理草为衣，贮之圈内，累积在槽。横用枋桯相拶[3]，复竖插长楔，高处举碓或椎击，擗之极紧[4]，则油从槽出。此横榨，谓之卧槽。立木为之者，谓之立槽，傍用击楔，或上用压梁，得油甚速。今燕赵间创有以铁为炕面，就接蒸釜爨项[5]，乃倾芝麻于上，执枚匀搅，待熟入磨，下之即烂，比镬炒及舂碾省力数倍。南北农家岁用既多，尤宜则效。

诗云：巨材成榨床，细溜刻盘口。麻烂入重圈，机械应心手。取之亦多方，脂膏竟谁有？回顾室中妇，何尝润蓬首。

[注释]

[1]枋（fāng）：方柱形木材。这里指四木于四角组成一个方架，中间形成长槽。　[2]镬（huò）：锅。　[3]拶（zā）：挤压。　[4]擗（pǐ）：捶打。将若干用草包裹的油料圆盘放在槽中间，两边用横

木压挤住，横木中插入若干长木楔，捶打木楔，即可挤压中间圆盘中的油料出油。　[5]爨项：灶口。爨，炉灶。

［点评］

　　此是《农器图谱》第九集"杵臼门"，主要讲谷物加工类用具，如杵臼、碓、堈碓（用缸作臼）、砻、碾、辊碾、飏扇（扇车）、磨、连磨（齿轮连转多磨）、油榨等。其中，碓、堈碓、砻、碾、辊碾一般用来去谷壳，而磨则用来进一步加工磨面。扇车，主要和碓、碾配合，将米粒和外壳分开，同时也可用在晒谷场中将谷粒与碎秸秆等杂物分开。一般来说簸扬有几种方法，用木枚和簸箕簸扬或者用筛子筛，这些都依靠自然风力，如果纯用人力则效率有限。而扇车可以通过机械鼓风进行簸扬，效率很高，是中国古代重要的农具发明之一。扇车的发明时间很早，从考古资料看至晚在西汉已经出现，体现了中国传统农业机械化的成就。18世纪初中国农用扇车传至欧洲，产生了积极影响。油榨是中国古法榨油的方法，也很有特色。最近三四十年，传统油榨方法虽然逐渐被现代方法替代，但我们还能在《舌尖上的中国》一类的纪录片中看到。

集之十

仓廪门

仓、廪皆蓄积之所[1]，古有定制，重民食也。次而囷、京[2]，下而窖、窦[3]，世所共作，俱谷藏去声类也。然又各有巧要，以从省便。凡欲储贮、务俭德者，当取为法。至于始终出纳之用，尤不可阙，故以嘉量继之[4]。

仓

谷藏去声也。《释名》曰："仓，藏也，藏谷物也。"《天文集》曰[5]："廪星主仓。"《史记·天官书》："胃为天仓[6]。"此名著于天象者。《礼·月令》曰："孟冬，命有司修囷仓"，《周礼》："仓人掌粟入之藏。"此名著于公府者。《甫田》诗曰："乃求千斯仓。"《管子》曰："仓廪实而知礼节。"此名著于民家者。推而言之，则知仓之类尚矣。

今国家备储蓄之所，上有气楼[7]，谓之敖房[8]；前有檐楹，谓之明厦。仓为总名。盖其制如此。夫农家贮谷之屋，虽规模稍下，其名亦同，皆系累年蓄积所在。内外材木露者，悉宜灰泥涂饰，以辟火灾[9]，木又不蠹[10]，可为永法。

诗云：实谷藏曰藏，去声。仓，制度一遵古。积不厌斗升，耗或容雀鼠。常平名固佳，相因义仍取。揆诸创始心，荒歉岂无补？

京

仓之方者。《广雅》云，字从广，庼[11]，仓也。又谓，四起曰京。今取其方而高大之义，以名仓曰京，则其象也。夫囷、京有方圆之别：北方高亢，就地植木，编条作笔[12]，故圆，即囷也；南方垫湿，离地嵌板作室，故方，即京也。

涂泥可以防火防蛀。

此处用西汉常平仓典故，宣帝时耿寿昌建议修建的粮仓，贱买贵卖，用来调节粮价。

日本奈良东大寺的正仓院，其中装宝物的仓就是京的形制。

处处讲南北之异。

此囷、京又有南北之宜，庶识者辨之，择而用也。

诗云：大云仓廪次囷京，各贮粢粮取象成。可是今人迷古制，方圆未识有他名。

[注释]

[1] 廪：仓别名。 [2] 囷：圆形仓。京：方形仓。 [3] 窖：方形地窖。窦：椭圆地窖。 [4] 嘉量：古代标准量器名。 [5]《天文集》：不详何书，可能是《天文集占》之类占星的书。 [6] 胃：二十八宿中胃宿。 [7] 气楼：通气的小楼。 [8] 敖：音 áo。 [9] 辟：通“避”。 [10] 蠹（dù）：生虫。 [11] 京：音 jīng。 [12] 笹：同“囤（dùn）”，圆筒状盛谷器。

升

十合量也。《前汉志》云：“以子谷秬黍中者千二百实其龠[1]，以井水准其概，二龠为合，十合为升。”《说文》云：“升，从斗，象形。”《唐韵》云：“升，成也。”

升、斗、斛、概皆无诗，以一篇《嘉量赋》总括。

斗

十升量也。《前汉志》云：“十升为斗。斗者，聚升之量也。”《说文》云：“斗[2]，象形，有柄。”《唐韵》云，俗作斗。《天文集》曰：“斗星仰则天下斗斛不平^[3]，覆则岁稔。"

斛

十斗量也。《前汉·志》云："十斗为斛。斛者，角斗平多少之量也^[4]。"《广雅》曰："斛谓之鼓，方斛谓之角^[5]。"

《周礼》曰："栗氏为量，改煎金锡则不耗^[6]，不耗然后权之^[7]，权之然后准之^[8]，准之然后量之^[9]。其铭曰：'时文思索，允臻其极。嘉量既成，以观四国。永启厥后，兹物维则。'"时文思索，言是玄德之君思求索，为民立法而作量。《汉书》：五量之法^[10]："用铜，方尺而圆其外，旁有庣止雕切焉。师古曰："庣，不满之处也。"上为斛，下为斗。上谓仰斛，下为覆斛之底，受一斗也。左耳为升，右耳为合、龠。夫量者，跃于龠，合于合，登于升，聚于斗，角于斛。职在太仓，大司农长之。"今夫农家所得谷数，凡输纳于官，贩鬻于市，积贮于家，多则斛，少则斗，零则升，又必概以平之，贫富皆不可阙者。

[注释]

[1] "以子谷秬黍中者千二百实其龠（yuè）"四句：出自《汉书·律历志》。是说选一种谷粒适中的黑黍一千二百粒为一龠用概刮量具校水平，二龠为一合，十合为一升。秬（jù）黍，黑黍。概，用来刮平量具的横木。　[2] 斗：为酒器，一个带柄的舀子。　[3] 斗星：二十八宿中的斗宿。　[4] 角：概，这里指校平。　[5] 角：疑为"甬"字之讹。　[6] 不耗：反复冶炼到重量不减少，即清除所有杂质。　[7] 权：称量重量。　[8] 准：用水称量体积。　[9] 量之：制作量器。　[10]"五量之法"至"右耳为合、龠"：是说斛内一尺见方，外面是圆柱形，含五个量器：正仰面是斛；翻过来，底凹进去的是一斗；左耳为升；右耳为合、龠；共为五个量器。庣（tiāo），古代制斛，算来一尺见方，容十斗，但制斛时须加九厘五毫，这样才能实容十斗，庣就是制斛超过方尺的部分，《说文解字》作"斛"。

概ェ代切

平斛斗器。《说文》云："概，杚斗斛[1]。从木，既声。杚，平也古没切。"《汉书》云："以井水准其概也。"《唐书·列女·李畲母传》[2]：畲为监察御史，得米，量之，三斛而赢[3]。问于吏，曰："御史本不概[4]。"是也。《集韵》：杚亦音槩，亦书作概。

古人习惯巧妙地利用水在容器中静止时候的水平面来校正水平，用垂重物之细线校正垂直。

古有豆、区乌侯切、釜、钟、庾、秉之量[5]。《左传》曰，四升为豆，四豆为区，四区为釜，

十釜为钟。又，二釜半为庾，十六斛为秉，皆古量之名也。今唯以升、斗、斛为准，最号简要，盖出纳之司，易会计也[6]。

敬括《嘉量赋》云[7]：作之嘉量，其义惟深。嘉者以善为节，量者用平其心。穷微于子谷之数[8]，酌宪于黄钟之音。盖取诸象，爰范于金[9]。亦既成止，其仪可觌[10]。坚外可程[11]，虚中受益。功恪于衡镜[12]，实同乎珪锡。以分多少，宁患乎不均；以立信仁，抑行之无斁[13]。然美其方能立矩，卑莫可逾。出入罔吝[14]，包含式孚[15]。徇公灭私，乃为而勿有；纳新吐故，亦用当其无。理将神而共契[16]，迹与道而相符。且器守乎谦，人惟厥操。人非器罔主，器非人奚导？不谨则诈伪生端，无方则羡溢为耗[17]。职是司者，胡颜相冒[18]？由此言旃[19]，不其至然？外乎则概，斛《前汉·律历》作庣。乃旁穿。既因物以进退，亦与时而贸迁[20]。施于政而四方仰则，毗乎理而百代犹传[21]。诚可美而可尚，愿斯焉而取焉。异乎大小区分，高卑奇偶。始增撮而就合[22]，卒聚升而成斗。斛又斗之所积，

古人认为音律、度量衡和历法之间都互相关联。

谷皆概其所受。随求而或进或退，顺动而何先何后。洎乎职兴都尉，计起弘羊。洽平籴而作典[23]，布均输而有方。常平由是以实[24]，大国因之用强。岂比天有斗而酒浆不挹，山有谷而牛马空量？然而当春秋分之期，为昼夜至之时。于以较矣，于以用之。实万人之所欲，敢望闻于有司。

此处用平准、平籴和常平仓的典故，参见《农桑通诀·蓄积篇》点评。

[注释]

[1] 杚：音 gài。　[2] 畬：音 yú。　[3] 三斛而赢：多出三斛。赢，有余。　[4] 本不概：平时量取俸禄时，不用概抹平多余的米。　[5] 区：音 ōu。　[6] 会（kuài）计：核算。　[7] 敬括：盛唐时人，官至御史大夫。　[8]"穷微于子谷之数"二句：是说度量衡的标准推始于若干谷粒代表的量，音律以黄钟律为基准。子谷，未舂过的谷子。酌宪，度量的标准。　[9] 爰（yuán）：于是。范：做铸金属量器的模范。　[10] 觌（dí）：见。　[11]"坚外可程"二句：以量器喻人的品性，说金属量器其外坚固，可以保证规范度量，其内空虚，谦虚谨慎。　[12]"功恪于衡镜"二句：是说量器如天平和照镜子那样公平衡量，功劳可与大禹治水相比。恪，通"格"，达到。珪，同"圭"。锡，通"赐"。大禹治水成功，尧赐禹玄圭。　[13] 无斁（yì）：不厌倦。　[14] 罔咎：无咎，没有过错。　[15] 式：模范。孚（fú）：信用。　[16]"理将神而共契"二句：是说人的精神与天理契合，行为与道理相符。　[17] 无方：没有定规。羡溢：富余。　[18] 胡颜：有何脸面。冒：贪。　[19] 旃（zhān）：之。　[20] 贸迁：贸易。　[21] 毗（pí）：辅助。　[22] 撮：千分之一升。合：十分之一升。　[23]"洽平籴而作典"二句：这

里用汉武帝时财政专家桑弘羊提出平准、平籴法的典故，桑弘羊曾任治粟都尉。　[24]"常平由是以实"四句：是说有平籴、常平法而不用，就好像有酒斗却不用来斟酒，有原野却不用来放牧。挹（yì），舀。

［点评］

此是《农器图谱》第十集"仓廪门"，主要讲仓储和称量农具。仓储设施讲了仓、廪（仓别名）、庾（无顶仓）、囷（圆仓）、京（方仓）、谷圌（柱形竹笼）、窖（方窖）、窦（椭圆窖）等。仓廪是仓储设施的通称，按如下划分：近似露天堆积的称为庾，地面上建的主要是方仓、圆仓，地下或半地下建的主要是方窖、圆窖。方形的仓储容易建设，但圆柱形是球形以外同样表面积的情况下容积最大的，这也是仓储大多为方形、圆柱形的原因。地窖全部或者部分在地下，可以起到冬暖夏凉的保温作用，但是工程量较地上建要大些。粮食长期堆积，内部不透气，容易腐烂变质，所以先用竹篾编成的小型圆柱谷圌装，再把谷圌立于仓廪中，这是吸取经验教训不断改进的结果。另外，这集还附带介绍了用于称量粮食的量具，有升、斗、斛和概，王祯解释说进出仓廪都要称量，所以将量具附于仓廪门，这倒是很有道理的。

集之十一

鼎釜门

此门主要讲炊具。

鼎、釜皆烹饪器，今鼎以取缲，釜以供馌，为农家必用之事。复以老瓦盆、匏樽、土鼓之类[1]，迭相叙次，愈见朴俗天真，不事华玩[2]，如造羲皇氏之庭[3]。眷而怀之，泊乎其乐之不自知也。兹特图其旧制，赞以新咏，庶形往古之风，以革浇俗之弊，其于政化，不为无补云。

鼎

《说文》云："鼎，三足两耳。"烹饪器也。《周礼》："烹人掌共鼎镬[4]，以给水火之齐[5]。"今农家乃用煮茧缫丝。尝读秦观《蚕书》云，凡缫丝，常令煮茧之鼎汤如蟹眼。又云，糸自鼎道[6]，升于锁星[7]。盖缫丝用鼎，就其深大，煮茧既多则缫取欲速，不致蛾出。或用甗接釜口，象其深绰。但权务省节，终不若鼎之火候为便。然原夫鼎之为器，大则烹牲而供上祀，小则和羹而备五味，今用之以取茧丝而衣被斯民，则其功利所及，又岂止为向之食飨而已哉？故嘉其兼用，遂置名田谱之内。

缫丝详情可参见《蚕缫门》之"缫车"。

赞云：维鼎在昔，祀享多仪。三代以来，铸象剖疑。以定九州，以正四夷。国所系望，农何与知。降及后世，物变风移。取其深绰，蚕缫是宜。汤生蟹眼，绪引茧糸。妇工对向，手箸骈持。喂端自内[8]，軖纴由兹[9]。冷盆莫并，热釜何卑。古今异用，彼此一时。既国而家，既食而衣。器兮不器，备用无遗。著为永法，载播声诗。

形容沸水表面沸腾的形状。

[注释]

[1] 匏樽（páo zūn）：用干匏制作的酒器。匏，一种大葫芦。 [2] 华玩：华丽的器物。 [3] 造：到。羲皇氏：伏羲氏。 [4] 共：

通"供"。　[5]齐：通"剂"，剂量。　[6]糸（mì）：细丝。道：通
"导"。　[7]锁星：缫车部件，杆状疏导细丝。　[8]喂端：把从蚕
茧中缫出的丝线穿过缫车的钱眼。　[9]軖（kuáng）：缫车。纰
（pī）：这里指蚕茧缫出一段段的丝线。

釜

煮器也。《古史考》："黄帝始造釜甑。"火食
之道成矣。《易·说卦》曰："坤为釜。"《广雅》
曰："錪地典切、鉼音饼、鬲音历、鍑音富、䰞音鹿、镘、
鍪漫牟二音、鬶音规、锜[1]，釜也。"《说文》：釜作
䰿[2]，鍑属。《魏略》曰："钟繇为相国[3]，以五
熟鼎范，因太子铸之。釜成，太子与繇书曰：'昔
周之九鼎，咸以一体调一味，岂若斯釜，五味时
芳。盖鼎之烹饪，以享上帝。今之嘉釜，有逾兹
义。'"《异录》曰[4]："南方有以沙土烧之者，烧
熟以土油之[5]，净逾铁器，尤宜煮药，一斗者才
直十钱。斯济贫之具，不可无者。"

赞云：黄帝始造，火食是须。金献欧冶[6]，
制厥范模。绰口锐下，古今不逾。中洁其腹，外
黔若肤。薪爇而沸[7]，井汲而濡[8]。水火既济[9]，
饔飧乃铺[10]。掩彼鼎鼐[11]，五味能俱。举世通

核算一斗大
小容量的陶釜值十
钱。因为便宜，可
供普通百姓使用，
金属比较贵，一般
用作农器锋刃。

用，田谱何书？匪农献谷，徒生尔鱼。既曰跨灶，宁不媚乎？

[注释]

[1] 鉄：音 tiǎn。鉼：音 bǐng。鑪：音 lù。鍨：音 guī。鬲（lì）：古代炊具，形状像鼎而足部中空。鍑（fù）：大口釜，也为釜类总名。镘（màn）：抹墙的抹子，《广雅》原作"鑪（lǔ）"，为釜类煎胶器。鍪（móu）：古代炊具，形状圆底，大腹，细颈。锜（qí）：三脚锅。　[2] 鬴：音 fǔ。　[3] 繇：音 yáo。　[4]《异录》：应为《录异》，即唐刘恂撰《岭表录异》。　[5] 油：通"釉"，上釉。　[6] 欧冶：春秋战国时著名铸剑师。　[7] 爇（ruò）：烧。　[8] 汲（jí）：从井里提水。　[9] 既济：六十四卦之一，水上火下，喻烧火煮水之象。　[10] 饔飧（yōng sūn）：早饭和晚饭。饣甫（bū）：吃。　[11] 鼐（nài）：大鼎。

甑 𥁄附

炊器也。《集韵》云，甑，甗也[1]。籀文作鬵[2]。或作䰝[3]。《周礼》："陶人为甑，实二鬴[4]，厚半寸，唇寸[5]。"《说文》曰，窐户圭切[6]，甑空也。《尔雅》曰："䰝谓之鬵徐林切[7]。"《方言》："或谓之酢馏[8]。"《汉书》：项羽渡河，破釜甑。又任文公知有王莽之变[9]，悉卖奇物，唯存铜甑。以此知古人用甑，虽军旅及反侧之际[10]，不可

此处用著名的巨鹿之战中项羽"破釜沉舟"的典故。

废者。或谓釜甑举世皆用，今作农器，何也？盖民之力田，必资火食，非釜甑不成，以此起农事之始。及谷物既登，爨以釜甑，又为农事之终。所需莫急于此，故附农器之内。

赞云：日用炊爨，甑也为先。窐作一空，底或七穿。编箄为隔[11]，甄带周缠[12]。覆盆莫照，跨釜能专。中成至味，外示陶埏[13]。饼饵作蒸，饎馏非馆[14]。匪此为饻[15]，民食曷天？

箄

甑箄也。《说文》云："箄，蔽也，所以蔽甑底也。"《淮南子》曰："明镜可以鉴形，蒸食不如竹箄。"孔融《同岁论》曰："弊箄径尺，不能救盐池之咸矣。"箄弊可以止咸故也。又曰："弊箄、甑甄[16]，在旃茵之上，虽贫者不搏。"此言易得之物也。字从竹。或无竹处，以荆柳代之，用不殊也。

诗云：甑或乏七穿，编竹以为箄。有缘去声取象圆，无底此能蔽。巧偷蛛网功，深为饼饵计。孰谓材有余，止咸犹用弊。

蒸煮以去盐分。

［注释］

[1] 甗（yǎn）：古代蒸煮用的炊具，上下两层，上为甑，下为鬲，中间有箅（bì）子。　[2] 籀（zhòu）文：西周时的字体。鬵：音zèng。　[3] 䰝：音zèng。　[4] 䥗（fǔ）：古代容量名，四区为䥗，合六斗四升。　[5] 唇：容器口的部分。　[6] 窐（guī）：甑下小孔。　[7] 鬵：音qín。　[8] 酢（cù）：同"醋"。馏：蒸馏。　[9] 任文公：西汉末年人。[10] 反侧：不安定，动乱。　[11] 筭：同"算"，有空隙而能起间隔作用的片状器具。　[12] 甀：同"窐"。　[13] 陶埏（shān）：制作陶器。埏，揉土和泥。　[14] 饙（fēn）：蒸饭。馆（zhān）：煮稠粥。　[15] 饫（yù）：饱食。　[16] "弊箄、甑甀"三句：出自《淮南子》。旃茵（zhān yīn），毡制的褥子或坐垫。搏，抢。

［点评］

此是《农器图谱》第十一集"鼎釜门"，主要讲农家炊具，计有鼎、釜（煮）、甑箅（蒸）、老瓦盆（盛食品）、匏樽（盛酒）、瓢杯（饮酒或饮水）等，内容相对简单。最后所附土鼓，是一种乐器，用于祭祀等场合，也用于农作，配合田漏等，调节劳动节奏，提振农民干劲，宜归入杂用类。

集之十二

舟车门

舟车之事，任载所先，盖南北道路之不同，故水陆乘行之亦异。然淮汉之间，俱可兼用。凡务农之家，随其所便。至于所居庐室，尤不可无，其动止之用，理存覆载，故共录于此。

将居住附于交通类。

农舟

农家所用舟也。夫水乡种艺之地，沟港交通，农人往来，利用舟楫[1]，故异夫渔钓之名也。

赋曰：夫圣人之制舟楫兮，取刳剡之既臧[2]。

用济川而利涉，亦辇重而惟强。必先具乎梢柁[3]，乃复揭乎篷樯[4]。恒独乘而多便，或并泛而能方[5]。繄大小制度之不一[6]，故彼此体用之难常。若夫非艇非航，非渔非商，凡农居江海，或野处湖湘，犹陆路之资车，办一棹于耕桑[7]。拟傍通于原隰，可倒载乎仓箱。播种则间去声。置乎穜稑，收获则积叠乎稻粱。其或出由港口，归下横塘，虽惯作村溪之逆上，须防风雨以遮藏。沙际轻帆，挂新晴于远浦；篱根短缆，泊落日之孤庄。彼有驾乎兰舫，衔以华妆[8]，广陈樽俎，暖沸丝簧[9]。方转乎杨柳之荫，复度乎荷芰之香[10]。徒能穷豪贵一时之侈乐，焉知助民生终岁之丰穰？何张翰思归[11]，独取乎莼羹鲈鲙[12]；又龟蒙投隐[13]，止载乎茶灶笔床。吾将挈家于此而就食[14]，听其所止于鱼稻之乡。

船尾舵是中国古代造船技术的重大发明。

此对仗句写一叶扁舟在晴空下远航，落日之时在村庄旁停泊的明快景致，颇具田园兴味。

[注释]

[1]舟楫（jí）：泛指船只。楫，船桨。　[2]刳剡（kū yǎn）：剖木刮木，特指造船。　[3]梢柁（duò）：船尾舵。梢：一种很长柄的桨，可以起到舵的作用。柁：同"舵"。　[4]揭：举起。篷樯：船帆和桅杆。　[5]方：两船相并。　[6]繄（yī）：语助，惟。　[7]棹（zhào）：桨。　[8]衔（xuàn）：同"袨"，盛装。　[9]丝簧（huáng）：

弦管乐器。　[10] 芰（jì）：菱角。　[11] 张翰思归：张翰为西晋文学家。《世说新语》记载张翰在洛阳见秋风起，因思家乡吴中莼菜羹、鲈鱼脍，而辞官回乡。　[12] 莼（chún）：多年生水草，叶嫩滑，可食用。鲙：同"脍（kuài）"，细切肉。　[13] 龟蒙：陆龟蒙。　[14] 挈（qiè）：带领。

下泽车

田间任载车也，古谓箱者。《诗》曰："乃求万斯箱[1]。"又："皖彼牵牛[2]，不以服箱。"箱即此车也。《周礼·车人》："行泽者反輮[3]。"女久切。又："行泽者欲短毂[4]，则利转。"今俗谓之板毂车。其轮用厚阔板木相嵌，斫成圆样，就留短毂，无有辐也[5]。泥淖奴教切。中易于行转，了不沾塞，即《周礼》行泽车也。盖如车制而略，但独辕着地，如犁托之状，上有望橛，以摆牛挽槃索。上下坡坂，绝无轩轾陟利切。之患[6]。汉马援弟少游尝谓"乘下泽车"[7]，是也。

诗云：下泽名车异尔辀[8]，服箱元自有耕牛。双轮不辐还成毂，独木非辕类作辀[9]。免向通逵争轨辙[10]，要登多稼出田畴。有时命驾或他适，常慕平生马少游。

通过辕、槃、索挽牛与牛拉犁一样。

［注释］

[1] 乃求万斯箱：出自《诗经·小雅》之《甫田》。　[2]"皖彼牵牛"二句：是说看那明亮的牵牛星，不用来拉车。出自《诗经·小雅》之《大东》。皖（huàn），明亮。服，驾。箱，一般指车厢，或以此指代车辆。　[3] 輮：通"揉（róu）"，古代的观念木有阴阳两面，反揉就是让阴的一面向外，并没有太多科学根据。　[4] 毂（gǔ）：车轮中心穿轴承辐条的部分。　[5] 辐（fú）：辐条，连接车轮和车毂的横条。　[6] 轩轾（xuān zhì）：车前高后低称"轩"，前低后高称"轾"。这里指不平衡。　[7] 马援：东汉著名将领。马少游实际上是他的堂弟。　[8] 輶（yóu）：轻车。　[9] 辀（zhōu）：车辕。　[10] 通逵：通途，大道。逵，四通八达的道路。

田庐

《农书》云：古者制五亩之宅，"以二亩半在廛[1]，《诗》云'入此室处'是也；以二亩半在田，《诗》云'中田有庐'是也。"此盖古制。自井田之变，农人散居，随业所在，其屋庐园圃，遂成久处，四时之内，农事俱便。《管子》所谓居四民，各有攸处，不使庞杂，欲其业专，不为异端纷更其志。今农家多居田野，即其理也。

尝读陆龟蒙《田庐赋》，状其窄陋，非久经其处，不能曲尽若此[2]。使世之崇居华构犹未满志者观之^[3]，可无奢泰之悟^[4]？

赋略曰：江上有田，田中有庐。屋以蒲蒋^[5]，扉以籧篨^[6]。笆篱楄微，方窦楏疏^[7]。檐卑皲而立伛偻，户逼侧而行趑趄^[8]。蜗涎隆顶^[9]，龟坼旁涂。夕吹入面，朝阳曝肤。左有牛栖，右有鸡居。将行瞪遮^[10]，未起啼驱。宜从野逸，反若囚拘^[11]。云云。

[注释]

[1]"以二亩半在廛"四句：出自陈旉《农书·居处之宜篇》。廛（chán），同"厘"，平民的屋舍。　[2]曲尽：原委清楚，细节详尽。　[3]华构：华丽的房屋。　[4]奢泰：奢侈。　[5]蒋：菰，一种水草，茎为茭白。　[6]扉（fēi）：门。籧篨（qú chú）：粗竹席。　[7]窦：小门。楏：门窗上雕有花纹的格子。　[8]逼侧：狭窄。趑趄（zī jū）：形容想向前又不敢。　[9]"蜗涎隆顶"二句：是说房屋简陋，屋顶上还流着蜗牛的分泌物，墙壁已经开裂。龟坼（jūn chè），干裂。　[10]"将行瞪遮"二句：是说身处乡村僻壤，一走动就被牛瞪着眼拦住，还没睡好就被啼声唤醒。瞪（dèng），直视的样子，这里代指牛。　[11]囚拘：囚禁。

[点评]

此是《农器图谱》第十二集"舟车门"，主要讲农家交通工具，如农舟、划船（水陆兼用可滑行）、野航（摆渡小船）、下泽车、大车、拖车（无轮拖车）等，连带还介绍了居住之所，即田庐、守舍（守田小棚屋）、牛室等。
这里介绍一下中国在造船技术上的重大发明创造。浙江
省杭州市萧山跨湖桥遗址出土的独木舟距今将近8000
年，是迄今发现的世界上年代最早的独木舟。船尾转轴
舵也是中国航海技术的重大发明。舵最早出现中国东汉
时期，起初把桨固定在船尾，专用来调整行驶方向，称
为拖舵。后来发展成为由舵叶、舵杆和舵柄组成的转轴
舵，舵杆垂直插入船下水中，舵叶附着在舵杆上，舵柄
在船板上与舵杆垂直用于转动舵杆，于是舵叶就随着舵
杆转动，由于舵叶面与水流形成角度，与水流产生作用
力可以调整行驶的方向。转轴舵大概出现在唐代，后来
在大型航海船如郑和宝船上出现可升降的主副组舵。另
外，为防止大型船舶的船舱破损导致漏水沉没，先民发
明了水密隔舱的设计，就是用若干密封小舱垒成大船的
船舱，这样少数小舱破损不会导致整个大船沉没。用这
些技术建造的郑和宝船就能在大洋上自由航行了。另外，
双轮车是在上古时期从欧亚草原传到中国的，中国则发
明了一种简单的独轮车，非常适合走崎岖不平的山路，
有人认为它就是相传诸葛亮发明的"木牛流马"。

集之十三

灌溉门

灌溉之利大矣。江淮河汉及所在川泽，皆可引而及田，以为沃饶之资。但人情拘于常见，不能通变。间去声有知其利者，又莫得其用之具。今特多方搜摘，既述旧以增新，复随宜而制物。或设机械而就假其力，或用挑浚而永赖其功。大可下润于千顷，高可飞流于百尺。架之则远达，穴之则潜通。世间无不救之田，地上有可兴之雨。其用水有法，概可见。故辑诸篇，庶资农事云。

此门讲水利设施。

水栅

排木障水也。《集韵》云，栅，仓格切。《说文》：竖木立栅也。若溪岸稍深，田在高处，水不能及，则于溪之上流作栅遏水，使之旁出下溉，以及田所。

其制[1]：当流列植竖桩，桩上枕以伏牛，擗脾役切以枙卢合切木，仍用块石高垒，众榫斜平声以邀水势。此栅之小者。如秦雍之地，所拒川水，率用巨栅。其蒙利之家[2]，岁例量力均办所需工物。乃深植桩木，列置石囤[3]，长或百步，高可寻丈，以横截中流，使傍入沟港。凡所溉田亩计千万，号为陆海。此栅之大者。其余各处境域，虽有此水而无此栅，非地利素不彼若，盖工力所未及也。今特列于《图谱》，以示大小规制，庶彼方效之，俾水为有用之水，田为不旱之田，由此栅也。

诗云：山源洞洑溪涧空[4]，两岸对峙直里切如崇墉，傍田救旱无由供。上流作障凭地崇，支分下灌畦磴重。卧邀沛泽真伏龙，复有川水波涛洪。枚桩列植当要冲，仍制石廪如合纵即容切。

这里解说得很清楚，水栅一般通过拦截使河流水位适当抬高，以便从旁分流到水渠引水灌溉，并不截断水流使河流改道。

要约中流无必东，穿渠远溉波溶溶。至今陆海称秦中，畎浍距川惟禹功。冈间浚治方成农，后世拒水能傍通。却资沃灌开田封，向来陂堨皆余踪。海内万水空朝宗，余波傥使膏润同。纵有汤旱无饥凶，坐令岁岁歌时丰。富民有具今始逢，此栅功利将无穷。

[注释]

[1] "其制" 至 "众楗斜以邀水势"：是大致讲建栅过程，先在河道中打入若干竖桩，然后靠在木桩前放下石笼挡水，使水流趋缓。然后在木桩间石笼后加密捶入木桩形成木排，再在木排前垒上石头挡水，最后在木排后交叉钉入楗木加固。伏牛，石笼，详见下文 "石笼"。擗（pǐ），捶打。柆（lā）木，折断的木桩。邀，阻截。　[2] "其蒙利之家" 二句：是说每年获利的农户按照规定平分修水栅的工料。　[3] 石囤：用囤装石，类似石笼。　[4] 洞洑（fú）：水流湍急回旋。

水闸乙甲切

水栅拦水分流后，导入水渠需要水闸控制灌溉。

开闭水门也。间去声有地形高下，水路不均，则必跨据津要[1]，高筑堤埧汇水，前立斗门，甃石为壁，叠木作障，以备启闭。如遇旱涸，则撒水灌田，民赖其利。又得通济舟楫，转上声。激辗砸，_{五对切}。实水利之总揆也^[2]。

诗云：陂岸人呼古闸头，万夫工役见重修。禹门似是崇三级^[3]，巫峡还同束众流。少擘沟渠供碾砸^[4]，每通膏泽到田畴。休将层闑轻抽去^[5]，恐有他时旱暵忧。

陂塘

《说文》曰，陂，野池也；塘，犹堰也。陂必有塘，故曰陂塘。《周礼》："以潴蓄水，以防止水。"说者谓："潴者，蓄流水之陂也；防者，潴旁之堤也。"今之陂塘，即与上同。考之书传，庐江有芍_{七略切}。陂，颍川有鸿隙陂，广陵有雷陂、爱敬陂^[6]，阳平沛郡有钳庐陂^[7]，余难遍举。其各溉田，大则数千顷，小则数百顷。后世故迹犹存，因以为利。今人有能别度地形，亦效此制，足溉田亩千万。比作田围，特省工费，又可畜育鱼鳖，栽种菱藕之类，其利可胜言哉？

诗云：陂水塘高复衮延^[8]，拒流宁使迅如川。斗门解泄三时旱，尺泽能添十倍田。_{裴延隽复修燕地故戾陵诸堨溉田，为利十倍。}沃野号称今陆海，烟

陂塘是在溪流之侧挖塘引导蓄水，以利灌溉。

波分得小江天。便当卜此成归计[9]，鱼稻乡中好
度年。

[注释]

[1]津要：水陆要冲之地。津，渡口。　[2]总揆：枢纽。　[3]禹
门：又名龙门，位于今山西河津市，黄河到此处，出峡谷由北向
南，直泻而下，水浪起伏，如山如沸。　[4]擘：分开。　[5]阈：
门槛，围栏。　[6]爱敬陂：又称陈公塘，为东汉广陵太守陈登修
筑，在今江苏仪征，明代废为农田。　[7]钳庐陂：即《农桑通
诀·灌溉篇》中钳卢陂，应在河南南阳。　[8]袤（mào）延：延
续。　[9]卜：选择。

翻车甫烦切（图 17）

马钧是魏晋时
著名的能工巧匠。
除翻车外，他还改
进了纺织机、诸葛
连弩，制造了发石
机、指南车等。

早期可能是手
摇式龙骨车，规模
较小。

今人谓龙骨车也。《魏略》曰：“马钧居京都，
城内有田地可为园，无水以灌之，乃作翻车，令
儿童转之，而灌水自覆。”汉灵帝使毕岚作翻车，
设机引水，洒南北郊路。则翻车之制，又起于毕
岚矣。今农家用之溉田。其车之制[1]：除压栏木
及列槛桩外，车身用板作槽，长可二丈，阔则不
等，或四寸，至七寸，高约一尺。槽中架行道板
一条[2]，随槽阔狭，比槽板两头俱短一尺，用置
大小轮轴，同行道板上下通周以龙骨板叶。其在

图 17 翻车

上大轴[3]，两端各带拐木四茎，置于岸上木架之间，人凭架上，踏动拐木，则龙骨板随转，循环行道板刮水上岸。此翻车之制关键颇多[4]，必用木匠，可易成造。其起水之法，若岸高三丈有余，可用三车，中间去声小池，倒都皓切水上之，足救三丈已上高旱之田。凡临水地段皆可置用，但田高则多费人力。如数家相博，计日趋工，俱可济旱。水具中机械巧捷，惟此为最。

东坡诗云[5]：翻翻联联衔尾鸦，荦吕角切荦确确胡角切蜕骨蛇[6]。分畦翠浪走云阵，刺水绿秧抽稻芽。洞庭五月欲飞沙，鼍鸣窟中如打衙[7]。

翻车是一种非常重要的灌溉农具，唐宋以后，对推动中国稻作农业的发展起到了关键的作用。它还被传到日本等国，也推动了这些国家农业的进步。

天公不念老农泣，唤取阿香推雷车[8]。

[注释]

[1]"其车之制"至"高约一尺"：是说脚踏式龙骨车整体像一条龙，从外面看主体是一条长长的木槽，木槽岸上的一端一般有木架用于人踩踏驱动。压栏木，木架上人踩踏时的扶手。列槛桩，木架的桩子。　[2]"槽中架行道板一条"五句：是说木槽的底板承担运水功能，上面是行道板，槽的两边有两个立轮，岸上大轮，水中小轮。围绕两轮上下一周有一圈木链条，将行道板夹在中间，木链条上每隔一定距离垂直嵌入一个长方形刮水板，链条可随轮转动，就像自行车的链条转动一样。槽板，木槽的底板。行道板，木槽上的长板，与木槽有一定距离。龙骨板叶，刮水板。　[3]"其在上大轴"至"循环行道板刮水上岸"：是说人站在大轮拐木上踏动，刮水板就随着木链条转动起来，在水中小轮处刮水到木槽中，连续带水上岸。拐木四茎，四根拐木，就是垂直嵌入岸上大轮轴上的木棍，被踩踏带动轮轴旋转以取水。　[4]关楗：楗即门闩，关为插闩处，形容事物紧要处。其实制作龙骨水车的关键之处是两轮齿片与木链条的衔接，使轮旋转带动链条运动。　[5]此诗为苏轼《无锡道中赋水车》。　[6]荦荦（luò luò）：分明的样子。确确：坚硬的样子。　[7]鼍（tuó）：鼍龙，即扬子鳄。打衙：打鼓。　[8]阿香推雷车：典故出自《搜神后记》，阿香为负责打雷的神女。

明代段续在兰州黄河岸边创制巨型筒车，高达十多米，成为当地景观。如今兰州市修建了水车博物园。

筒车（图18）

流水筒轮。凡制此车，先视岸之高下，可用轮之大小，须要轮高于岸，筒贮于槽，方为得法。

图 18　筒车

其车之所在，自上流排作石仓[1]，斜擗水势[2]，急凑筒轮[3]。其轮就轴作毂[4]，轴之两傍，阁于桩柱山口之内。轮轴之间[5]，除受水板外，又作木圈缚绕轮上，就系竹筒或木筒谓小轮则用竹筒，大轮则用木筒。于轮之一周。水激转轮[6]，众筒兜水，次第下倾于岸上所横木槽，谓之天池。以灌田稻，日夜不息，绝胜人力，智之事也。

若水力稍缓，亦有木石制为陂栅，横约溪流，旁出激轮，又省工费。或遇流水狭处，但垒石敛水凑之，亦为便易。此筒车大小之体用也。有流水处俱可置此，但恐他境之民未始经见，不知制度，今列为《图谱》，使仿效通用，则人无灌溉之劳，田有常熟之利，轮之功也。

张安国诗云[7]：象龙唤不应，竹龙起行雨。联绵十车辐，咿轧百舟橹[8]。转此大法轮[9]，救汝旱岁苦。横江锁巨石，溅瀑叠城鼓。神机日夜运，甘泽高下普。老农用不知，瞬息了千亩。抱孙带黄犊，但看翠浪舞。余波及井臼，舂玉饮酡乳[10]。江吴夸七蹋，足茧要背偻[11]。此乐殊未知，吾归当教汝。

[注释]

[1] 石仓：石堤。　[2] 擗：分开。　[3] 凑：聚集。　[4] "其轮就轴作毂"三句：是说筒车是一个转轮，其轮轴两端固定在两旁桩柱的权口上。阁，同"搁"。山口，权口。　[5] "轮轴之间"四句：是说在筒车的转轮上相隔一定距离分别设置受水板和斜绑着竹木筒。　[6] "水激转轮"四句：受水板是长方形木板，入水被激流推着带动筒车转动，竹木筒以倾斜角度入水盛满水，然后随轮转出水面开口向上，转到岸上半圈时开口转向下，在岸上恰当位置设置水槽接筒中之水。　[7] 张安国诗：张孝祥《湖湘以竹车激水粳稻如云书此能仁院壁》，安国为其字。　[8] 咿轧（yī yà）：象声词。橹：作用似桨，分段构成，用摇不用划。　[9] 法轮：佛教用语，比喻佛法。　[10] 酡（tuó）：酒后脸红。　[11] 要：同"腰"。偻（lǚ）：驼背。

水转翻车

其制与人踏翻车俱同，但于流水岸边掘一狭堑[1]，置车于内。车之踏轴外端作一竖轮[2]，竖轮之傍架木立轴，置二卧轮，其上轮适与车头竖轮辐支相间去声。乃擗水傍激[3]，下轮既转，则上轮随拨车头竖轮，而翻车随转，倒水上岸。此是卧轮之制。若作立轮[4]，当别置水激立轮。其轮辐之末，复作小轮，辐头稍阔，以拨车头竖轮。此立轮之法也。然亦当视其水势，随宜用之。其日夜不止，绝胜踏车。东坡《踏车》诗略云："天公不念老农泣，唤取阿香推雷车。"范至能诗云[5]："地势不齐人力尽，丁男多在踏车头[6]。"此皆悯人事之劳也。今以水力代之，工役既省，所利又溥，其殆仁智事欤。

诗云：从来激浪转筒轮，却恨翻车智未仁。谁识人机盗天巧，因凭水力贷疲民。

实际上如果是立轮驱动，可以驱动轴与翻车踏轴联动，但可能考虑两轮直径差别较大，翻车转动太快容易崩坏。中间设齿轮除有传导的功用，也可以通过直径比调节转速。

［注释］

[1]堑：沟。 [2]"车之踏轴外端作一竖轮"四句：是说延长翻车踏轴，并设置与踏轮平行的竖齿轮，然后在竖齿轮旁边设置立轴和上下双卧轮，上面为卧齿轮与竖齿轮咬合。下面卧

轮置于激流中，如筒车之轮只留受水板取消竹筒。辐支，齿轮的齿。　　[3]"乃擗水傍激"五句：是说水流带动下卧轮，上卧齿轮随之转动，传导竖齿轮转动，同轴带动翻车踏轮转动引水上岸。　　[4]"若作立轮"至"以拨车头竖轮"：是说如果像筒车一样的立轮受水激转动，在翻车踏轮旁的竖齿轮与立轮传导的齿轮是平行的，那么在它们之间要通过一个横放的小齿轮传动。　　[5]范至能诗：范成大《四时田园杂兴六十首》之一，至能为其字。　　[6]丁男：成年男子。

高转筒车

虽然叫筒车，原理与翻车一致。筒索相当于行道板，竹筒相当于龙骨板叶。

其高以十丈为准，上下架木，各竖一轮，下轮半在水内。各轮径可四尺。轮之一周[1]，两傍高起，其中若槽，以受筒索。其索用竹，均排三股，通穿为一。随车长短，如环无端。索上相离五寸，俱置竹筒。筒长一尺。筒索之底托以木牌[2]，长亦如之。通用铁线缚定，随索列次，络于上下二轮。复于二轮筒索之间[3]，架刳口弧切木平底行槽一连，上与二轮相平，以承筒索之重。或人踏[4]，或牛拽，转上轮则筒索自下，兜水循槽至上轮。轮首覆水，空筒复下，如此循环不已。日所得水，不减平地车戽。若积为池沼，再起一车，计及二百余尺。如田高岸深，或田在山上，皆可及之。今平江虎丘寺剑池亦类此制[5]，但小小汲饮，不足溉田，故不录。此近创此法，已经较试，庶用者述之。所转上轮，形如軘制[6]，易缴筒索。用人则于轮轴一端作掉枝[7]，用牛则制作竖轮，如牛转翻车之法。或于轮轴两端造作拐木，如人踏翻车之制。若筒索稍慢，则量移上轮[8]。其余措置，当自忖度，不能悉陈。

诗云：戽车寻丈旧知名[9]，谁料飞空效建上声瓴力丁切[10]。一索缴轮升碧涧，众筒兜水上青冥[11]。溉田农父无虞旱[12]，负汲山人赖久宁。颠倒救时霖雨手，却从平地起清泠。

[注释]

[1]"轮之一周"至"如环无端"：是说两轮的边缘翘起成凹槽，以承托竹筒和竹索，竹索由三股竹篾拧成，绕在两轮上。 [2]"筒索之底托以木牌"五句：是说筒索之上间隔用铁丝绑上竹筒和筒底木牌，木牌应与竹筒垂直，在木槽中支撑起竹筒。 [3]"复于二轮筒索之间"四句：是说在两轮之间的上端竹索下建一长条木槽，竹筒底下垂直木板可以支撑在木槽上，因为竹筒上行时装满水，容易将竹索拉断或者运行不畅。 [4]"或人踏"至"如此循环不已"：是说动力，如翻车可用脚踏或牛拉，竹筒兜水到上轮倾倒在水槽中，空筒从上轮下索返回，循环往复。 [5]平江：平江府，即今苏州市。 [6]軘：缫车之轮，正多边形，近似圆形。 [7]掉枝：曲柄摇杆。 [8]量移：适量地移动。 [9]寻：八尺。 [10]建

瓴（líng）：如倾倒瓶中之水。瓴，屋顶瓦沟。　[11]青冥：青天。　[12]无虞：不必忧虑。虞，忧虑。

连筒

以竹通水也。凡所居相离水泉颇远，不便汲用，乃取大竹，内通其节，令本末相续，连延不断，阁之平地或架越涧谷，引水而至。又能激而高起数尺，注之池沼及庖湢之间[1]。如药畦蔬圃，亦可供用，杜诗所谓"连筒灌小园"[2]。

诗云：刳竹作连筒，流泉一脉通。势虽由上下，用不限西东。远借居人便，常资沛泽功。伊谁凭好手，扶起卧龙公。

按照连通器原理，只有取水口管子高于出水口，水才能喷射而出。宋代苏颂、苏轼等已经用连筒为杭州、广州等城供水。

形状像卧龙。

架槽

木架水槽也。间有聚落，去水既远，各家共力造木为槽，递相嵌接，不限高下，引水而至。如泉源颇高，水性趋下，则易引也。或在洼下[3]，则当车水上槽，亦可远达。若遇高阜[4]，不免避碍，或穿凿而通。若遇坳险，则置之叉木，驾空而过。若遇平地，则引渠相接，又左右可移。邻近之家，足得借用。非惟灌溉多便，抑可潴蓄为用，暂劳永逸，同享其利。

诗云：刳木作槽身，架水自泉口。远引无崇卑，量移能左右。梯空越涧壑[5]，穴高穿培塿[6]。人能御天灾，岂非霖雨手？

[注释]

[1]庖湢（bì）：厨房和浴室。　[2]"连筒灌小园"：出自杜甫《春水》。　[3]"或在洼下"三句：是说如需引水到高处，需用翻车、筒车之类先取水到更高处，则可顺流而下。　[4]阜：土山。　[5]梯空：上文所说搭设叉木架起。　[6]培塿（lǒu）：小土山。

戽斗戽，候古切

挹水器也。《唐韵》云："戽，抒上与切也。"抒水器挹也。凡水岸稍下，不容置车，当旱之际，乃用戽斗。揰以双绠[1]，两人掔之，抒水上岸，以溉田稼。其斗或柳筲[2]，或木罂，从所便也。

诗云：虐魃久为妖，田夫心独苦。引水潴陂塘，尔器数吞吐。繘居律切绠古杏切屡挈提[3]，项背频伛偻。揖揖古忽切弗暂停[4]，俄作甘泽溥[5]。焦槁意悉苏[6]，物用岂无补？毋嫌量云小，于中有仓庾。

桔槔桔，古屑切；槔，古刀切

即从井中提水之杠杆类工具。

挈水械也。《通俗文》曰，桔槔，机汲水也。《说文》曰，桔，结也，所以固属；槔，皋也，所以利转。又曰，皋，缓也，一俯一仰，有数存焉，不可速也。然则桔其植者[7]，而槔其俯仰者与？《庄子》曰：子贡"过汉阴[8]，见一丈人，方将为圃畦，凿隧而入井，抱瓮而出灌，搰搰然用力甚多而见功寡。子贡曰：'有械于此，一日浸百畦。凿木为机，后重前轻，挈水若抽，数如泆汤，其名为槔。'"又曰："独不见夫桔槔者乎[9]？引之则俯，舍之则仰。彼人之所引，非引人者也，故俯仰不得罪于人。"今濒水灌园之家多置之，实古今通用之器，用力少而见功多者。

王契赋云[10]：智者济时以设功，强名之曰桔槔。何朴斫之大简，俾役力兮不劳。作固兮为我之身，临深兮是我之理。若虞机张[11]，如鸟斯企[12]。山有木，用工见汲引之能；巽乎水[13]，自我成润物之美。不羸瓶而上出[14]，何抱瓮之勤止？执虚趋下，虽自屈于劳形；持满因高，终见伸于知己。郑圃之侧，潘园之旁，沟塍绮错，

两个典故，郑圃相传为列子所居，潘园为西晋文学家潘岳的园林。

畎亩相望。带嘉蔬兮映芳草，背古岸而面垂杨。欲建标以取别[15]，能举直而自强。若垂竿兮匪钓，象爟火兮无光[16]。不忘机以弃俗，乃习坎而为常[17]。随用舍而俯仰，应浅深而短长。重泉之水兮不滞，九畹之兰兮益芳[18]。虽欲绝学以弃智，其若得存而失亡。歌曰："大道隐兮世人薄，无为守拙空寂寞。老圃之道可行，何耻见机而作？"

[注释]

[1] 挃（zhì）：节制。绠（gěng）：汲水用的绳索。　[2] 筲（shāo）：畚箕一类的竹器。　[3] 繘（yù）：汲水用的绳索。　[4] 捔捔（kū kū）：用力的样子。　[5] 俄：短时间。　[6] 悉：都。苏：死而复生。　[7]"然则桔其植者"二句：是说桔就是杠杆直立的木桩，槔就是一起一落的横杠吗？　[8]"过汉阴"至"其名为槔"：出自《庄子·天地篇》。泆（yì），水奔突而出。　[9]"独不见夫桔槔者乎"至"故俯仰不得罪于人"：出自《庄子·天运篇》。　[10] 王契：唐朝人。　[11] 若虞机张：出自《尚书·太甲》，这里指像看林人的弩机打开了。虞，主管山林的官。　[12] 企：站立。　[13] 巽（xùn）乎水：《周易》井卦为上坎（水）下巽（风）。　[14] 蠃（léi）：通"累"，缠绕。　[15] 建标：建立标识。　[16] 爟（guàn）火：古代祭祀时以杆杖举火，形似桔槔，以被除不祥。　[17] 习坎：坎卦代表水，有危险的意思，习是重复的意思，则习坎为非常危险。　[18] 畹（wǎn）：古代田地单位，三十亩为一畹，一说十二亩。

辘轳 辘，力木切；轳，力胡切

缠绠械也。《唐韵》云，圆转木也。《集韵》作轒轳[1]，汲水木也。井上立架置轴[2]，贯以长毂，其顶嵌以曲木。人乃用手掉转 上声，缠绠于毂，引取汲器。或用双绠而逆顺交转[3] 上声，所悬之器，虚者下，盈者上，更相上下，次第不辍，见功甚速。凡汲于井上，取其俯仰则桔槔，取其圆转 上声 则辘轳，皆挈水械也。然桔槔绠短而汲浅，独辘轳深浅俱适其宜也。

仲子陵赋云[4]：木德标象，金行效事。与桔槔之用则同，比篾虡之形不异[5]。井之勿幕[6]，瓶亦汔至。当于要路之津，存乎兼济之地。忠也陈力而就列，孝也致养而不匮，圆转则智士之心，通流乃仁者之志。故辘轳之体一，有君子之道四。观其得位攸处，居中特立，从绳以寸工，假器以尺汲。自上至下者，念兹以有成；虚往实来者，释此而何执？利物不言利，急人之所急。舍之则其道可卷而怀，用之则其功可俯而给[7]。及夫挈瓶所施，悬绠所统，崇朝以闻乎三捷[8]，永日何啻乎七纵[9]？为万人仰，与天下共。其静也

与桔槔同为汲水器，辘轳更方便好用。

此两句描写辘轳运转汲水。

则无机之机，其动也则有用之用。德必不孤，贤亦有准。泉蒙者道为之庆[10]，井渫者心为之轸。无忘乎牵挛[11]，盖存乎汲引。斯亦惠而不费乎？贤人之业，于是乎尽也。

[注释]

[1] 辘：音 lù。　 [2] "井上立架置轴"至"引取汲器"：是说在井上架一横轴，轴外套一圆木如车轮之毂，圆木上再垂直嵌入一拐木，可以带动轴和毂转动，绑着桶的汲水绳索缠绕在圆木上，随着其转动升降于井中汲水，即为辘轳。　 [3] "或用双绠而逆顺交转"至"见功甚速"：是说还有一种双桶辘轳，系在井绳的两端，平时一只在井下，另一只在井口，转动圆木，一只提水上来，另一只从井口下降井中，这样可以循环提水，效率倍增。　 [4] 仲子陵：唐朝人，这篇是他写的《辘轳赋》，收录在《文苑英华》和《全唐文》中。根据两书文字和此赋所用《周易·井卦》的典故，"井之物幕"应为"勿幕"，"井深者心为之轸"应为"井渫"，今据改。　 [5] 簨虡（sǔn jù）：古代悬挂钟磬鼓的木架。横杆叫簨，直柱叫虡。　 [6] "井之勿幕"二句：《周易·井卦》爻辞"上六，井收，勿幕"，卦辞"汔至，亦未繘井，羸其瓶"。勿幕即不要盖上井。汔（qì）至，将到井口。　 [7] 给（jǐ）：及。　 [8] 崇朝：整个早晨。崇，通"终"。三捷：三次传来战胜的捷报。　 [9] 七纵：三国时诸葛亮七擒七纵孟获的典故。　 [10] "泉蒙者道为之庆"二句：《周易·蒙卦》象辞："山下出泉，蒙；君子以果行育德。"《周易·井卦》爻辞"井渫不食，为我心恻"。渫（xiè），污秽。轸（zhěn），伤痛。　 [11] 牵挛（luán）：牵挂。

瓦窦

泄水器也，又名函管。以瓦筒两端，牙锷_五各切相接^[1]，置于塘堰之中，时放田水。须预于溏前堰内叠作石槛^[2]，以护筒口，令于启闭。不然则水凑其处，非惟难于窒塞，抑亦冲渲渗漏^[3]，不能久稳，必立此槛，其窦乃成。唐韦丹为江南西道观察使^[4]，筑堤扞江，窦以疏涨。此虽窦之大者，亦其类也。

诗云：陂塘泄水瓦为筒，好在田夫启闭中。守口如瓶常处静，剚犀脱鞘忽为通^[5]。高低独限渊源地，早晚能施沛泽功。若道此中能救旱，只疑窟宅接龙宫。

这里是说用的时候把瓦窦的塞子打开。

石笼_{力董切}

即《水栅》中所说伏牛。

又谓之卧牛。判竹或用藤萝^[6]，或木条，编作圈眼大笼，长可三二丈，高约四五尺，以签桩止之^[7]，就置田头。内贮魂石^[8]，用擗暴水。或相接连，延远至百步。若水势稍高，则垒作重笼，亦可遏止。如遇隈岸盘曲^[9]，尤宜周折，以御奔浪，并作洄流，不致冲荡埂岸。农家濒溪护田，

多习此法，比于起叠堤障，甚省工力。又有石笼
擗水，与此相类。

诗云：谁编藤竹作长笼卢红切，块石填来势自
雄。螮丁计切蝀丁孔切有形横巨浸[10]，鲲鲸无力
战秋风[11]。波涛已卷奔腾势，垄亩都归扞御功。
拟唤六丁鞭尔去[12]，若为能障百川东。

[注释]
[1]牙锷（è）：这里指瓦筒口部边缘。 [2]溏：同"塘"。 [3]渲：泛滥。 [4]江南西道：道为唐代行政区域，观察使为其军政长官，江南西道辖境在今江西及湖南东部地区。 [5]劙（tuán）：割断。鞘：刀剑套。 [6]判：分开。 [7]签：锐利，这里指一头尖的。 [8]魂（kuǐ）：同"块"。 [9]隈（wēi）：弯曲。 [10]螮蝀（dì dōng）：彩虹。 [11]鲲（kūn）：传说中的大鱼。 [12]六丁：道教认为干支中的六丁（丁丑、丁卯、丁巳、丁未、丁酉、丁亥）为阴神。

[点评]
此是《农器图谱》第十三集"灌溉门"，主要讲灌溉设施和农具。其中，水利设施有水栅、水闸、陂塘、水塘（无围堰小池）、浚渠、阴沟、井；灌溉农具有翻车、水转翻车、牛转翻车、高转筒车、水转高车、筒车、卫（驴）转筒车、连筒、架槽、戽斗、刮车（小型刮板车）、桔槔、辘轳、瓦窦、水笟（滤沙竹笼）等；从拦水、蓄水、

引水、输水，到汲水、滤水等设施设备一应俱全，可见中国水利技术传统之发达。在中国古代的政书系统中专门有水利一类，并且留存至今的典籍蔚为大观，水利技术是历代官吏需要关注和学习的行政知识。经考古学家发掘和研究，位于杭州市余杭区瓶窑镇境内的良渚水利系统是中国现存最早的大型水利工程，也是世界上最早的拦洪水坝系统。它与埃及和两河流域早期文明的渠道、水窖等引水水利系统形成鲜明对照，距今已有5000多年的历史，所以说中华水利史可谓源远流长。在这些灌溉农具中，翻车是中国的重大科技发明创造，西方则用阿基米德螺旋式水车提水。实际上高转筒车、水转高车也与翻车类似，是链传动提水机构，并非筒车。而筒车是利用水轮提水的装置，在西方类似的机构称为戽水车。此外，这里提到的水转、牛转、驴转仅为动力的不同，这些农具应该与下一门"利用门"的水之利用合并，成为动力之利用。

集之十四

利用门

　　《农谱》命篇曰"利用"，与夫《易》云"利用"，《书》曰"利用"，其文同，其理异。今因水之利于用，故以名篇，亦古断章摘句，假其义也。然水利之用众矣，惟关于农事、系于食物者录之。然必假他物乃可成功，所以访诸彼而得于此，稽诸古而行于今，启秘妙于初传，斡连机而同运[1]。或造谷食，代人畜之劳；或导沟渠，集云雨之效。或资汲引于庖湢，或供刻漏于田畴[2]。

其余舟楫、灌溉等事，已具前篇，览者当互相参考，以尽水利之用云。

水排蒲拜切（图 19）

《集韵》作橐[3]，与韝同[4]，韦囊吹火也[5]。后汉杜诗为南阳太守，造作水排，铸为农器，用力少而见功多，百姓便之。注云："冶铸者为排吹炭[6]，今激水以鼓之也。"《魏志》曰[7]，胡暨字公至[8]，为乐陵太守[9]，徙监冶谒者[10]。旧时冶，作马排，每一熟石[11]，用马百匹。更作人排，又费工力。暨乃因长流水为排，计其利益，三倍于前。由是器用充实。诏褒美，就加司金都尉[12]。

以今稽之，此排古用韦囊，今用木扇[13]。其制：当选湍流之侧，架木立轴，作二卧轮。用水激转上声下轮[14]，则上轮所周弦索，通缴轮前旋鼓，掉枝一例随转。其掉枝所贯行桄，因而推挽卧轴左右攀耳，以及排前直木，则排随来去，搧冶甚速，过于人力。又有一法：先于排前直出木簨，约长三尺，簨头竖置偃木，形如初月，上用秋千索悬之。复于排前植一劲竹[15]，上带撞索，以控排扇。然后却假水轮卧轴所列拐木，自

这里使用的概念是"水的利用"，非常宽泛混乱，不如改成"动力的利用"更合适。

卧轮式水排用了两级连杆机构，将转动转化为木扇拉杆的循环往复运动，比较复杂。其中轮前旋鼓的作用与缫车中旋鼓作用一样，可参看。

上打动排前偃木，排即随入。其拐木既落，摔竹
引排复回。如此间_{去声}打，一轴可供数排，宛若
水碓之制，亦甚便捷，故并录此。

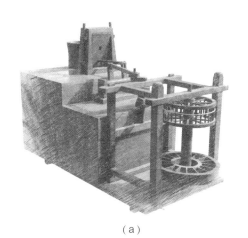

（a）

（b）

图 19　水排

水排的发明推动了中国冶金事业的繁荣，尤其是冶铁炼钢这种需要高温炉的技术，特别需要高效、功率大的鼓风机。

夫铜铁，国之大利，凡设立冶监，动支公帑[16]，雇力兴掮，极知劳费。若依此上法，顿为减省。但去古已远，失其制度。今特多方搜访，列为《图谱》，庶冶炼者得之，不惟国用充足，又使民铸多便，诚济世之秘术，幸能者述焉。

诗云：尝闻古循吏，官为铸农器。欲免力役繁，排冶资水利。轮轴既旋转上声，机枢互牵掣尺制切。深存橐籥功[17]，呼吸惟一气。遂致巽离用[18]，立见风火炽。熟石既不劳，镕金亦何易。国工倍常资，农用知省费。谁无兴利心，愿言述此制。

[注释]

[1] 斡（wò）：旋转。　[2] 刻漏：古代一种计时仪器。用容器盛水，穿孔滴漏，从水面的高低度数看时间。　[3] 橐：音 bài。　[4] 鞴（bài）：皮质鼓风囊，又称韦橐。　[5] 韦：熟皮。　[6] "冶铸者为排吹炭"二句：出自《后汉书》李贤注，意思是冶铸的工匠用一排风囊吹熔炉，现在我们用水力鼓动，称为水排。　[7]《魏志》：《三国志·魏书》。　[8] 胡暨，王祯弄错了，应为韩暨。　[9] 乐陵：在今山东滨州一带。　[10] 监冶谒者：管理冶铁的专职官员。　[11] 熟石：熔化矿石。　[12] 司金都尉：特殊加封，品级仅次于九卿。　[13] 木扇：直立木箱，门可开闭充气鼓风。　[14] "用水激转下轮"至"过于人力"：是说卧轮的传动比较复杂，先由水激下轮带动上轮转动，上轮与前端小轮（旋鼓）用一弦索八字形缠绕，小轮随之转动。小轮上端偏心处安装

曲柄（掉枝）与一连杆（行桄，háng guàng），这样就把一个偏心轴的圆周运动转换为直线往复运动。连接卧轴的一端（左攀耳），使其来回摆动。而卧轴另一端（右攀耳）曲柄推动另一连杆连接木扇门开合鼓风。搧（shān），扇动。　　[15]"复于排前植一劲竹"至"搴竹引排复回"：是说立轮的传动相对简单，先在排扇前立一劲竹，用搴索连接排扇和劲竹，劲竹绷紧，调节搴索的长度使静止时排扇处于打开状态。然后在排扇上连接一根木簨，木簨的另一端垂直安装一个月牙形偃木，木簨用绳子悬起大致呈水平，使偃木对准水轮卧轴，卧轴圆周上等距安装若干拐木。当卧轴旋转时，隔一定时间一个拐木就会挤压偃木推排扇关闭鼓风，当拐木转动离开偃木时，由于搴索的弹力，排扇复归打开状态充气，如此循环往复。搴（qiān），同"牵"。　　[16]公帑（tǎng）：公款。　　[17]橐（tuó）：同"橐"，鼓风机的气囊。籥（yuè）：鼓风机的管子。　　[18]巽离：风火，巽卦代表风，离卦代表火。

水轮三事

　　谓水转^{上声}轮轴可兼三事，磨、砻、碾也。初则置立水磨，变麦作面，一如常法。复于磨之外周造碾圆槽。如欲毂米，惟就水轮轴首易磨置砻，既得粝米，则去砻置碾，碢干循槽碾之，乃成熟米。夫一机三事，始终俱备，变而能通，兼而不乏，省而有要，诚便民之活法，造物之潜机。今创此制，幸识者述焉。

　　水力驱动与"水转翻车"类似，这里用卧轮驱动，立轴作为磨轴带动磨同步转动，可以换碾或者砻，连续砻谷壳、碾粗米、磨面，但不同时使用。

　　用来供碾碢滚动。

诗云：制礲元凭一水轮，就加砻碾巧相因。轴端更平声置皆从省，谷物兼成岂惮频？饼食已供无匮乏，米珠重造得圆匀。济民有要无人识，农谱图中拟细陈。

水转上声，后同。连磨

其制与陆转连磨不同。此磨须用急流大水，以凑水轮。其轮高阔[1]，轮轴围至合抱，长则随宜。中列三轮，各打大磨一盘。磨之周匝，俱列木齿。磨在轴上，阁以板木。磨傍留一狭空去声，透出轮辐，以打上磨木齿。此磨既转，上声。其齿复傍打带齿二磨，则三轮之功互拨九磨。其轴首一轮，既上打磨齿，复下打碓轴，可兼数碓。或遇天旱，旋于大轮一周列置水筒，昼夜溉田数顷。此一水轮可供数事，其利甚博。尝至江西等处，见此制度，俱系茶磨。所兼碓具，用捣茶叶，然后上磨。若他处地分，间去声有溪港大水，做此轮磨，或作碓碾，日得谷食，可给千家，诚济世之奇术也。陆转连磨下用水轮亦可。

诗云：昔闻圜绕磨相连，役水今看别有传。一轴带轮方卧转，众机联体复旁旋。要枢自假波

用作连机碓驱动，详见下文"机碓"。

主水轮改造成筒车兼做汲水。

唐宋时喝茶的方式是将茶叶磨成粉，煮后饮用，称为吃茶。

涛力，哲匠能偷造化权^[2]。总道于人多饱德，好
将规制示民先。

[注释]

[1] "其轮高阔"至"则三轮之功互拨九磨"：此几句是在讲述
水转连磨的工作原理，即立式水轮卧轴粗壮，动力巨大，在卧轴
上等间距安置三个立轮驱动三排连磨，每排三个，共九磨。驱动
方式为每立轮驱动每排中间磨，中间磨盘上一周卧式齿轮与立轮
咬合连动。中间磨盘上卧式齿轮同时咬合同排前后两个磨盘上卧
式齿轮，带动工作。在水平面上磨盘在水轮卧轴之上，磨盘下用
一大木板将三个立轮罩在下面，但是三排磨旁边立轮上面空出一
条窄槽，让立轮的上部露出，能和磨盘上的齿轮咬合。加木板可
能是为了方便收集磨出的粉面。　[2] 哲匠：技艺高超的工匠。

机碓

水捣器也。《通俗文》云，水碓（图 20）曰
翻车碓。杜预作连机碓^[1]。孔融《论》："水碓之巧，
胜于圣人斫木掘地。"则翻车之类，愈出于后世
之机巧。王隐《晋书》曰^[2]："石崇有水碓三十区。"

今人造作水轮，轮轴长可数尺，列贯横木，
相交如滚枪之制^[3]。水激轮转^[4]上声，则轴间横
木间去声打所排碓稍一起一落春之，即连机碓
也。凡在流水岸傍，俱可设置。须度水势高下为

之。如水下岸浅，当用陂栅。或平流，当用板木障水。俱使傍流急注，贴岸置轮，高可丈余，自下冲转^{上声}，名曰撩^{落萧切}车碓。若水高岸深，则

（a）

（b）

图20　水碓

为轮减小而阔，以板为级，上用木槽引水，直下射转上声轮板，名曰斗碓^[5]，又曰鼓碓。此随地所制，各趋其巧便也。

诗云：杵臼中来有别传，作机还假物相连。水轮翻转上声无朝暮，舂杵低昂间去声后先。蹴踏休夸人力健，供餐易得米珠圆。拟将要法为《图谱》，载入《农书·利用篇》。

水转大纺车

此车之制见《麻苎门》，兹不具述。但加所转上声。水轮，与水转辗磨之法俱同。中原麻苎之乡，凡临流处所多置之。今特图写，庶他方绩纺之家效此机械，比用陆车愈便且省，庶同获其利。

诗云：车纺工多日百斤，更凭水力捷如神。世间麻苎乡中地，好就临流置此轮。

这里讲了两种驱动水轮的方式，即下射式和上射式，意思是水流从下还是从上冲击水轮，因地制宜即可。

[注释]

[1] 杜预：西晋名将、经学家，统军灭东吴。　　[2] 王隐：东晋史学家，所撰《晋书》已亡佚。　　[3] 滚枪：水碓转轴上的下压碓梢的横木装置，在机械原理上是一种发生预期的间歇运动的凸轮传动装置。　　[4] "水激轮转"三句：是说连机碓主要原理是一种凸轮装置，结构为在水轮卧轴上等距安置若干凸轮，分别对应若

干个水碓，凸轮随着卧轴转动依次压起旁边水碓杵柄（杵柄前端加一小垫木形成杠杆结构，压下柄端，翘起杵槌），当凸轮转过时，杵柄失去压力，槌头落下舂臼。凸轮结构较复杂的是四根小横木组成正方形箍紧中间木轴，正方形四个角有横木剩余部分突出，如日常口吹风车状。这样突出的部分就可以用来压起杵柄，四个横木的结构卧轴转一圈可以压起四次。不同的凸轮可依次旋转一定的角度安装，这样就可依次压起杵柄，使动力均衡输出。当然一般简单的方法就是直接用一个小拐木嵌入卧轴对应一个水碓。　[5]斗碓：所谓斗应该指轮端的刮水装置。用斜板做刮水板是简单的方法，利用水的冲力带动水轮。在应用上射式水轮时，由于水从上方冲下，轮端刮水装置用形如斗状叶片兜水，可以同时利用水的重力和冲力，更有效率。

田漏

田家测景水器也[1]。凡寒暑昏晓，已验于星；若占候时刻，惟漏可知。古今刻漏有二：曰称漏[2]，曰浮漏。夫称漏以权衡作之，殆不如浮漏之简要。今田漏概取其制，置箭壶内，刻以为节。既壶水下注[3]，则水起箭浮，时刻渐露。自巳初下漏而测景焉[4]，至申初为三时，得二十五刻，倍为六辰，得五十刻。画之于箭，视其下，尚可增十余刻也。乃于卯酉之时，上水以试之，今日午至来日午[5]，而漏与景合，且数日皆然，则箭可用矣。如或有差，当随所差而损益之，改画辰刻，又试如初，必待其合也。农家置此，以揆时计工，不可阙者。大凡农作须待时气，时气既至，耕种耘耔，事在晷刻，苟或违之，时不再来，所谓寸阴可竞，分阴当惜，此田漏之所以作也。兹刊为《图谱》，以示准式。

梅圣俞诗云[6]：占星昏晓中，寒暑已不疑。田家更置漏，寸晷亦欲知。汗与水俱滴，身随阴屡移[7]。谁当哀此劳，往往夺其时。

田漏在苏东坡《眉山远景楼记》等文献中有实际使用的记载，主要用于田间劳作的时间管理。

［注释］

[1] 景：同"影"。日晷是古代利用日影计时的工具，在日晷的圆盘上根据日影的位置判定时刻，缺点是受昼夜和天气等条件限制。　[2] 称漏：利用虹吸原理，控制虹吸管在供水壶中的浸入深度恒定，从而使流量恒定，称量受水壶中水的重量来进行计时的仪器。　[3]"既壶水下注"三句：是说浮漏的结构是在壶中注水，里面漂浮着一个像令箭的浮标，上面刻时辰刻度，漏壶稳定地不断漏水，通过读取水面与箭平齐的刻度获取时刻。　[4] "自巳初下漏而测景焉"五句：是说从巳时开始漏水，并对照日晷的时刻，给箭标刻度，标记二十五刻，再按照已标刻度对称延长为五十刻，其实时间已经标到了夜里。古时将一天分为十二个时辰，进一步分为一百刻，所以古代的一刻比今天的一刻钟稍短。　[5] "今日午至来日午"四句：是说在接下来的数日从当日午时到第二天午时用日影校验箭的刻度。　[6] 这里王祯记述有误，这首诗应为王

安石和梅尧臣农事诗的一首。　　[7]阴：光阴。

［点评］

此是《农器图谱》第十四集"利用门"，主要讲水力驱动农具。王祯在使用"利用"这一概念时泛指所有水的利用，也就造成了混乱，那么水运、灌溉等也当然是水的利用。实际上此门开篇第一个农具浚锸，就是开沟渠专用的犁锸，从使用上它应附在犁之后，从作用上应该在"灌溉门"浚渠之后。最后的缶（汲水桶）、绠则应该附于桔槔、辘轳、井之后。不过这篇主要的农具还都是与水力驱动有关的，计有水排、水磨、水砻、水碾、水轮三事、水转连磨、水击面罗、槽碓、机碓、水转大纺车等。那么不如将"利用"概念扩充成"动力的利用"更合适，将灌溉门提到的水转、牛转、驴转所包含的不同动力的应用都归类纳入"利用门"。其实还有风力的利用——风车，元代已经出现，但主要用于西部地区。中国古代有一种立帆风车（立轴式），它巧妙地利用了中国式硬帆的结构和操控系统，与风向适应产生风力，曾广泛地在东部沿海地区应用于农田灌溉和盐业生产。中国古代也有热力的机械应用，比如走马灯、火箭等，但是热力的功率有限，未应用于农业，而开启近代工业革命的蒸汽机则是热力的机械应用，是人类动力应用的新时代。这一门提到的水排、水碓也都是中国古代重要科技发明创造，中国立轮式水碓与西方卧轮式不同，是凸轮机械的早期应用实例，极富创新价值。此门最后写到的田漏是古代常用的计时器，相当于今天的钟表。

集之十五

莽麦门 [1]

芟麦等器，中土人皆习用。盖地广种多，必制此法，乃为收敛，比之镰获手芟[2]，其功殆若神速。今特各各图录，庶他方业农者效之，同省工力。

麦笼力董切

盛芟麦器也。判竹编之，底平口绰，广可六尺，深可二尺。载以木座，座带四碌，用转上声而行。芟麦者腰系钩绳牵去声之，且行且曳，就借使刀前向绰麦，乃覆笼内。笼满则舁之积处，往返不已，一笼日可收麦数亩。又谓之腰笼。

诗云：笼具牵来足转上声轮，端芒满覆一何频。不须更问仓箱数，已验今年早得辛。

麦钐所鉴切

芟麦刃也。《集韵》曰，钐，长镰也。然如镰长而颇直，比铍薄而稍轻，所用斫而劖之，故曰钐。用如铍也，亦曰铍。其刃务在刚利，上下嵌系绰柄之首[3]，以芟麦也。比之刈获，功过累倍。

此处与镰刀相比。

诗云：利刃由来与铍同，岂知芟麦有殊功。回看万顷黄云地，不用铏镰卷已空。

麦绰昌约切（图21）

抄麦器也。篾竹编之，一如箕形，稍深且大。旁有木柄[4]，长可三尺，上置钐刃，下横短拐，以右手执之。复于钐旁以绳牵短轴[5]，近刃处以细竹代绳，防为刃所割也。左手握而掣之。以两手齐运[6]，芟麦入绰，覆之笼也。尝见北地芟取荞麦亦用此具，但中加密耳。

夫笼、钐、绰，三物而一事，系于人之一身，

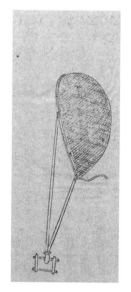

图 21　麦綽

而各周于用，信乎人为物本，物因人而用也。

麦綽诗云：芟麦虽凭利刃功，柄头还用竹为
笼。勿云褊量容多少，都覆黄云入笼中。

形容所收成熟
时的麦穗。

抄之教切，略取也。竿

扶麦竹也，长可及丈。麦已熟时，忽为风雨
所倒，不能芟取。乃别用一人执竿，抄起卧穗，
竿举则钐随钹之，殊无损失。必两习熟者能用，
不然则有矛盾之差矣。

或曰，今麦事有捃刀、拖杷、抄竿等器 [7]，
名色冗细，似不足纪录，而皆取之，何也？曰，

捃刀、拖杷、抄竿等已不常用，但王祯指出只要有用，就不应该遗漏，尤其是简单的农具，穷人还能用上。记物不遗，也是现在整理文化遗产的原则。

物有济于人而遗之，不可。然世之豪侈辈固不屑知，而贫窭者欲得为利。拯既坏于无遗，取弃余为有用，是可尚也，故缀于麦事之末。

抄竿诗云：风雨摧残二麦秋，一竿料理得全收。欲知自我扶颠力，都在芟夫钞绰头。

［注释］

[1] 麰（móu）：大麦。　[2] 手葏（jiǎn）：用手扎成把。　[3] 上下嵌系绰柄之首：麦绰长柄之首有一拐木，钞刀用时嵌入到拐木的槽中。　[4]"旁有木柄"五句：是说与麦绰竹箕面垂直有一长柄，长柄一端有一拐木作为竹箕的底边，与长柄成镰刀型，拐木的槽中嵌入钞刀，长柄的另一端有一短横木用于右手拿。　[5]"复于钞旁以绳牵短轴"二句：是说有一条绳像弦一样系在竹箕的顶部和底边拐木（短轴）上，（绳的中间一般安装一个方木框，）左手握住控制麦绰。　[6]"以两手齐运"三句：是说具体操作起来时，右手持长柄用钞刀横扫割麦，如同镰刀，同时左手用绳提起拐木，使割断的麦穗落入竹箕中，并随手放入身后麦笼中。　[7] 捃（jùn）刀：短刀，用来割取遗漏麦田里的零穗。捃，捡拾。拖杷：用来杷梳割过一遍的麦地，收集漏割的麦穗。

［点评］

此是《农器图谱》第十五集"麰麦门"，主要讲收割麦子的农具，概念过于狭窄，其实放入铚艾门即可，计有麦笼、麦钐、麦绰、积苫（盖麦垛）、捃刀、拖杷、抄竿。王祯在这里把割麦农具专门列为一门，一方面因为这是北方的传统。唐宋以后，中国形成南稻北麦的农业格局。最佳的麦收时节很短，稍有延迟就会因风雨倒伏零落，所以有"收麦如救火"的说法。麦笼、麦钐、麦绰的配套使用可以大大提高收麦的效率，这些农具至今仍在一些地方使用。另一方面，毕竟他是山东人，南北宦游中，这也许能够承载他对家乡农事的回忆。为此，他还在本门最后写了一篇不短的《艾麦歌》。

集之十六

蚕缲门

蚕缲之事，自天子后妃至于庶人之妇，皆有所执，以共衣服。故篇目以茧馆为首，示率天下之蚕者。其作用之门，如曲植钩筐之类，与夫轩釜茧丝之法，必先精晓习熟，而后可望于获利。今条列名件，一一备述，又使世之缯纩其身者[1]，皆知所自出也。然《农谱》有蚕事者，盖农桑衣食之本，不可偏废，特以蚕具继于农器之后，冀无阙失云。

蚕室

《记》曰："古者天子诸侯[2]，皆有公桑、蚕室，近川而为之。筑宫，仞有三尺，棘墙而外闭之。三宫之夫人、世妇之吉者，使入蚕室，奉种浴于川，桑于公桑。"此公桑、蚕室也。

其民间蚕室，必选置蚕宅，负阴抱阳[3]，地位平爽。正室为上[4]，南、西为次，东又次之。若室旧则当净扫尘埃，预期泥补。若逼近临时，墙壁湿润，非所利也。夫缔构之制[5]，或草或瓦，须内外泥饰材木，以防火患。复要间架宽敞，可容槌箔；窗户虚明，易辨眠起。仍上于行榛口练切各置照窗，每临早暮，以助高明下就。附地列置风窦，令可启闭，以除湿郁。考之诸蚕书云，蚕时，先辟东间养蚁，停眠前后撤去。西窗宜遮西晒。尤忌西南风起，大伤蚕气，可外置墙壁四五步以御。余备《蚕书》[6]。所有蚕神室、蚕神像，宜于高空去声处安置，凡一切忌恶去声之事，邪秽之气，辟除蠲洁[7]，夙夜斋敬，不敢亵慢。余观《蚕书》云[8]："毋治堰[9]，毋诛草[10]，毋沃灰[11]，毋室入外人，四者神实恶之。"如能依上法，自然宜蚕，

东间即火仓，详见下条。

王祯笃信儒家祈报，但不信阴阳家风水及巫师法术。

曲植分别为蚕箔、蚕槌，锜筐分别为缫丝的釜、蚕笼，这里是泛指蚕缫的器具都准备好了。

不必泥去声。于阴阳家拘忌，巫觋胡地切[12]，女巫也。等诱惑，至使回换门户，谄祷神祇，虚费财用，实无所益。故表而出之，以为业蚕者之戒。

铭曰：世业农桑，既兴我室。比临蚕月，复事涂饰。桃茢被除[13]，神主斯立[14]。曲植既具，锜筐乃集。连蚁方生，苦不厌密。妇以母名，育有慈德。爰求柔桑，入此饲食。寒燠身先，是为体测。上无疏薄，下无湿涴。帘箔垂门，麀火在壁。夜窗或遮，风窦时窒。颇忌北风，空障西日。他工莫兴，外人勿入。庇护攸安，渐至捉绩。蚕欲老时，取以视丝明也。《耕织图》有《捉绩》篇[15]。祈祀以时，愿获终吉。神实相之，簇如雪积。分茧秤丝，来告功毕。十六巳十四十八[16]。

[**注释**]

[1] 缯（zēng）：丝织品的总称。纩（kuàng）：丝绵絮，用丝线加工而成，不经过纺织。　[2]“古者天子诸侯”至“桑于公桑”：出自《礼记·祭义》。仞，周制八尺为一仞。有，通“又”。棘墙，在墙上布置棘刺。外闭之，门从外向内关闭。三宫，天子六宫，诸侯三宫。世妇，宫中女官。　[3] 负阴抱阳：坐北朝南。　[4] 正室为上：正室坐北朝南，南为坐南朝北，其余类推。　[5] 缔构：建立。　[6] 备：详备（见于）。　[7] 蠲（juān）洁：清洁。　[8] 余

观《蚕书》：似应为秦观《蚕书》，不过"余观"表示"我看到"
的意思也通。 [9]治堰：筑堤。 [10]诛草：锄草。 [11]沃灰：
泡灰。 [12]觋（xí）：男巫，王祯注释有误。 [13]桃苅（liè）：
桃杖与扫帚，古代用以辟邪除秽。 [14]神主：祭祀对象的牌位，
中国传统祭祀用神主，不用木偶雕像。 [15]《捉绩》篇：楼璹《耕
织图诗·捉绩》。捉绩，纺蚕丝为线。 [16]此句意未详。

火仓抬炉附

蚕室火龛也。凡蚕生，室内四壁挫垒空龛，
状如三星，务要玲珑[1]，顿藏熟火[2]，以通暖气，
四向匀停[3]。蚕家或用旋烧柴薪[4]，烟气熏笼，
蚕蕴热毒，多成黑蔫[5]。今制为抬炉，先自外烧
过薪粪，牛粪。舁入室内，各龛约量顿火，随寒
热添减。若寒热不均，后必眠起不齐[6]。已上出
诸蚕书。《农书》云："蚕[7]，火类也，宜用火以养
之。用火之法，须别作一炉，令可抬舁出入。火
须在外烧熟，以谷灰盖之，即不暴烈生焰。"夫
抬炉之制，一如矮床，内嵌烧炉，两旁出柄，二
人舁之，以送熟火。

火仓诗云：朝阳一室虚窗明，今朝喜见蚕初
生。四壁匀停今得熟，火龛挫垒如三星。阿母体

四个小龛位
于火仓四角如"参
宿"四角四颗星。

測衣绢单，添减火候随寒暄。谁识贵家欢饮处，红炉画阁簇婵媛[8]。

此处形容蚕簇交错相连。

抬炉诗云：谁创抬炉由智者，出入凉温蚕屋下。抟以水土贯以木[9]，不假昆吾鼓炉冶[10]。出生入熟覆谷灰，捃拾粪薪犹土苴[11]。功成四海裤襦完[12]，又饷春醪奏《豳雅》[13]。

[注释]

[1]玲珑：这里指空气明澈，没有烟火。 [2]顿：安置。 [3]匀停：均匀适中。 [4]旋：刚刚。 [5]黑蔫：蚕僵病的一种。 [6]眠起不齐：蚕蚁发育速度不均等。 [7]"蚕"至"即不暴烈生焰"：出自陈旉《农书·用火采桑之法篇》。 [8]婵媛：相互牵连。 [9]抟（tuán）：捏聚制造。 [10]昆吾：古掌管冶铸之官。 [11]土苴（zhǎ）：粪草。 [12]裤襦（rú）：衣裤。 [13]春醪（láo）：春酒。

蚕槌 音坠

《礼》：季春之月具曲、植。植即槌也。《务本直言》云："谷雨日竖槌。"夫槌，立木四茎，各过梁柱之高，随屋每间竖之。其立木外旁，刻如锯齿而深，各每茎挂桑皮圜绳，蚕不宜麻[1]。四角按二长橡，橡上平铺苇箔，稍下緌弛伪切之[2]。凡槌十悬[3]，中离九寸以居。抬饲之间，皆可移

四角的前后两边平行安装两根蚕椽。

之上下。《农桑直说》云[4]："每槌上中下闲铺三箔，上承尘埃，下隔湿润，中备分抬。"

梅圣俞诗云：三月将扫蚕，蚕妾具其器。立植先捔音摘括[5]，室内亦涂墍[6]。众材疏以成，多簿所得寄。拾老归簇时，应无惭弃置。

蚕椽

架蚕箔木也，或用竹。长一丈二尺，皆以二茎为偶，控于槌上，以架蚕箔。须直而轻者为上，久不蠹者又为上。为蚕因食叶上缘之蠹屑，不能透砂[7]。事见《农桑要旨》。

诗云：椽欲直而轻，不贵曲而蠹。轻则与人宜，蠹以病蚕故。钩绳可移悬，蕂箔乃平布。桑余挂新丝，功谁推此具。

蚕箔

曲簿，承蚕具也。《礼》：具曲、植，曲即箔也。周勃以织簿曲为生[8]。颜师古注云，苇簿为曲。北方养蚕者多，农家宅院后或园圃间多种萑胡官切苇，以为箔材。秋后芟取，皆能自织。方可四丈，以二椽栈之[9]，悬于槌上。至蚕分抬去蓐时，取其卷舒易用。南方萑苇甚多，农家尤宜用之，以广蚕事。

梅圣俞诗云：河上纬萧人[10]，女归又织苇。相与为蚕曲，还殊作筥筐[11]。入用此何多，往售获能几？愿丰天下衣，不叹贫服卉[12]。

蚕网

抬蚕具也。结绳为之，如鱼网之制。其长短广狭，视蚕盘大小制之。沃以漆油，则光紧难坏；贯以网索[13]，则维持多便。至蚕可替时，先布网于上，然后洒桑。蚕闻叶香，皆穿网眼上食。候蚕上叶齐，手共提网，移置制别盘，遗除拾去[14]。比之手替，省力过倍。南蚕多用此法，北方蚕小时亦宜用之。

诗云：圣人制网罟[15]，因被川泽渔。谁知取鱼具，解使移蚕居。纪纲用非异，水陆功有余。两端诚可诘，生杀意何如？

蚕网是很好用的除沙、扩座的用具，可以很好地避免因接触、堆聚而伤蚕和遗漏，效率又高。

北方还没有广泛使用蚕网。

[注释]

[1] 蚕不宜麻：养蚕所作绳套（圜绳）不宜用麻绳，这是古时忌讳，相传已久。清朝杨屾（shēn）《豳风广义》通过实验认为没有道理，以后逐渐废除。 [2] 缒（zhuì）：悬挂。 [3]"凡槌十悬"

二句：是说一个槌架悬挂十层蚕箔，每层相隔九寸。   [4]《农桑直说》：本书引用之书，已亡佚。   [5]揊（tè）：敲击。括：箭的末端，这里指槌的末端。   [6]墍（jì）：涂饰。   [7]透砂：埋在蚕沙里出不来，成为伏沙蚕。   [8]周勃：跟随刘邦起事，成为汉初名将，吕后死后平定诸吕之乱。   [9]栈：这里指架起。   [10]纬萧：编织蒿草。   [11]笌篚（yún fěi）：竹筐。   [12]服卉：穿着用绤葛制的衣裳。   [13]网索：类似于纲，网四周提网的总绳。   [14]遗除拾去：淘汰掉遗留下来不上网吃新桑叶的幼蚕。   [15]罟（gǔ）：网的总名。

蚕簇（图22）

《农桑直说》云："簇用蒿梢、丛柴、苫席等也。"凡作簇先立簇心，用长橡五茎，上撮一处

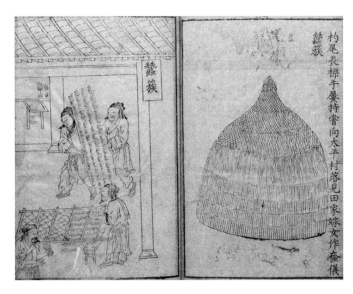

图22 蚕簇

系定，外以芦箔缴合，是为簇心。仍周围匀竖蒿梢。布蚕簇讫，复用箔围及苫缴，簇顶如圆亭者，此团簇也。又有马头长簇，两头植柱，中架横梁，两傍以细椽相搭为簇心，余如常法，此横簇。皆北方蚕簇法也。

尝见南方蚕簇，止就屋内蚕盘上，布短草簇之，人既省力，蚕亦无损。又按南方蚕书云："簇箔以杉木解枋[1]，长六尺，阔三尺，以箭竹作马眼榻，插茅，疏密得中。复以无叶竹筱纵横搭之，簇背铺以芦箔，而竹篾透背面缚之，即蚕可驻足，无跌坠之患。"此皆南簇。较之上文北簇，则蚕有多少，故簇有大小、难易之不同也。

然尝论之，南北簇法，俱未得中。何哉？夫南簇蚕少，规制狭小，殆若戏技[2]，故获利亦薄。北簇虽大，其弊颇多：蒿薪积叠，不无覆压之害；风雨侵浥，于立切，湿润也。亦有翻倒之虞。谓经雨倒簇也。《蚕桑直说》云："簇蚕时雨被沾湿，才晴，不以成茧不成茧，翻倒别簇[3]。如雨少则曝干。"复外内寒燠之不匀，或高下稀密之易所，以致簇内病生、茧少，皆由此故。习俗既久，未能遽革。

北方簇法因为在室外，为了保温重重包裹，但是容易引起空气不流通，潮湿郁浥。

《王祯农书》的特点之一就是汇合南北方农业于一书，此处比较南北方簇法的优劣，相互借鉴，取长补短，提出改良的方法。

今闻善蚕者一法：约量本家育蚕多少，选于院内空去声地，就添橡木苦草等物，作连脊厦屋。寻常别用，至蚕老时，置簇于内。随其长短，先构簇心，空直如洞[4]。就地掘成长槽，随宜阔狭，旁可人行，以备火患。谓用火法也。蚕书云，已入簇，微用热灰火温之，待入网[5]，渐渐加火，不宜中辍。稍冷，游丝亦止[6]，缫之即断，多煮烂作絮，不能一绪扣尽矣[7]。外则周以层架，随层卧布蒿稍，以均蚕居。既毕，用重箔围之。若蚕少屋多，疏开窗户，就内簇之亦可。如此则上有苫覆，下无湿润，架既宽平，蚕乃自若。又总簇用火，便于照料。南北之间，去短就长，制此良法，宜皆用之，则始终无慊矣[8]。故梅圣俞《蚕簇》诗云："竞畏风雨寒，露置未如屋。"正谓此也。梅圣俞诗云："冰蚕三眠休，作茧富具簇。汉北取蓬蒿，江南藉茅竹。蒿疏无郁泥，竹净亦森束"云云。前二句。

歌云：卷去绿云桑已少，箔头有丝蚕欲老。月余辛苦见成功，作簇不应从草草。南北习俗久不同，彼此更须论拙巧。北簇多露置，积叠仍忧风雨至；南簇俱在屋，施之北蚕良未足。南北簇法当约中，别构长厦方能容。外周层架蒿草平，内备火患通人行。饲却神桑丝已吐，女洒桃浆男打鼓。作茧直须三日许，开簇团团不胜数。我家多蚕方自庆，得法于今还可证，免似向来多簇病。

以桃浆祭祀蚕神。

[注释]

[1]"簇箔以杉木解枋"至"无跌坠之患"：出自陈旉《农书·簇箔藏茧之法篇》。解枋，破为方形木棍，组成框状。槅（gé），（门窗上）用木条做的格子。筱（xiǎo），细竹。簇背，蔟底。　[2]戏技：戏耍。　[3]翻倒别簇：这里是指把蚕茧搬移到别的干燥的蚕蔟上，不是王祯正文说的遇雨翻倒。　[4]空直如洞：在蔟心下地面挖洞，与填火长槽相通。　[5]待入网：蚕结茧。　[6]游丝：吐丝。　[7]不能一绪扣尽：不能一根丝抽到底。　[8]慊（qiàn）：不足。

缫车（图23）

缫丝自鼎面引丝[1]，以贯钱眼，升于锁星。星应车动，以过添梯，乃至于軖，去王切，缫轮也。方成缫车。

秦观《蚕书》缫车之制：

"钱眼：为版长过鼎面[2]，广三寸，厚九黍，中其厚插大钱一，出其端，横之鼎耳，后镇以石。"

"锁星：为三芦管[3]，管长四寸，枢以圆木。

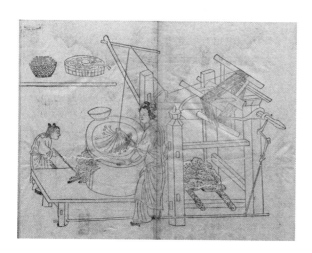

图23 缫车

建两竹夹鼎耳，缚枢于竹中。管之转以车，下直
钱眼，谓之锁星。星应车动，以过添梯。"《农桑
直说》云："竹筒子宜细，铁条子串筒。两卷子亦须铁也。"

"添梯：车之左端置环绳[4]，其前尺有五寸，
当床左足之上建柄，长寸有半。匽柄为鼓，鼓生
其寅，以受环绳。绳应车运，如环无端，鼓因以
旋。鼓上为鱼[5]，鱼半出鼓，其出之中，建柄半
寸，上承添梯者，二尺五寸片竹也。其上揉竹为
钩，以防丝。窍左端以应柄。对鼓为耳，方其穿
以闭添梯。故车运以牵环绳[6]，绳簇鼓，鼓以舞
鱼，鱼振添梯，故丝不过偏。"

"制车如辘轳，必活两辐[7]，以利脱丝。"

《农桑直说》
云，以竹管套铁
条，"两卷子亦须
铁也"，即架铁条
的两根桩子也用
铁做。

旋鼓在水排中
也有，作用相同，
可以参看。

窃谓上文云车者，今呼为軖。軖必以床，《农桑直说》云，軖床下鼎一尺[8]，轴长二尺，中径四寸[9]，两头三寸，用榆槐木，四角或六角[10]。辐通长三尺五寸[11]。六角不如四角，軖小则丝易解。以承軖轴。轴之一端[12]，以铁为臬掉，复用曲木摄作活轴。右足踏动，軖即随转，自下引丝上軖，总名曰缫车。

咏曰：人家育蚕忧不得，今岁蚕收茧如积。满家儿女喜欲狂，走送车头趁缫缉。南州夸冷盆，冷盆细缴何轻匀；北俗尚热釜，热釜丝圆尽多绪。即今南北均所长，热釜冷盆俱此軖。軖头转机须足踏，钱眼添梯丝度滑。非弦非管声咿轧，村北村南响相答。妇姑此时还对语，准备吾家好机杼。岂知县吏已催科[13]，不时揭去无余紽[14]。迫索仍忧宿负多[15]，车乎车乎将奈何。

不时联想到百姓赋税之苦。

[注释]

[1]"缫丝自鼎面引丝"至"方成缫车"：是说缫车从左到右大致经过如下几个关键部件：从鼎面穿丝过钱眼，向上到达并缠绕锁星横管后继续向右挂于添梯横杆上的竹钩上约束住位置，最后缠绕在右侧軖轮上，軖车轴旋转会带动丝线不断缠绕在軖轮上。从钱眼开始是集绪部分，锁星通过旋转缠绕可以将若干股蚕丝捻绞在一起，添梯和軖轮最后完成络卷成捆。　[2]"为版长过

鼎面"至"后镇以石"：是说做一木板长度超过鼎直径，宽三寸，厚九分，其中挖空嵌入铜钱一枚。木板横穿鼎上两耳，上面压上石头，以固定住钱眼。九黍，九分，古代一百黍之长为一尺，所以一黍相当于一分。　[3]"为三芦管"至"谓之锁星"：是说在鼎的两侧高架起两根竹柱，之间横绑上一根圆木（峨眉杖），圆木上套上三段芦管。芦管会随着右侧的軠轮转动带动丝线摩擦而转动，同时带动左侧钱眼中的丝线上升，称为锁星。　[4]"车之左端置环绳"至"鼓因以旋"：是说軠轮架在一个四个腿的軠床上，軠轴两端固定在軠床两侧的权口中。軠轴近端套环绳，另一侧套在旋鼓上。旋鼓安置在軠轴前一尺半的軠床左前腿上，上面装一根一寸半的木柱，套上空轴的旋鼓，旋鼓为圆柱形蜂腰，腰部套住环绳。匼（kē），环绕。鼓生其寅，其义未详，大概指鼓的形状，或许说鼓的形状像小篆"寅"的字形。　[5]"鼓上为鱼"至"方其穿以闭添梯"：是说旋鼓上安装一横短轴（鱼），短轴一端突出到鼓面外，上面有一小立柱，嵌入添梯近端的小圆孔中。添梯是二尺五寸长的竹片，上面安装竹钩，勾住丝线防止其沿添梯横向滑动。旋鼓对面的軠床上立一个耳，中间穿方孔，固定住添梯的远端。　[6]"故车运以牵环绳"五句：是说具体操作起来时，軠轮转动，通过环绳传导将立面转动变成旋鼓的水平转动。旋鼓水平转动，鱼柄带动添梯，就把一个偏心轴的圆周运动转换为添梯的直线往复运动。由于竹钩随着添梯往复运动，这样丝线就在軠轮上形成一定宽度的缠绕，不至于在一个位置反复缠绕太紧。　[7]必活两辐：軠轮上两根辐条是可以活动装卸的。　[8]下鼎一尺：比鼎面低一尺。　[9]"中径四寸"二句：是说軠轴中间直径四寸，两头三寸。　[10]四角或六角：两根辐或者三根辐，軠轮为多边形，非圆形。　[11]通长：整根辐长。　[12]"轴之一端"三句：是说軠轴的近端，用铁做一个拐轴，再于拐轴上穿上一套曲柄连杆，把脚踏的直线往复运动转变成圆周运动，使脚踏能带动轩轮转动。　[13] 催科：催收租税。　[14] 紽（tuó）：量词，五丝为一紽。　[15] 宿负：拖欠的赋税。

蚕连

蚕种纸也。旧用连二大纸[1]。蛾生卵后，又用线长缀，通作一连，故因曰连，匠者尝别抄以鬻之[2]。《务本新书》云，蚕连，厚纸为上，薄纸不禁浸浴。如用小灰纸更妙。连须以时浴之。浴毕，挂时令蚕子向外，恐有风磨损。冬至日及腊月八日浴时，无令水极深。浸浴，取出，比及月望，数连一卷，桑皮索系定[3]，《务本新书》云："蚕连不得用麻绳系挂，如或不忌，后多干死不生。《本草》陈藏器云[4]：'以苎麻近种则不生。'当远之。"庭前立竿高挂，以受腊天寒气。年节后，瓮内竖连，须使玲珑。安十数日，候日高时一出。每阴雨后，即便晒曝。恐伤湿润。见风亦不可多时。此蚕连浴养之法，直至暖种而生[5]。前文间取诸蚕书。

诗云：前朝茧如山，今朝卵如粟。如山今岁谋，如粟来岁足。来岁一何神，生化楮一幅[6]。

不要让水温太冷。

通过自然寒冷的条件淘汰弱的蚕种。

丁宁语荆妇，依时勤晒沐。

［注释］

[1]连二大纸：有一般幅面两个那么大的单张纸，即后文所说（两张）通作一连。　[2]抄：传统造纸用抄纸帘子在纸浆槽抄纸。　[3]桑皮索：桑皮制成的绳索。　[4]陈藏器：唐代药学家，著有《本草拾遗》，已散佚，收录在北宋唐慎微编纂的《经史证类备急本草》中。　[5]暖种：保温孵化蚕蚁。　[6]楮（chǔ）：这里借代纸，因为古人用楮树皮造纸。

［点评］

此是《农器图谱》第十六集"蚕缫门"，主要讲养蚕缫丝的农具。养蚕用具有蚕室、火仓、抬炉、蚕槌、蚕橡、蚕箔、蚕筐（蚕筐）、蚕盘、蚕架（用来搁蚕筐、蚕盘，南方的用法）、蚕网、蚕勺、蚕蔟等，缫丝用具有蚕瓮（腌茧）、蚕笼（蒸茧）、缫车、冷盆、热釜、蚕连等。在这一门的最前面还有茧馆、先蚕坛、蚕神等条，都与桑蚕祈报有关。这里农具大多在《农桑通诀·蚕缫篇》中提到过，可与之对照参看。

集之十七

蚕桑门

夫蚕之用桑，必有钩筐等器，以供其事。然远近之间，习俗不通，故其制度，巧拙绝异。彼有并力而不及，此或一工而兼倍。今特采辑，去短从长，使知所择。夫桑具，蚕之用也，故次于蚕事之后。

桑梯

《说文》曰："梯，木阶也。"夫桑之稚者，用几采摘[1]；其桑之高者，须梯剟丑全切，削去也。

斫。梯若不长，未免攀附。旁条不还[2]，则鸠脚多乱[3]；𣏌居秋切。枝折垂，则乳液旁出[4]。必欲趁于高下，随意去留，须梯长可也。《齐民要术》云，采桑必须长梯，梯不长则高枝折，正谓此也。

诗云：贯木取诸渐[5]，为梯利用晋。附彼墙下桑，如蹑平地迅。女枝既不攀[6]，远扬亦可刃。何当展所施，摘莲华峰峻。

华山有莲花峰，这里比喻登梯之高。

桑砧

《尔雅》曰："砧谓之椹音虔[7]"。郭璞曰[8]："砧，木碪也[9]。"砧从石，椹从木，即木砧也。砧，截木为碪，圆形，竖理，切物乃不拒刃。此北方蚕小时，用刀切叶砧上，或用几，或用夹[10]。南方蚕无大小，切桑俱用砧也。

就像我们今天切菜用的砧板。

诗云：团团几上砧，寻常闲月魄。蚕月切柔桑，纤纤云缕积。饲养盘筐多，收去净无迹。不必在庖厨，鼓刃刀声劐[11]。

[**注释**]

[1] 几：桑几，形状像高凳，踩着摘桑。　[2] 不还：不返还到枝条原来位置。　[3] 鸠脚：没有齐着枝条基部剪下留有的枯茬，

容易染病。　[4]乳液：树汁。　[5]"贯木取诸渐"二句：《周易·渐卦》爻辞有"鸿渐于木"，这里比喻梯子搭在树上，如大雁落在树上。《周易·晋卦》象辞有"晋，进也"，是上升的形象。　[6]女枝：柔枝。　[7]榐（qián）：斫木砧。　[8]郭璞：东晋著名学者，注释《尔雅》《方言》等。　[9]碔（zhì）：木下石，基础之石。　[10]夹：桑夹，一种切桑叶的专用铡刀。　[11]劀（huō）：破裂声。

[点评]

此是《农器图谱》第十七集"蚕桑门"，主要讲摘桑切桑的农具，计有桑几、桑梯、斫斧、桑钩（采桑）、桑笼、桑网（收装桑叶）、劋刀、切刀、桑砧、桑夹等。这一门内容比较集中，相比种桑和养蚕，采桑比较简单。

集之十八

织纴门

织纴[1]，妇人所亲之事。传曰："一女不织，民有寒者。"古谓"庶士以下[2]，各衣_{去声}其夫。秋而成事，㱿而献功。愆则有辟"，是也。凡纺络经纬之有数[3]，梭維机杼之有法[4]，虽一丝之绪，一综之交[5]，各有伦叙，皆须积勤而得，累工而至，日夜精思，不致差互，然后乃成幅匹。如闺阃之属务之[6]，不惟防闲骄逸，又使知其服被之所自，不敢易也。

络车

络车的功用是将缫丝获得的丝线转络到小的丝籰上，供纺车纺纱之用。

《方言》曰："河济之间，络谓之给。"郭璞注曰："所以转籰给事也^[7]。"《说文》云，车樦<small>方无切</small>为柅^[8]。《易·姤》曰："系于金柅。"<small>柅，女履切。金者，坚刚之物；柅者，制动之主。</small>《通俗文》曰："张丝曰柅。"盖以脱轩之丝，张于柅上，上作悬钩，引致绪端，逗于车上。其车之制^[9]，必以细轴穿籰，措于车座两柱之间。<small>谓一柱独高，中为通槽，以贯其籰轴之首，一柱下而管其籰轴之末。</small>人既绳牵轴动，则籰随轴转，丝乃上籰。此北方络丝车也，南人但习掉籰取丝^[10]，终不若络车安且速也，今宜通用。

诗云：轩丝张柅复相牵，络妇车成用具全。座上通槽连簨臼，轴头引籰逗绳圈。一钩递控防偏度，独缕依循入卧缠。几向华筵曾误认，箜篌人坐理冰弦。

[注释]

[1]纴（rèn）：织布帛的纱缕，泛指纺织。　[2]"庶士以下"五句：出自《国语·鲁语下》。愆（qiān）则有辟，没完成则有罪。愆，过错。辟，罪。　[3]纺：就是把棉麻缕，或者若干股丝按照

具体纺织的需求最终捻合成粗细合适的线。　[4] 繀（suì）：纬车上的收线器具。　[5] 综（zèng，又读 zòng）：织布机上使经线上下分开形成梭口以受纬线的装置，又称综片。　[6] 闺阃（kǔn）：古代女子居住的内室，借代女子。　[7] 篗（yuè）：纺织收丝的器具，形似軖轮而小，四角或六角形。　[8] 柎（fū）：器物之足，车柎即络车之座。柅（nǐ）：在络车中指四根直立木柱组成有底座的架子，从軖轮缫丝下来的丝套在上面。　[9]"其车之制"至"丝乃上篗"：是说北络车座上有一长一短两根立柱，中间放置细横轴，轴上穿着丝篗，然后人转动车轴带动丝篗，从柅上引出的绪头就不断地缠绕在丝篗上。　[10] 掉篗取丝：用手转动丝篗，把丝缠绕其上。

经架

牵丝具也。先排丝篗于下 [1]，上架横竹，列环以引众绪，总于架前经籆与牌同，一人往来，挽而归之纼轴，然后授之机杼。

前人《织图诗》云 [2]：素丝头绪多，羡君巧安排。青鞋胡街切不动尘，缓步交去来。脉脉意欲乱，眷眷首重回。王言正如丝，亦付经纶才。

纬织丝也车（图 24）

《方言》曰："赵魏之间谓之历鹿车，东齐海岱之间谓之道轨 [3]。"今又谓繀音碎车。《通俗文》

即纺车，纺与织不同，纺是将蚕丝或绵麻缕按照编织的具体需求捻合成粗细合适的线。

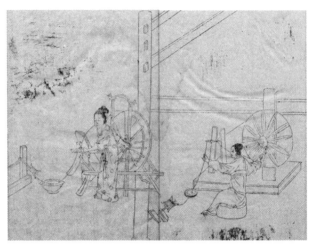

图 24　纬车

曰:"织纤谓之纑_{苏内切},受纬曰荸^[4]。"其柎上立
柱置轮^[5],轮之上近,以铁条中贯细筒,乃周轮
与筒缭环绳。右手掉轮,则筒随轮转,左手引丝
上筒,遂成丝纑,以充织纬。

　　孙德施赋云^[6]:惟工艺之多门,伟英丽乎创
形。拟老氏之一毂兮,应天运以回行;秉转屈以
成规兮,不辞劳以自倾。故其用同造物,巧参
天地,轩辕垂衣,因其以济。衮冕龙旂^[7],用
康上帝^[8]。勋存王室,惠我皂隶^[9]。观其微风兴
于轴端,雾雨散于鞔辐^[10]。制以灵木,络以奇
竹。危朝日以我员兮,准晕月以造象;若洪轮之
在雄兮,似蜘蛛之结网。尔乃才艺妻妾,工巧是

嘉，或织锦组，或匠绫罗—作纱。舒皓腕于轻轮
兮，换拟景乎镜华。丝成妙于指端，号篓幽而相
和[11]。象蟋蟀之鸣户兮，类寒蝉之吟家。云云。

[注释]

[1]"先排丝篓于下"至"然后授之机杼"：是说经架底座上有
两根高高的木柱，上横竹片，竹片上装着很多环，底座上排列许
多丝篓，每个丝篓引出经线分别从不同的环中穿过，在通过经籭
约束，最后挽丝绕到经轴上以供纺织。籭（pái），竹筏，这里指
分开丝线线缕类似梳子的部件。纼（zhèn），把绳子牵在牛鼻子上，
这里指把丝线绕在经轴上准备纺织。　[2]前人：指楼璹。　[3]东
齐海岱：今泰山以东到海边。　[4]莩：通"莩（fū）"，络丝纺纱
的工具。　[5]"其柎上立柱置轮"至"以充织纬"：是说纬车底
座上有两根立柱，立柱之间的横轴上装一个立轮，立轮前面的两
根立柱中间装一根横铁条，铁条上可以套装细筒（維）。轮与筒
用环绳缠绕，用手转轮，筒就迅速旋转，把若干股丝线头一起放
在筒上，就都自动加捻缠绕而上，一筒即一锭纱线，缠满后作为
纬线供纺织使用。立轮可以用环绳带动多个筒，即同时纺多锭纱
线，效率倍增。　[6]孙德施赋：晋人孙惠，字德施，曾作《維车
赋》。　[7]衮（gǔn）冕：古代帝王的礼服和礼冠。旂（qí）：画有龙，
竿头系有铃的一种旗。　[8]用康：赐予丰收。　[9]皂隶：衙门里
的差役。　[10]輇（zǒng）：车轮。　[11]篓：同"箑（shà）"，扇子。

织机

织丝具也。按黄帝元妃西陵氏曰嫘祖，始勤

蚕稼。月大火而浴种，夫人副袆而躬桑，乃献
茧丝，遂称织纴之功。因之广织，以给郊庙之
服，见《路史》[1]。《傅子》曰："旧机，五十综
者五十蹑[2]，六十综者六十蹑。马生者，天下之
名巧也，患其遗日丧巧，乃易以十二蹑。"今红
女织缯，惟用二蹑，又为简要。凡人之衣
被于身者，皆其所自出也。

即马钧。

音工。

去声。

　　王逸赋曰[3]：织机功用大矣。上自太始，下
讫羲皇。帝轩龙跃，伯余是创[4]。俯丝圣思，仰
揽三光。悟彼织女，终日七襄[5]。爰制布帛，始
垂衣裳。于是取衡山之孤桐，南岳之洪樟。剡复
回转，刻象乾形。大庭淡泊，拟则川平。先为日
月，盖取沿明。三转列布，上法台星。两骥齐首，
俨若将征。方圆绮错，极妙穷奇。兔耳趯伏[6]，
若安若危。猛犬相守，窜身匿蹄。高楼双峙，以
临清池。游鱼衔饵，瀺灂其陂[7]。鹿卢并趋[8]，
织缴俱垂。宛若星图，屈膝推移。云云。

　　梭

　　《通俗文》曰："织具也，所以行纬之

莎苏戈切[9]。"《艺苑》曰[10]："陶侃尝捕鱼[11]，得一梭，还插着壁。有顷，雷雨，梭变赤龙跃去。"梭盖得鱼之象，有化龙之义焉。

梅圣俞诗云：给给机上梭，往返如度日。一经复一丝，成寸遂成匹。虚腹锐两端，素手投未毕。陶家挂壁间，雷雨龙飞出。

岁月如梭即用此喻。

[**注释**]

[1]《路史》：南宋罗泌撰。　[2]综：又称综片，见前注。蹑：古代脚踏织机上控制综片的踏板。　[3]王逸赋：东汉王逸《机赋》，本书有删节。　[4]伯余：传说创制衣裳的人。　[5]襄：反复。　[6]跧伏：蜷伏。　[7]瀺灂（chán zhuó）：形容水流声。　[8]鹿卢：辘轳。　[9]莎：音 suō。　[10]《艺苑》：应为《异苑》。　[11]陶侃：东晋名将。

[**点评**]

此是《农器图谱》第十八集"织纴门"，主要讲纺织用具，计有丝籆、络车、经架、纬车、织机、梭、砧杵（捣练）等。由于非常复杂，因此本书没有讲织机的结构和工作原理。我们织布帛，基本原理是通过经纬交错：将一排经线按照一定的幅宽拉直，通过综片能把经线交错上下分开，形成梭口，用系着纬线的梭横穿过经线的梭口，再闭合上下经线，将纬线在经线梭口处压实。然后再提综分开经线，梭带着纬线反向穿回，这样来回穿梭就能制成需要的布帛。当然这仅是最简单的纺织原理。中国在纺织技术方面的独特贡献是发明了提花机，从考古实物上看，至迟西汉就已经出现。我们纺织每次梭子穿过纬线的时候，提起不同的经线，线也是有颜色的，由于经纬线互相遮盖，因此可以形成不同的花纹图案。提花机通过一定装置存储提经线的控制信息，可以循环织出相同的花纹图案，类似后世计算机存储程序的思想，非常先进。

集之十九

纩絮门_{木绵附}

纩絮御寒，古今所尚，然制造之法，南北互有所长，故特总辑，庶知通用。近世以来，复以木绵为助，今附于后。

绵矩（图 25）

以木框方可尺余，用张茧绵，是名绵矩。又有揉竹而弯者，南方多用之。其绵外圆内空，谓之猪肚绵。及有用大竹筒，谓之筒子绵。就可改作大绵，装时未免拖_{池解切，折物也。}裂^[1]。北方

这里的绵是丝绵，不是我们现在称为棉花的木棉。丝绵的制作的方法就是将蚕茧用绵矩撑开，撑松。

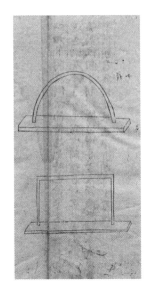

图 25 绵矩

大小用瓦，盖所尚不同，各从其便。然用木矩者最为得法。郦善长《水经注》曰[2]："房子城西出白土[3]，细滑如膏，可用濯绵[4]，霜鲜雪曜[5]，异于常绵，世俗言房子之纩也。抑亦类蜀郡之锦，得江津矣[6]。"今人张绵用药，使之腻白，亦其理也。但为利者因而作伪，反害其真，不若不用之为愈，因及之以为世戒。

绵矩诗云：有茧盈顷筐，置矩临清溪。纲维由我张，边幅须尔齐。用装身上衣，轻暖衷晴霓[7]。迤逦弃墙角[8]，未可同筌蹄[9]。

《庄子》说"得鱼而忘筌，得兔而忘蹄"，意思是做事情只记得目的忘记了手段。这里反其意说得绵不能忘了绵矩。

[**注释**]

[1] 扡（chǐ）: 撕开。将撑开的单茧丝绵连成大片丝绵，需要撕开重组。　[2] 郦善长《水经注》: 北魏郦道元（字善长）撰，是中国记述水道地理的名著。　[3] 房子: 古县名，遗址在今河北高邑县西南。　[4] 濯（zhuó）: 洗。　[5] 曜（yào）: 明亮。　[6] 得江津: 得到长江水的滋润。　[7] 衷: 穿在里面。　[8] 迆逦（yǐ lǐ）:（绵矩）曲折的样子。　[9] 筌（quán）蹄: 筌为捕鱼竹器，蹄为捕兔网。

絮车（图 26）

构木作架，上控钩绳滑车[1]，下置煮茧汤瓮。絮者挈绳上转滑车[2]，下彻瓮内，钩茧出没灰汤，渐成絮段。《庄子》谓"洴澼絖"者[3]。疏云，洴，

在制絮泡茧过程中，碎的蚕丝纤维纠结在一起会粘成薄片，称为絮苦，最初"纸"的意思就是"絮一苦（片）"，所以制絮的过程应该启发了造纸的发明。

图 26　絮车

绵、絮都可充被褥或者衣服夹层，起到保暖作用。用绵矩扩充上等茧制绵，絮车离散次等茧（退茧）为絮。因为制絮过程会把蚕丝弄断，所以用上等茧会浪费，絮低绵一等。

浮也；澼，漂也；纩，絮也。古者纩、絮、绵一也，今以精者为绵，粗者为絮。因蚕家退茧造絮，故有此车煮之法。常民籍以御寒[4]，次于绵也。彼有捣茧为胎，谓之牵缡者[5]，较之车煮，工拙悬绝矣。

诗云：世有洴澼纩，架构以车名。下上轮绳滑，牵联瓮茧烹。济贫寒可御，售业价还轻。会遇不龟手[6]，百金为尔荣。

这个小砣就是纺轮。在发明纺车之前，都用纺轮纺线，几千年前即是如此。由于纺轮多是用陶做的，所以又称为"瓦"，古代生女儿称弄瓦之喜即是指此。

捻绵轴

制作小砣，或木或石，上插细轴，长可尺许。先用叉头挂绵[7]，左手执叉，右手引绵上轴悬之，捻作绵丝，就缠轴上，即为绸缕。闺妇室女用之，可代绩纺之工。

诗云：朵绵高执玉叉头，细作垂丝捻复收。待得功成付机杼，不知谁解衣去声新䌷[8]。

［注释］

[1] 钩绳滑车：滑轮上挂上钩子。　[2]"絮者掣绳上转滑车"四句：是说滑轮上的钩子钩住泡在瓮中的蚕茧，浸入水中，又提出水面，如此反复，使蚕茧渐渐离散成丝絮。　[3] 洴澼（píng pì）：漂洗（丝棉）。纩：音 kuàng，同纩。　[4] 籍：通"借"，凭借。　[5] 缡：音 lí。　[6] 龟（jūn）：通"皲"，皮肤因寒冷而干

裂。　[7]"先用叉头挂绵"至"即为绸缕"：是在讲捻绵的过程，先把需要捻线的原料（丝缕、棉花缕或麻缕）挂在细轴顶端的权头上，提起丝缕，即将细轴悬在空中，同时转动小砣，丝缕在轴的上面随着轴旋转捻合成线，然后顺势将线缠绕到细轴上，如此反复操作。　[8]䌷（chóu）：粗绸。

木绵叙

　　中国自桑土既蚕之后，惟以茧纩为务，殊不知木绵之为用。夫木绵产自海南，诸种艺制作之法骎骎北来[1]，江淮川蜀既获其利，至南北混一之后，商贩于此，服被渐广，名曰吉布，又曰绵布。考之《异物志》云[2]，木绵之为布，曰斑布，繁缛多巧者曰㲲[3]，次粗者曰文缛，又次粗者名曰乌驎[4]。其幅匹之制，特为长阔；茸密轻暖，可抵缯帛。又为毳服毯段[5]，足代本物。按裴渊《广州记》云[6]："蛮夷不蚕，采木绵为絮。"又《诸番杂志》云[7]，木绵，吉贝木所生，占城、阇婆诸国皆有之[8]。今已为中国珍货，但不自本土所产，不能足用。且比之桑蚕，无采养之劳，有必收之效；埒之枲苎[9]，免绩缉之工[10]，得御寒之益，可谓不麻而布，不茧而絮。虽曰南产，言其通用，则北方

这里的木绵即指今天的棉花，锦葵科灌木。还有一种木棉科木棉，也称为攀枝花，是一种高大乔木。这种木棉花的纤维比较短不能纺织，可用作绵絮等填充物。

这句话对棉花的优点做了高度的评价，也是棉花在明清时期迅速推广的重要原因。

多寒，或茧纩不足，而裘褐之费 [11]，此最省便。
夫种植之法，已载《谷谱》；制造之具，复列于此。
庶远近滋习，农务助桑麻之用，华夏兼蛮夷之利，
将自此始矣。

[注释]

[1] 骎骎（qīn qīn）：迅速。　[2]《异物志》：下文所称《南州异物志》，三国吴国万震撰，已亡佚。　[3] 缛（rù）：繁密的彩饰。　[4] 骥（lín）：良马。　[5] 毳（cuì）：鸟兽细毛，这里指用其加工制成的毛织品。　[6] 裴渊《广州记》：裴渊大概是南朝人，此书已亡佚。　[7]《诸番杂志》：不详何书，南宋赵汝适著有《诸蕃志》，已亡佚。　[8] 占城：古国名，在今越南中南部。阇（shé）婆：古国名，在今印度尼西亚爪哇岛或苏门答腊岛。　[9] 埒（liè）：等同。　[10] 绩缉：将麻搓成线。　[11] 裘：皮衣。褐：兽毛或者粗麻制成的衣服。

木绵搅车（图 27）

木绵初采，曝之，阴或焙干 [1]。《南州异物志》曰，班布，吉贝木所生。熟时状如鹅毳，细过丝绵。中有核如珠珣_{公后切} [2]，用之则治出其核。昔用辗轴，今用搅车，尤便。夫搅车用四木作框 [3]，上立二小柱，高约尺五，上以方木管之。

此是自动去除棉花籽的农具。

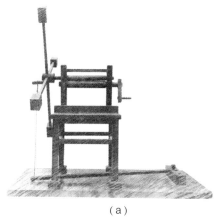

（a）

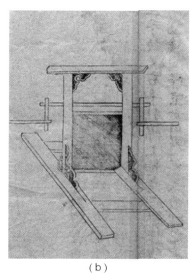

（b）

图 27　木绵搅车

立柱各通一轴，轴端俱作掉拐，轴末柱窍不透。
二人掉轴，一人喂上绵英，二轴相轧，则子落于内，
绵出于外。比用辗轴，工利数倍。今特图谱，使
民易效。凡木绵虽多，今用此法，即去子得绵，不致积滞。

诗云：二木相摩运两端，宛如造物没机关。霜绵山积珠论斗，只在思枢柄用间。

木绵弹弓 [4]

以竹为之，长可四尺许，上一截颇长而弯，下一截稍短而劲。控以绳弦，用弹绵英，如弹毡毛法。务使结者开，实者虚，假其功用，非弓不可。

即俗称弹棉花。

诗云：主射由来彀此弓 [5]，岂知弦法有他功。却将一掬香绵朵 [6]，弹作晴云满座中。

[注释]

[1] 焙（bèi）：用微火烘烤。　[2] 珠玽（gǒu）：玉石粒。　[3]"夫搅车用四木作框"至"绵出于外"：是说搅车是用方木框做底座，中间立两立柱，两柱头用木头连上封起来。立柱中间紧挨着设置两横轴，每轴装一摇柄，分别在左右。使用时，两人在左右反向转动摇柄，木轴相向转动，一人向两轴之间送棉花，由于棉花籽通不过两轴间细缝，就落在近端，因此棉花絮可以在被压扁后便输送到对面。这样就把棉籽从棉花中去除了。绵英，棉花。　[4] 弹：音 tán。　[5] 彀（gòu）：用力张弓。　[6] 掬（jū）：两手捧。

木绵卷筵徒丁切[1]

淮民用蜀黍梢茎[2]，取其长而滑。今他处多用无节竹条代之。其法：先将绵毳条于几上，以此筵卷而扞之，遂成绵筒。随手抽筵。每筒牵纺，易为匀细，皆卷筵之效也。

诗云：折得修筵卷毳茸，就凭莹滑脱圆筒。作绵匠具虽多巧，独有天然造物功。

木绵纺车

其制比麻苎纺车颇小。夫轮动弦转，莩繀随之。纺人左手握其绵筒，不过二三，续于莩繀，牵引渐长。右手均捻，俱成紧去声缕，就绕繀上。欲作线织[3]，置车在左，再将两繀绵丝合纺，可为线绵。《南州异物志》曰，吉贝木熟时，状如鹅毳，但纺不绩，在意外抽牵引[4]，无有断绝。此即纺车之用也。

用于纺线，功能与《织纴门》"纬车"同，都是大轮带动小轮（莩繀）缠绕纺线，可参看。

诗云：莩繀随轮共一弦，车头霜缕入周旋。已知单紧去声匀堪爱，更欲双联作线绵。

木绵总具

其法：自拨车、軖床绵纤既成[5]，用浆糊煮

与络车功能相反。

过，仍以木杖两端掣之。日晒，不时手搓，干湿
得所，络于篗上。而后经纬制度，一仿绸类；织
纴机杼，并与布同^[6]。

诗云：绵丝经络比绸工，织纴机张与布同。
既可为衣代绸布，便知器用两相通。

[注释]

[1] 筳：音 tíng。　[2] 薥（shǔ）黍：高粱。　[3] "欲作线织"
四句：是说纺棉线以备织布，需要两步，第一步先将绵筒两三条
通过纺车上的莩纗捻合纺成棉纱，第二步再把两纗棉纱继续纺成
一纗棉线。　[4] 在意：小心。　[5] 拨车、軖床：它们的功能是
一样的，就是将纺成的棉线络在軖架上，然后拆下便于后续打浆
糊。　[6] 布：这里与丝绸相对，指麻织成的布。

[点评]

此是《农器图谱》第十九集"纩絮门"，主要讲制作
绵絮和纺棉用具。制作绵絮的用具计有绵矩、捻绵轴、
絮车等，纺棉用具计有木绵搅车、木棉弹弓、木绵卷筳、
木绵纺车、木绵拨车、木绵軖床、木绵线架、木绵总具
等。在纺棉用具之前有一篇《木绵叙》，讲了棉花的由来。
此门一开始所讲绵絮与棉花无关，在使用棉花前，先民
利用蚕丝制成绵或絮，再用绵絮做被褥或者衣物的填充
物，既能保持轻便，也足够保暖，现在我们还有蚕丝被。
宋元以来，棉花传入中国且逐渐被广泛使用，并成为最

重要的填充纤维，其纤维很细，且易蓬松。另外，棉花
是性能优异的植物纤维，方便纺成棉线织布，所以后来
在中国渐渐取代了麻在纺织衣物方面的地位。至于蚕丝、
棉花、麻在纺织方面的用具，大多是相通的，只是纤维
种类不同，纺织原理是一样的。

集之二十

麻苧门

麻苧之有用具，南北不无异同，民俗岂能通变？如南人不解刈麻，北人不知治苧，及有沤浸审生熟之节 [1]，车纺分大小之工，凡绤绤绳绠 [2]，皆其所出。今并所附类，一一条列，庶使南北互相为法云。

沤乌侯切池

沤，浸渍也；池，犹泓也。《诗》云："东门之池 [3]，可以沤麻。"凡艺麻之乡，如无水处，

在棉花流行之前，麻类是重要纺织原料，主要有大麻和苧麻。苧麻南方多种植。大麻雌雄异株。雌株又称苴麻、荸麻，其籽实供食用，是古代的粮食作物之一。雄株为枲麻，其韧皮是古代重要的纺织原料。

则当掘地成池，或甃以砖石，蓄水于内，用作
沤所。《齐民要术》云："沤欲清水，生熟合宜。"
注说云："浊水则麻黑，水少则麻脆。生则难
剥[4]，太烂则不任[5]。"此沤法也。《氾胜之书》
曰："夏至后二十日沤枲，枲和如丝。"大凡北方
治麻，刈倒即蘖之，卧置池内。水要寒暖得宜，
麻亦生熟有节，须人体测得法，则麻皮洁白柔韧，
可绩细布。南方但连根拔麻，遇用则旋浸旋剥，
其麻片黄皮粗厚，不任细绩。虽南北习尚不同，
然北方随刈即沤于池，可为上法。

　　又《诗》云："东门之池[6]，可以沤苎。"以
此知苎亦可沤。问之南方造苎者，谓苎性本难软，
与沤麻不同，必先绩苎，已纺成绠[7]，乃用干石
灰拌和累日。夏天三日，冬天五日，春秋约中。既毕，
抖去，别用石灰煮熟[8]。待冷，于清水中濯净，
然后用芦帘平铺水面，如水远，则用大盆盛水，铺帘
或草，摊绠浸曝，每日换水亦可。摊绠于上，半浸半晒。
遇夜收起，沥干，次日如前。候绠极白，方可起
布。此治苎池沤之法，须假水浴日曝而成，北人
未之省也。今书之，冀南北通用。窃读《孟子》

今天看来，
《诗经》的一些诗
句依然充满生活
气息。

所谓"江汉以濯之 [9]，秋阳以暴之，皓皓乎不可尚已"，今沤苎虽曰小技，亦此理与?

诗曰：解变常麻作雪衣，《诗》云："麻衣如雪 [10]。"好将沤法教民知。若凭地利江南易，是处人家近水湄 [11]。

[注释]

[1] 审：考察，研究。　[2] 绤（chī）：细葛布。绤（xì）：粗葛布。　[3]"东门之池"二句：出自《诗经·陈风·东门之池》。　[4] 生：麻沤泡得不够。　[5] 太烂：麻沤泡得过度。任：担当。　[6]"东门之池"二句：出自《诗经·陈风·东门之池》。　[7] 纑（lú）：麻线。　[8] 石灰煮：用石灰水煮。　[9]"江汉以濯之"三句：出自《孟子·滕文公上》，是曾子的话，形容孔子的品格。　[10] 麻衣如雪：出自《诗经·曹风·蜉蝣》。　[11] 湄（méi）：河岸边，水草交接的地方。

苎刮刀

刮苎皮刃也。煅铁为之，长三寸许，卷成小槽，内插短柄。两刃向上，以钝为用。仰置手中，将所剥苎皮横覆刃上，以大指就按刮之，苎肤即蜕 [1]。《农桑辑要》云，苎刈倒时，用手剥下皮，以刀刮之，其浮皴七旬切自去 [2]。又曰，苎，剥取其皮，以竹刮其表，厚处自脱，得里如筋者，煮之用绩。今制为两刃铁刀，尤便于用。

诗云：刮苎由来要愈工，柄头双刃就为鎥。形模外若无他伎[3]，掌握中能效此工。卷去肤皴见精粹，退余梗涩得轻松。作麻已付荆钗绩[4]，更为珍藏用不穷。

大纺车（图28）

其制：长余二丈，阔约五尺。先造地栿木框，四角立柱，各高五尺，中穿横桄，上架枋木。其枋木两头山口[5]，卧受卷纑长軠铁轴。次于前地栿上[6]，立长木座，座上列臼，以承轣底铁簨。夫轣，用木车成筒子，长一尺二寸，围一尺二寸，计三十二枚，内受绩缠。轣上俱用杖头铁环，以拘轣轴。又于额枋前排置小铁叉[7]，分勒绩条，转上声上长軠。仍就左右别架车轮两座[8]，通络皮弦，下经列轣，上捯转軠旋鼓。或人或畜，转上声动左边大轮，弦随轮转，众机皆动，上下相应，缓急相宜，遂使绩条成紧去声，缠于軠上。昼夜纺绩百斤。或众家绩多，乃集于车下，秤绩分纑，不劳可毕。中原麻布之乡皆用之。今特图其制度，欲使他方之民视此机栝关楗，仿效成造，可为普利。

大纺车主要用来纺麻和捻丝，所以又称捻丝器。

也可以用水力，即《利用门》之"水转大纺车"。

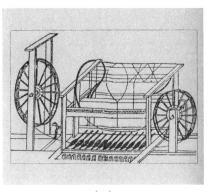

（a）

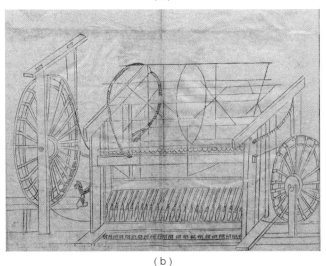

（b）

图28　大纺车

即捻丝器。

又新置丝线纺车，一如上法，但差小耳。比之露地桁架合线，特为省易，因附于此。

诗云：大小车轮共一弦，一轮才动各相牵。绩随众鑺方齐转_{上声}，纑上长軒却自缠。可代女工兼倍省，要供布缕未征前。画图中土规模在，更欲他方得共传。

［注释］

[1] 肤：皮。　[2] 皴（cūn）：物体表面的褶皱，这里指麻皮与麻筋之间的一层壳。　[3] 伎（jì）：技巧，才能。　[4] 荆钗：本义是荆枝制作的钗，这里指代贫家妇女。　[5]"其枋木两头山口"二句：是说在后面的横方木的两端搭起权口，其上架起大軠轮的铁轴，长軠轮实际上是一排小軠轮，用一铁轴贯穿。　[6]"次于前地树上"四句：是说在车座位置，嵌入一排纺锭，位于大軠轮下方，其轴与軠轴垂直，与軠轮平行。曰，小凹槽。籰（dàng），纺锭。　[7]"又于额枋前排置小铁叉"三句：是说在前面的横方木上面安装一排小铁叉，从纺锭（籰）上来的麻线穿过小铁叉，根据纺线的要求每若干根汇聚到一个小軠轮上。　[8]"仍就左右别架车轮两座"四句：是说整个大纺车由两边的立轮转动提供动力，两个立轮之间用皮弦连接，就像自行车链。下边的皮弦缠绕每个纺锭轴，带动纺锭上的丝麻加捻，而同时上边的皮弦带动长軠轮前的旋鼓转动，旋鼓带动长軠轮从纺锭上拉出丝麻纺成线。挼，挤压。

纩车

续麻枲想里切。枲俗写作麻纻[1]，《广韵》并无此字，今姑从俗。皴[2]，《广韵》作仄声。紧去声具也。造作簨虡[3]，簨，思尹切；虡，其举切。高二尺，上穿横轴，长可二尺余，贯以軠毂。左手引麻牵軠，既转，右手续接麻皮成紧去声，纵缠上軠。纻缕既盈，乃脱軠，付之绳车，或作别用。

诗云：形如绉直引切簜却轻便平声，麻缕牵来日万旋。料得絍成付它具，作绳功力已居先。

绳车（图29）

捻绳工具，以绖车所捻絍缕为原料捻绳。

绞合古沓切絍紧作绳也[4]。其车之制，先立簨虡一座，植木止之[5]。簨上加置横板一片，长可五尺，阔可四寸。横板中间，排凿八窍或六窍，各窍内置掉枝，或铁或木，皆弯如牛角。又作横木一茎[6]，列窍穿其掉枝。复别作一车，亦如上法。两车相对，约量远近，将所成絍紧去声，各结于两车掉枝之足。车首各一人[7]，将掉枝所穿横木俱各搅转，候絍股匀紧，却将三股或四股撮而为一，各结于掉枝一足，计成二绳。然后将另制瓜木[8]，置于所合入声絍紧之首，复搅其掉枝，使絍紧成绳，

图29　绳车

瓜木自行，绳尽乃止。凡农事中用绳颇多，故田家习制此具，遂列于《农谱》之内。

　　诗云：车头纮缕各牵连，纠索初因匠手传。一紧_{去声}续来通似脉，两端相掣直如弦。机凭橐掉供旋转，股入行瓜作紧圆。资尔屈伸功用毕，莫将良器等忘筌。

南方农家用绳以稻草绳为主，偶尔也用麻绳和棕绳。

［注释］

[1]紕（bì）：麻纤维。　[2]紴：音bì。　[3]"造作簨虡"至"纵缠上軠"：是说在高二尺的簨虡架子上装上长二尺有余的横轴，轴上套軠轮，軠轮一侧有摇柄。操作起来一边将一段麻纤维缠上軠轮，一边转动軠轮，到一段结束处续接另一段继续缠绕，最终轮上缠绕着长的纮缕，为捻绳做好准备。簨虡，古代悬挂钟磬鼓的木架，这里指形如簨虡有底边横框且两侧立柱的架子。　[4]纮紧：上文纮缕。　[5]植木止之：用立木将簨虡固定住，因为结绳时两边要纠合拉紧。　[6]"又作横木一茎"二句：是说横木穿孔套住一排摇柄（掉枝），这样摇动横木就可以同步控制一排摇柄。　[7]"车首各一人"至"计成二绳"：是说绳车可以同时绕捻两根绳子，方法是车首各一人，将穿有曲柄摇杆的横木搅转，待各股纮缕受力均匀时，将一面绳车的每三至四根纮缕，分别系在另一面的绳车的一个摇柄上，这样就会把多根纮缕绕捻成两根绳子。　[8]"然后将另制瓜木"至"绳尽乃止"：是说绕捻汇聚的关键是通过一个瓜木，即瓜形状的木砣：瓜木的宽底一侧有三四个槽口，三四个槽沟沿瓜身汇聚到瓜木尖顶处合一。在绕捻时，在汇聚侧绳车摇柄纮缕处装上瓜木，嵌入三四股通过瓜木汇聚至一根，两边绳车摇柄按顺逆时针相反方向转动，瓜木会随着绕捻，

自动向分散侧绳车移动，逐渐将全部纴缕汇聚成一根绳。

[点评]

　　此是《农器图谱》第二十集"麻苎门"，主要讲制麻、纺麻和麻制用具。制麻用具有刈刀（割麻）、沤池、苎刮刀、绩篝（qióng 装麻）；纺麻用具有小纺车、大纺车、蟠车（络麻线）、刷（麻布上浆）、布机；与麻制用具相关的有旋椎（旋紧麻纴）、经车、绳车、纫车（络绳）、耕索（牵牛绳）、呼鞭（赶牛）、牛衣等。在宋元棉花广泛使用之前，先民利用的主要植物纤维是麻，搓麻成线叫作绩麻，如南宋诗人范成大《四时田园杂兴》中的一首诗有句："昼出耘田夜绩麻，村庄儿女各当家。"由于蚕丝织成的绸缎比较贵，一般老百姓都穿麻织成的布，称为布衣。由苎麻纤维纺织成的布被称为"夏布"，是江西、湖南等地的特产。棉花传入后纺织成棉布也被称为布，且继承了麻布的地位。我们现在夏天也会穿麻织的衣服，因其透气性比较好，凉快，不过常用的还是亚麻。麻虽为一种低廉的植物纤维，但其特点是坚韧耐磨，所以常用来捻成绳子，且用途较多样，比如牵牛的绳子、赶牛的鞭子、井绳等。麻也被用来编织麻鞋之类，如唐代大诗人杜甫《述怀》中的诗句："麻鞋见天子，衣袖露两肘。"实际上织纴门、纩絮门、麻苎门分别讲述了蚕丝、棉花、麻的应用。在日常生活中，鸟兽的毳毛也是重要的纺织材料，尤其是羊毛，兽皮还可以做裘衣，这些在早期畜牧文明中都有被广泛使用的记载，中国农耕文明的特点是畜牧业不发达，所以在农书中对兽毛的利用也较少被提及。

造活字印书法

伏羲氏画卦造契[1]，以代结绳之政，而文籍生焉。注云，书字于木，刻其侧以为契，各持其一，以相考合。黄帝时，仓颉视鸟迹以为篆文[2]，即古文科斗书也[3]。周宣王时，史籀变科斗而为大篆[4]。秦李斯损益之而为小篆[5]，程邈省篆而为隶[6]。由隶而楷[7]，由楷而草，则又汉魏间诸贤变体之作。此书法之大概也。或书之竹，谓之竹简；或书于缣帛[8]，谓之帛书。厥后文籍浸广[9]，缣贵而简重，不便于用，又为之纸[10]，故字从巾。案，《前汉·皇后纪》已有赫蹏纸[11]。至后汉，蔡伦以木肤、麻头、敝布、鱼网造纸，称为蔡伦纸。而文集资之以为卷轴，取其易于卷舒，目之曰卷。然皆写本，学者艰于传录，故人以藏书为贵。五代唐明宗长兴二年，宰相冯道、李愚请令判国子监田敏校正九经[12]，刻板印卖，朝廷从之。镂梓之法[13]，其本此。因是天下书籍遂广。

然而板木工匠，所费甚多，至有一书字板，功力不及，数载难成。虽有可传之书，人皆惮其工费，不能印造传播后世。有人别生巧技，以铁

概述汉字字体演变史。

从考古发现来看，至迟在西汉初年就有植物纤维纸出现，所以蔡伦应该不是纸的发明者，而是工艺的改进者，用树皮和废弃麻绳、破布造纸，大大降低了造纸的成本。

主要是刻板花费比较大。

中国最早的活字印刷记载在沈括《梦溪笔谈》中，即："有布衣毕昇，又为活版。"使用的是泥活字。

这实际上是活字陶版了。

为印盔界行[14]，内用稀沥青浇满，冷定，取平，火上再行煨化[15]，以烧熟瓦字排于行内[16]，作活字印板。为其不便，又有以泥为盔界行，内用薄泥，将烧熟瓦字排之，再入窑内烧为一段，亦可为活字板印之。近世又有注锡作字，以铁条贯之作行，嵌于盔内界行印书。但上项字样难于使墨[17]，率多印坏，所以不能久行。

今又有巧便之法：造板木作印盔，削竹片为行。雕板木为字，用小细锯镂开[18]，各作一字，用小刀四面修之，比试大小高低一同。然后排字作行，削成竹片夹之。盔字既满，用木榍榍_{先结}切之[19]，使坚牢，字皆不动，然后用墨刷印之。

[**注释**]

[1] 卦：八卦。契：文书。　[2] 仓颉：传说黄帝时的大臣，发明了文字。　[3] 古文科斗书：西汉时发现了一些秦焚书时藏在墙壁中的古书，上面的文字很难识读，被误以为是上古时期的文字。近代学者王国维已指出其实就是六国文字，由于秦统一文字后，到了汉代这些文字就很难识读了。科斗，即蝌蚪，文字像蝌蚪，故名。　[4] 史籀（zhòu）：周宣王太史作《史籀篇》，为中国最早的字书，所记为小篆之前的字体。　[5] 李斯：秦始皇时期丞相，是统一文字的建议者，主持规范秦国文字为"小篆"之事。　[6] 程邈：秦始皇时期小吏，相传他改革小篆为隶书，隶书

在秦代是基层官吏为书写简便而产生的一种小篆的简体。 [7]"由隶而楷"二句：实际上草书早于楷书出现，草书是隶书之草，不是楷书之草，楷书出现最晚，应在魏晋时期。 [8]缣（jiān）：双丝织成的细绢。 [9]浸：渐渐。 [10]"又为之纸"二句：是说纸最早是丝絮薄片，所以以"糸（巾）"为部首。 [11]赫蹄纸：丝絮薄片，最早用于包装物品，不用于写字。 [12]冯道、李愚：五代后唐大臣。国子监：隋代以来全国最高教育机关兼最高学府。田敏：五代后唐大臣。 [13]锓梓（qǐn zǐ）：刻板印书，刻板多用梓木，故称。 [14]盆：盘盂一类的器皿，这里指四边有板的平槽。 [15]煨（wēi）：慢火加热。 [16]瓦字：泥活字。 [17]上项：以上各项。 [18]锼（sōu）：刻镂，这里指用锯锯开。 [19]楔（xiè）：同"楔（xiē）"，填充器物的空隙使其牢固的木橛、木片等。

写韵刻字法

先照监韵内可用字数[1]，分为上下平、上、去、入五声，各分韵头校勘字样[2]，抄写完备。择能书人取活字样制大小[3]，写出各门字样，糊于板上，命工刊刻。稍留界路，以凭锯截。又有如助辞"之""乎""者""也"字及数目字，并寻常可用字样，各分为一门，多刻字数，约有三万余字。写毕，一如前法。今载立号监韵活字板式于后[4]，其余五声韵字，俱要仿此。

这些常用字排版时一版可能有多个，需要多准备。

此后附有平声一东、二冬、三钟、四江、五支五个韵的字，今省略。

锼字修字法

将刻讫板木上字样，用细齿小锯每字四方锼下，盛于筐筥器内。每字令人用小裁刀修理齐整。先立准则，于准则内试大小高低一同，然后另贮别器。

作盔嵌字法

于元写监韵各门字数嵌于木盔内^[5]，用竹片行行夹住。摆满，用木楔轻楔之，排于轮上。依前分作五声，用大字标记。

使刻字一面都向上整齐排列，便于取字。

[注释]

[1] 监（jiàn）韵：指国子监颁布的韵书。韵书是古代字书的一种，以音序排列，但与今天不同，是按照韵母的顺序排列。唐宋时国家颁布韵书，是为了规范科举诗文写作的押韵。元明之前古音的声调分平上（shǎng）去入四个声调，由于平声字多，所以韵书多分为上平、下平两个部分。　[2] 韵头：一个韵的代表字，一般称韵目。　[3] 能书人：善于书写的人。　[4] 立：站立着。号：做标记，这里指每个韵盔槽都标有数字编号和韵头。　[5] 元：原来。木盔：装活字的轮盘分成若干扇形槽，用来装每个韵的字。

造轮法（图 30）

用轻木造为大轮，其轮盘径可七尺，轮轴高可三尺许。用大木砧凿窍，上作横架，中贯轮轴，下有钻臼[1]，立转轮盘，以圆竹笆铺之[2]，上置活字板面，各依号数，上下相次铺摆[3]。凡置轮两面，一轮置监韵板面，一轮置杂字板面[4]。一人中坐，左右俱可推转摘字。盖以人寻字则难，以字就人则易，此转轮之法不劳力而坐致。字数取讫[5]，又可补还韵内，两得便也。今图轮像、监韵板面于后。

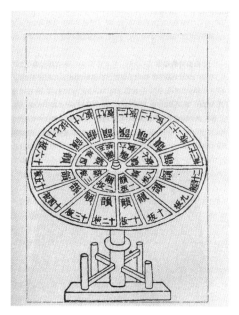

图 30　造字转轮图

取字法

将元写监韵另写一册，编成字号，每面各行各字俱计号数，与轮上门类相同。一人执韵依号数喝字，一人于轮上元布轮字板内取摘字只[6]，嵌于所印书板盔内。如有字韵内别无，随手令刊匠添补，疾得完备。

作盔安字刷印法

用平直干板一片，量书面大小，四围作栏。右边空[7]，候摆满盔面，右边安置界栏，以木楬楬之。界行内字样须要个个修理平正。先用刀削下诸样小竹片，以别器盛贮。如有低邪[8]，随字形衬垫_{徒念切}楬之[9]，至字体平稳，然后刷印之。又以棕刷顺界行竖直刷之[10]，不可横刷。印纸亦用棕刷顺界行刷之。此用活字板之定法也。

前任宣州旌德县尹时，方撰《农书》，因其字数甚多，难于刊印，故尚己意，命匠创活字。二年而工毕，试印本县志书，约计六万余字，不一月而百部齐成，一如刊板，使知其可用。后二年，予迁任信州永丰县，挈而之官。是《农书》方成，欲以活字嵌印。今知江西见行命工刊板，故且收贮，以待别用。然古今此法未有所传，故编录于此，以待世之好事者，为印书省便之法，传于永久。本为《农书》而作，因附于后。

这是文献记载的第一部木活字印刷的典籍，可惜这部王祯造木活字自印的《旌德县志》今已不传。

[**注释**]

[1] 钻臼：臼装凹槽，承接立轴，轴可在臼内旋转。　[2] 圆竹笆：圆竹席。　[3] 上下相次：轮面分两层，内层为中心小圆，外层为其外环状。　[4] 杂字：上文提到的"之乎者也"等常用字。　[5]"字数取讫"三句：是说活字一版印完后，将所取活字放回原来的韵盔内。　[6] 字只：单字。　[7]"右边空"四句：是说排字时从左到右，每一列排好后右侧安上竹片界栏，栏内用木楔固定住所排字。[8] 邪：不正。[9] 簟（diàn）：通"垫"。[10] 棕刷：棕皮做的刷子。

[**点评**]

这篇《造活字印书法》附于《农器图谱》之后，是记载中国活字印刷术的重要文献。众所周知，中国是印刷术的故乡，印刷术是"中国四大发明"之一。如果进一步分解，印刷术又分为雕版和活字印刷术两种，雕版印刷起源于唐代，在中国广泛用于印刷典籍，一直到近代被西方传入的铅字印刷技术和影印技术取代。活字印刷术的记载最早见于北宋沈括的《梦溪笔谈》，发明者为布衣毕昇，当时使用的是泥活字。而王祯《造活字印书法》是第二篇记载活字印刷术的重要文献，该书不但记述了创制木活字印书的全过程，还提到了金属锡活字。活字印刷的难点在于保持字面平整，多次刷版后字模不倾斜、不凸凹。这里除提到用泥或沥青底固定字模外，还介绍了用铁条贯穿字模固定的方法，以及泥底嵌入泥活字再烧制的固定方法。不过如果再烧制，泥活字拆开的时候恐怕就要破损。王祯还详细地讲述了做木轮按韵排字的方法，这是活字印刷的关键步骤，不过他的方法对排字工的识字水平要求很高，在王祯家庭内部或可实行，但在书坊未必可行。当然，书坊很可能不是按韵排字的，而是根据部首排字，但是对排字工分辨字的能力还是要求较高。因为雕版的刻工可以完全不识字，只是按照贴在雕版上的写样雕刻即可，和雕刻图画区别不大。

活字印刷技术最终没有在中国流行，最重要的原因还是书版刷印后即被拆解，不能被长期保留。而雕版虽然初期投入较大，但可以长期保存，需要刷印的时候取出按需印若干部即可，非常方便，后期刷印成本不高。由于中国人口众多，书籍需求量大，所以雕版印刷始终占据统治地位，有的雕版甚至不断修版刷印两三百年。而邻国朝鲜由于人口较少，书籍的需求量不像中国那么大，利用活字尤其是金属活字印书就方便很多，不会像雕版印刷那样初期投入很大，日本则在刻印的同时一直保持大量抄写复制的传统。中国传统活字印刷大规模应用的实例有清代铜活字印《古今图书集成》和木活字印《武英殿聚珍版丛书》。在中国有用木活字刻印家谱的传统，因为家谱每次印量不大，并且每隔一段时间就要修订，所以用活字印刷比较方便。此外，西方都以德国金银匠谷登堡发明金属活字印刷机为印刷革命的开始，在活字印刷的方法上与中国活字印刷术是完全一致的。不过西方从一开始就使用耐磨的铅活字，采用机械印刷，效率大大提高，是近代铅字印刷的鼻祖。

《农器图谱》附录还有一篇《法制长生屋》，讲述木结构房屋用灰泥涂抹防潮防火，今省略。

谷 谱

集之一

百谷序引

　　尝谓上古之时，人食鸟兽血肉以为食。至神农氏作，始尝草别谷，而后生民粒食赖焉。《物理论》曰，百谷者，三谷各二十种，为六十种，蔬、果各二十种，共为百谷。注云，梁者，黍稷之总名；稻者，溉种之总名；菽者，众豆之总名。三谷各二十种，为六十。蔬、果之类，所以助谷之不及也。夫蔬熟平时可以助食，俭岁可以救饥。其果实熟则可食，干则可脯，丰歉皆可充饥。古人所谓"木奴千，无凶年"，非虚语也。虽曰种各有二十，殆难枚举，今故总为编录。其陂泽之产，园野之材，与夫杂物品类，上以助百谷之阙，下以补诸物之遗，条列而详具之，庶几览者择取而备用焉。

谷属

水稻

稻之名不一，随人所呼，不必缕数[1]。稻有粳秫之别，粳性疏而可炊饭，秫性粘而可酿酒。然非水则无以生，故种艺之法，宜选上流出水，便其性也。《春秋说题辞》曰[2]："稻之为言，藉也[3]。稻舍水[4]，盛其德也。稻，太阴精[5]，含水渐洳[6]，乃能化也。"《淮南子》亦曰："江水肥而宜稻。"南方下土涂泥，皆宜水种。治稻者，蓄陂塘以潴之，置堤闸以止之。故周官制典，稻人掌稻下地，以潴蓄水，以防止水。

《齐民要术》云，三月种者为上时，四月上旬种者为中时，中旬为下时。先放水，十日后，

木奴本指柑橘，后泛指有经济效益的树木，参见《农桑通诀·种植篇》及《谷谱》"柑橘"条。

一般而言，黏性较小的称为籼米，有黏性的称为粳米，糯米则更黏，是另外的品种。

曳礰礋十遍[7]。地既熟，净淘种子，渍经三宿，漉出，内草篅中裹[8]。牙长二分[9]，一亩三升种之。苗长，陈草复起，以镰侵水芟之。稻苗渐长，复须薅之。薅讫，去水，曝根令坚强。量时水旱而溉之。

又有作为畦埂，耕杷既熟，放水匀停，掷种于内。候苗生五六寸，拔而秧之。今江南皆用此法。苗高七八寸则耘之。爪耘、爬耘见《农器谱》。耘毕，放水烯之[10]。欲秀，复用水浸之。苗既长茂，复事薅拔，以去稂莠。薅马见《农器谱》。农家收获，尤当及时。江南上雨下水，收稻必用乔扦、筤架，乃不遗失。乔扦、筤架见《农器谱》。盖刈早则米青而不坚，刈晚则零落而损收，又恐为风雨损坏，此九月筑场，十月纳稼，工夫次第，不可失也。

大抵稻，谷之美种。江淮以南，直彻海外，皆宜此稼。舂而为米，洁白可爱；炊为饭食，尤为香美。孔子云："食夫稻，衣夫锦。"盖食之于稻，衣之于锦，无以加也。故生民蓄积而御饥，国家馈运而济乏，诚谷中之上品，世间之珍藏也。

烯田，又称作烤田，主要是通过防水曝晒对水稻的生长进行调控。

[注释]

[1]缕：逐条地，细致地。　[2]《春秋说题辞》：纬书，春秋纬之一种。　[3]藉：借（水而生）。　[4]稻舍水：稻需要停留蓄水。　[5]太阴：这里指水。　[6]洳（rù）：潮湿。　[7]碌碡：这里指礰礋，形制与碌碡同，外身有齿，用于水田耙劳。　[8]内：通"纳"。篅（chuán）：这里指圆形筐。裛（yì）：通"浥"，这里指保持潮湿。　[9]牙：通"芽"。　[10]熇（kào）：晒干。

[点评]

《谷谱》十一集分为七类：谷属、蓏属、蔬属、果属、竹木、杂类和饮食类。其中谷是主粮，蓏是瓜、块茎和根类蔬果，蔬是叶类蔬菜，果是果树，竹木主要是木材，杂类则相当于其他。饮食类现存只有一篇《备荒论》。应该指出的是《谷谱》基本上以《农桑辑要》为蓝本，所列条目除荔枝、龙眼极少数几个条目外，都不超出后者范围，还缺少白杨、槐、椒、地黄、菊花、苍术、黄精、百合、甘蔗等条目。所以相较《农书》的其他两个部分，《谷谱》创见最少，成就不高。

谷属有粟、水稻、旱稻、大小麦附青稞、黍、穄、粱、大豆、小豆、豌豆、荞麦、蜀黍、胡麻（芝麻）、麻子（大麻子）、附苏子（白苏子）等。其中粟，实际上和秫是一类，即不黏和黏的小米，粟是总称，粱特指品质优良的小米；同样黍、穄也是一类，指黏与不黏的黄米，黍是总称。这两种作物都原产于中国北方，在内蒙古赤峰敖汉旗兴隆沟遗址发现了距今8000年左右的炭化粟。粟唐代以前一直是中国北方地区的主要粮食作物，其后才被小麦逐步取代，小麦原产于西亚地区，在中国广泛传播得益于灌溉技术的提高和硙磨等磨面工具的普遍使用，最初小麦的食用方法是做成类似米饭的麦饭，不太受欢迎。大豆是"舌尖上的中国"不可或缺的食材，比如各类豆腐，还有酱油等调味品。事实上，大豆是由中华先民驯化栽培的，在古代是五谷之一。"菽"起初因为易于种植能够保证收成而广泛栽培，后来主要作为副食，渐渐淡出了主食的行列。在中国的农业社会中，肉食比较昂贵，除了蛋类，一般百姓获取蛋白质主要依靠豆类尤其是大豆。它富含优良的植物蛋白，还可以用来榨油。实际上芝麻、大麻子和白苏子后世主要作为油料作物，可能放到杂类比较合适。芝麻是西汉张骞凿空西域带回来的作物，所以称为胡麻。玉米（玉蜀黍）原产于美洲，要等到哥伦布发现新大陆以后的明代才传到中国。

　　这里选取了"水稻"作为谷属的代表。水稻栽培可以上溯到 1 万多年前，其中江西省万年县仙人洞遗址和吊桶环遗址中就发现了距今约 1.2 万年的稻作遗存，"万年"这一地名称呼的巧合似乎也正在诉说着古老的稻作文明传统。人类进入 20 世纪，杂交水稻成为美国唯一一项从中国引进的技术，古老文明焕发新貌。水稻现雄居世界三大主粮之首，养活了全球半数以上的人口。2004 年，联合国设立"国际稻米年"，主题为"稻米就是生命"，这是联合国历史上第一次为某种农作物做出这样的安排，可见水稻的重要性。

集之三

蓏属

西瓜

种出西域，故名西瓜。一说契丹破回纥[1]，得此种归，以牛粪覆棚而种。味甘。北方种者甚多，以供岁计。其南方江淮、闽浙间亦效种，比北方者差小，味颇减尔。

种同前瓜法，区行差稀。多种者，垡头上漫掷，劳平。苗出之后，根下拥作土盆。欲瓜大者，步留一科[2]，科止留一瓜，余蔓花皆掐去，则实大如三斗栲栳矣^[3]。

味寒，解酒毒。其子曝干取仁，瀹茶亦得^[4]。有云头者最佳，故古人有"一片冷沉潭底月，六弯斜卷陇头云"之句^[5]。其宿酲未解^[6]，病暍未苏^[7]，得此而食，世俗所谓醍醐灌顶^[8]，甘露洒心，正谓此也。

煮茶，以西瓜子作为佐食。

[**注释**]

[1] 契丹：辽国建立之前称契丹。回纥（hé）：又称回鹘（hú），为唐时少数民族政权。 [2] 一科：一棵。 [3] 栲栳（kǎo lǎo）：用柳条、竹子等编成的容器，底为半球形，又称笆斗。 [4] 瀹（yuè）：煮。 [5] "一片冷沉潭底月，六弯斜卷陇头云"：出自金代王予可《咏西瓜》。头云，皮上有云头纹的。 [6] 酲（chéng）：酒醉不醒。 [7] 暍（yē）：中暑。 [8] 醍醐（tí hú）灌顶：用纯酥油浇到头上。佛教比喻使人彻底觉悟，也形容清凉舒适。醍醐，酥酪上凝聚的油。

[**点评**]

蓏属有甜瓜附黄瓜、西瓜、冬瓜、瓠（葫芦）、芋、蔓菁、萝卜、茄子、姜、莲藕、芡（qiàn）、芰（jì，菱角）等。蓏的本义是草本植物的果实，但这里显然既有果实，如黄瓜、西瓜、冬瓜、瓠、茄子、芰；又有茎，如芋、姜、莲藕；还有根，如蔓菁、萝卜；以及种子，如芡。《齐民要术》中未收西瓜，是因为西瓜唐代初年传入中国新疆地区，五代之后才传入中国内地。除了史前传入中国的小麦等作物，张骞通西域后，汉唐以来通过丝绸之路不断有外来物种传入。哥伦布发现新大陆以后，也打开了美洲这个作物的宝藏，众多原产美洲的物种风靡世界，如玉米、马铃薯、番薯、花生、向日葵、番茄、南瓜、西葫芦、辣椒、可可和烟草等。这些作物从明代以来通过各种路径传入中国，比如辣椒就在中国菜中发扬光大，成为中国菜离不开的调味品。一般来说汉唐时传入的物种多称"胡"，如胡瓜（黄瓜）、胡麻、胡桃（核桃）、胡萝卜、胡荽（芫荽）、胡椒、胡蒜（大蒜）等，明代传入的多称"番"，如番薯、番茄、番瓜（南瓜）、番梨（菠萝）等，清朝末年传入的多称"洋"，如洋葱、洋白菜等。

集之五

蔬属

菠薐[1]

菠薐，茎微紫，叶圆而长，下多花阙[2]。《刘禹锡嘉话录》云[3]，菠薐本西国中种，自颇陵国将其子来[4]，今呼其名，语颇讹耳。

《农桑辑要》云："菠薐作畦下种，如萝卜法。春正月、二月皆可种，逐旋食用。"秋社后二十日种，于畦下以干马粪培之，以备霜雪[5]。十月内，以水沃之，以备冬食。又宜以香油炒食，尤

即菠菜。

美。春月出薹[6]，嫩而又佳。至春暮茎叶老时，用沸汤掠过，晒干，以备园枯时食用，甚佳。实四时可用之菜也。

[**注释**]

[1] 薐：音 léng。　[2] 下多花闕：叶连茎的部分有牙齿状裂片。　[3]《刘禹锡嘉话录》:《刘宾客嘉话录》，作者是唐代韦绚。刘禹锡为中唐政治家、文学家，因曾任太子宾客，所以称刘宾客。　[4] 颇陵国：一说是波斯即今伊朗；一说是尼泊尔。将其子：携带它的种子。　[5] 备：防备。　[6] 薹（tái）: 植物花茎。

[**点评**]

蔬属有葵（冬苋菜）、芥（芥菜）、芸薹芥子（一种油菜）、菌子（蘑菇）、蒜、薤（xiè，藠 jiào 头）、葱、韭、胡荽（香菜）、菠薐、莴苣、茼蒿、人苋（苋菜）、蓝菜（芥蓝）、菾菝（jūn dá，叶用甜菜）、兰香（罗勒）、荏（rěn，白苏）、蓼（liǎo）、芹（水芹）、蕖（qú，苦荬 mǎi 菜）、甘露子（草石蚕）等。《齐民要术》中未收菠薐菜，《唐会要》记载唐太宗时尼波罗国（今尼泊尔）献波薐菜，菠薐又称波斯菜，原产于波斯，但菠薐名称的来源还不能确定。

集之八

果属

橘柑附

橘生南山川谷^[1]，及江浙、荆襄皆有之。木高可丈许，刺出于茎间。夏初生白花，至冬实黄。禹贡曰"厥包橘柚，锡贡"，注云"大曰柚，小曰橘"。然自是两种。郭璞云："柚似橙而大于橘。"北地无此种，故橘逾淮而成枳^[2]，地气使然也。橘有数种：有绿橘，有红橘，有蜜橘，有金橘，而洞庭橘为胜，今充土贡。

只是北方气候不适合柑橘生长，但不会变成枳。

种植之法：种子及栽皆可，以枳树截接或掇栽，尤易成。但惟宜于肥地种之。冬收实后，须以火粪培壅，则明年花实俱茂。干旱时以米泔灌溉，则实不损落。惟皮与核堪入药用，皮之陈者最良。又宜作食料。其肉味甘酸，食之多痰，不益人。以蜜煎之为煎则佳[3]。《食货志》云[4]："蜀、汉、江陵千树橘，其人与千户侯等。"夫橘，南方之珍果，味则可口，皮核愈疾，近升盘俎，远备方物。而种植之，获利又倍焉，其利世益人，故非可与它果同日语也。

柑，甘也，橘之甘者也。茎叶无异于橘，但无刺为异耳。种植与橘同法。生江汉、唐邓间[5]，而泥山者名乳柑[6]，地不弥一里所[7]，其柑大倍常，皮薄味珍，脉不粘瓣，食不留滓，一颗之核才一二，间有全无者。然又有生枝柑，有䣭柑，有海红柑，有衢柑[8]，虽品不同，而温台之柑最良[9]，岁充土贡焉。江浙之间种之甚广，利亦殊博。昔李衡于武陵龙阳洲上种柑千树，谓其子曰："吾州里有千头木奴，不责汝衣食，岁上一匹绢，亦足用矣。"及柑成，岁输绢数千匹。故

橘皮入药，即陈皮。

与千户侯一样富裕。

柑与橘的区别不只在于有刺无刺，其枝叶、花、果实、种子、耐寒性等方面都有较大的差异。

也见于《农桑通诀·种植篇》。

史游《急就篇》注云[10]："木奴千，无凶年。"盖言可以市易谷帛也。柑之大者，擘破气如霜雾。故老杜云"破柑霜落爪"是也[11]。庾肩吾云："王逸为赋[12]，取对荔枝；张衡制辞，用连石蜜。足使萍实非甜，蒲萄犹饏。"其贵重如此。

即杜甫。

[注释]

[1]南山：终南山。 [2]枳（zhǐ）：枸橘，果实黄绿色，味酸不可食。 [3]煎（jiàn）：用蜜或糖浸渍的果品。 [4]《食货志》：应出自《货殖列传》，《史记》《汉书》皆载。 [5]唐邓：唐州、邓州，在今河南南部。 [6]泥山：今温州苍南县宜山镇古称泥山。 [7]弥：满。 [8]衢：音qú。 [9]温台：温州、台州，今温州、台州一带。 [10]史游《急就篇》：西汉史游撰字书。但这句话应该出自谚语。 [11]破柑霜落爪：出自杜甫《孟冬》。 [12]"王逸为赋"至"蒲萄犹饏（yuàn）"：出自庾肩吾《谢湘东王赉（lài）甘启》。庾肩吾，南朝梁文学家。东汉王逸曾作《荔枝赋》，张衡《七辨》有"荔支黄甘，寒梨干榛。沙饧石蜜，远国储珍"。将柑橘和石蜜比较。石蜜，用甘蔗炼成的糖，一说为野蜂在岩石间所酿的蜜。萍实，比喻甘美的水果。蒲萄，葡萄。饏，厌腻。

[点评]

果属有梨、桃、李、梅、杏、柰（nài，绵苹果）、林檎（qín，沙果）、枣、栗附榛、桑椹、柿、荔枝、龙眼、橄榄附余甘子、石榴、木瓜、银杏、橘附柑、橙、楂等，既有水果，又有干果。柑橘类水果包括橙，原产于中国，目前是世界产量最大的水果，产量占水果总产量的五分之一，巴西是最大柑橘类水果生产国，中国位居第二。橙汁是最流行的果汁，我们还用橙色来命名七色光谱中的一种颜色。

集之九

竹木

竹笋附

种竹宜高平之地，近山阜尤是所宜，下田得水即死。黄白软土为良。正月、二月中，劚取西南引根并茎[1]，芟去叶，于园内东北角种之，令坑深二尺许，覆土厚五寸。竹性爱向西南引，故于园东北角种之。数岁之后，自当满园。谚云"东家种竹，西家治地"，为滋蔓而来生也。其居东北角者，老竹，种不生，生亦不能滋茂，故须取其西南引少根也。稻、麦糠粪之，二糠各自堪粪，不令和杂。不用水浇，浇则淹死。勿令六畜入园。三月食淡竹笋，四月、五月食苦竹笋。其欲作器者，经年乃堪杀。未经年者，软未成也。

应无科学道理。

移竹多用辰日，又用腊月，非此时移栽则不活。惟五月十三日谓之竹醉日，又谓之竹迷日，栽竹则茂盛。种竹宜去梢叶，作稀泥于坑中，下竹栽，以土覆之，杵筑定，勿令脚踏。土厚五寸。竹忌手把，及洗手面脂水浇着即枯死。

月庵种竹法：深阔掘沟，以干马粪和细泥，填高一尺。无马粪，砻糠亦得，夏月稀，冬月稠。然后种竹。须三四茎作一丛，亦须土松浅种，不可增土于株上。泥若用镢打实，则笋不生。

怕打断竹秆和竹鞭之间的连接处。

《梦溪》云[2]，种竹，但林外取向阳者，向北而栽，盖根无不向南。必用雨下，遇火日及有西风则不可。花木亦然。谚云：“栽竹莫时[3]，雨下便移。多留宿土，记取南枝。”

竹子其实是雌雄同株。

《志林》云[4]，竹有雌雄。雌者多笋，故种竹常择雌者。物不逃于阴阳，可不信哉？凡欲识雌雄，当自根上第一枝观之，有双枝者乃为雌竹，独枝者为雄竹。若竹有花，辄槁死。花结实如稗，谓之竹米。一竿如此，久之则举林皆然。其治之之法：于初米时，择一竿稍大者，截去近根三尺许，通其节，以粪实之则止。

《锁碎录》云[5]，引竹法：隔篱埋狸或猫于墙下[6]，明年笋自迸出。竹以三伏内及腊月中斫者不蛀，一云用血忌日[7]。

引邻居家竹子长到自己家院子中，有偷竹之嫌。

笋，陆佃云[8]："字从勹从日。包之日为笋，解之日为竹。"又曰："字从竹从旬。旬内为笋，旬外为竹也。"

繁体"筍"为形声字，旬为声旁，陆佃的解释望文生义，没什么道理。

采笋之法：视其丛中斜密者，芟取之。竹鞭方行处不宜采，采则竹不繁。采时可避露，日出后掘深土取之，半折取鞭根，旋得投密器中，以油单覆之。勿令见风，风吹则坚。

笋味甘美，有毒，惟香油与姜能杀其毒。煮宜久熟，生则损人。然食品之中，最为珍贵。故《礼》云"加豆之实[9]，笋菹、鱼醢"，《诗》云"其蔌伊何[10]？维笋及蒲"，盖贵之也。

[注释]

[1] 劚（zhǔ）取西南引根并茎：竹鞭是指竹子细长的地下茎，横走于地下，竹鞭上有节。节上生根，称为鞭根。节的侧面生

芽，有的发育成笋，有的发育为新鞭。竹鞭向阳向土壤松软处生长。文中以竹鞭从东北向西南生长，则过一段时间，东北的老竹需要用西南的新竹移栽替换。这里的根指地下竹鞭，茎为地上竹竿，一起移栽，不能折断。　[2]《梦溪》：北宋沈括《梦溪忘怀录》，已亡佚。　[3] 莫时：没有特定的时节。　[4]《志林》:《东坡志林》，旧题北宋苏轼撰。　[5]《锁碎录》：宋温革撰《分门琐碎录》，已散佚。　[6] 狸：山猫。　[7] 血忌日：忌讳杀生的日子。　[8] 陆佃：北宋人，诗人陆游祖父，撰有字书《埤（pí）雅》，这段解释即出自此书。　[9]"加豆之实"二句：出自《周礼·天官·醢（hǎi）人》。豆，古代盛肉或其他食品的器皿，形状像高脚盘。菹（zū），腌菜。醢：用肉、鱼制成的酱。　[10]"其蔌（sù）伊何"二句：出自《诗经·大雅·韩奕》。蔌，菜肴。蒲，香蒲。

[**点评**]

竹木有竹附笋、松附杉柏桧、榆、柳、柞附楝、穀楮、皂荚、苇附荻、漆等。其中皂荚用于洗涤，苇用其编织，漆主要用其树液作油漆，与竹木不类，放到杂类可能更合适。竹子的原产地是中国，是一种速生木质纤维。中国南方的先民六七千年前就将其用于建筑。竹子在中国的用途很广泛，最早时用于书写载体，所谓"书于竹帛"，宋代以后还用于造纸，大大降低了造纸的成本。竹子用于制作各种乐器，如笛、箫、竽等，为传统八音之一。竹笋还是美味佳肴。竹子耐寒，与松、梅并称为"岁寒三友"，不但是园林中不可或缺的景观植物，还体现了中国人的精神风貌，宋代大文豪苏东坡就写过"宁可食无肉，不可居无竹"的诗句。大熊猫吃竹子，两者一起成为中国的象征符号。漆也是中国最早开发使用的，浙江萧山跨湖桥遗址出土的一根漆弓，距今约有 8000 年。漆涂在木、皮、竹、藤等表面，可以起到装饰、抗腐蚀等作用。唐宋以降，雕漆技术逐步发展，到明清进入全盛时期。

集之十

杂类

茶

《茶经》云[1]："一曰茶，二曰槚[2]，三曰蔎舒列切[3]。四曰茗，五曰荈音舛[4]。"早采曰茶，次曰槚，又其次曰蔎，晚曰茗，至荈则老叶矣，盖以早为贵也。《尔雅》曰："槚，苦荼。"注曰，树似栀子[5]。早采为茶，晚曰茗。蜀人名苦荼。六经中无茶字，盖荼即茶也。《诗》云："谁谓荼苦，其甘如荠。"以其苦而甘味也。闽浙蜀荆、江湖淮南皆有之，惟建溪北苑所产为胜[6]。

《四时类要》云[7]，茶熟时收取子，和湿土拌匀，筐笼盛之，穰草盖覆，不即冻死不生[8]。至二月中，出种之。树下或北阴之地开坎，圆三尺，深一尺，熟劚，着粪土。每坑中种六七十颗，盖土厚一寸强。任生草，不得芸。相去二尺种一方。旱时以米泔浇之。此物畏日，宜桑下、竹阴地种之。二年外方可芸治。微以火粪薄壅之，多则伤根。峻坡为宜，平地则两畔深沟以泄水，水浸即死。种之三年，即收其利。此种艺之法。

茶之为法[9]，释滞去垢，破睡除烦，功则著矣。其或采造藏贮之无法，碾焙煎试之失宜，则虽建芽浙茗，只为常品。故采之宜早，率以清明、谷雨前者为佳，过此不及。然茶之美者，质良而植茂，新芽一发，便长寸余，其细如针，斯为上品。如雀舌、麦颗，特次材耳[10]。

采讫，以甑微蒸，生熟得所。生则味硬，熟则味减。蒸已，用筐箔薄摊，乘湿略揉之，入焙匀布，火烘令干，勿使焦。编竹为焙，裹箬覆之[11]，以收火气。茶性畏湿，故宜箬。收藏者必以箬笼，

应为未经筛选的茶种，为保证发苗率。

剪箬杂贮之，则久而不浥。宜置顿高处，令常近火为佳。

此句出自苏轼《汲江煎茶》。

凡煎试，须用活水、活火烹之，故东坡云"活水仍将活火烹"者是也。活水谓山泉水为上，江水次之，井水为下。活火谓炭火之有焰者。当使汤无妄沸[12]，始则蟹眼，中则鱼目，累然如珠，终则泉涌鼓浪。此候汤之法，非活火不能尔。东坡云："蟹眼已过鱼眼生，飕飕欲作松风声。"尽之矣。

此句出自苏轼《试院煎茶》。蟹眼和鱼眼指水开时冒泡的大小，松风声指水开时的声响。

茶之用有三：曰茗茶，曰末茶，曰蜡茶。凡茗，煎者择嫩芽，先以汤泡去熏气，以汤煎饮之。今南方多效此。然末子茶尤妙，先焙芽令燥，入磨细碾，以供点试。凡点[13]，汤多茶少则云脚散，汤少茶多则粥面聚。钞茶一钱匕[14]，先注汤，调极匀，又添注入，回环击拂，视其色鲜白、着盏无水痕为度。其茶既甘而滑。南方虽产茶，而识此法者甚少。蜡茶最贵，而制作亦不凡。择上等嫩芽，细碾，入罗[15]，杂脑子诸香膏油[16]，调齐如法，印作饼子[17]，制样任巧[18]。候干，仍以香膏油润饰之。其制有大小龙团、带胯之

唐代流行煮茶，即煎煮茶末连茶饮用，所以称之为吃茶。宋代发展成为点茶即此处末茶，类似今天抹茶。蜡茶是茶饼制作方式，类似今天普洱茶饼，其实不是饮茶方式。明代以后用茶叶沏泡，和今天泡茶一样，即此处茗茶，元代已出现萌芽。

异 [19]。此品惟充贡献，民间罕见之。始于宋丁晋公，成于蔡端明。间有他造者，色香味俱不及。蜡茶珍藏既久，点时先用温水微渍，去膏油，以纸裹槌碎，用茶钤微炙 [20]，旋入碾罗。_{旋碾则色白，经宿则色昏。新者不用渍。}茶钤，屈金铁为之。砧用石，椎用木。碾，余石皆可。

茶之用芼 [21]，胡桃、松实、脂麻、杏、栗任用 [22]。虽失正味，亦供咀嚼。然茶性冷，多饮则能消阳，山谷益以姜盐煎饮，其亦以是欤？因并及之。夫茶，灵草也，种之则利博，饮之则神清。上而王公贵人之所尚，下而小夫贱隶之所不可阙，诚民生日用之所资，国家课利之一助也。

点茶用茶筅（xiǎn），竹制，有点像现在的打蛋器，用力搅拌令茶汤均匀。

大小龙团、带胯即是贡茶。

点茶用具众多，茶末加工主要有茶炉、茶钤、茶碾、茶磨、茶罗等，煎煮饮用还有茶盏、盏托、茶巾、茶勺、茶筅等。

[注释]

[1]《茶经》：唐代陆羽撰，是世界上第一本茶叶专著，因此陆羽被誉为"茶圣"。　[2]槚：音 jiǎ。　[3]蔎：音 shè。　[4]荈：音 chuǎn。　[5]栀（zhī）子：常绿灌木。　[6]建溪：闽江支流，流经今南平市建阳、建瓯。北苑：今建瓯凤凰山有北苑贡茶遗址。　[7]《四时类要》：唐末韩鄂撰《四时纂要》。　[8]不即：不就，不这么做。　[9]"茶之为法"四句：是说茶的功效为助消化，去污浊，提神醒脑，祛除烦热。　[10]特次材：只不过是次等茶。　[11]箬：箬竹叶。　[12]无妄沸：不要骤然而沸。　[13]"凡点"三句：是说点茶的时候汤多茶少，茶盏表面如云朵散开的样

子；汤少茶多，茶盏表面像粥一样。　[14]钞：取。钱匕：古代量取药末的器具，用铜钱抄取，一钱匕约2克。匕，古代指勺、匙之类的取食用具。　[15]罗：一种细孔筛子。　[16]脑子：龙脑，即冰片。　[17]印作饼子：用模子印成茶饼。　[18]任巧：听凭巧思。　[19]大小龙团：大龙团即龙凤团茶，是丁谓任职福建时监制的贡茶，丁谓即后文丁晋公，因被封为晋国公，曾撰《北苑茶录》。小龙团是蔡襄任职福建时监制的贡茶，蔡襄即后文蔡端明，因曾任端明殿学士，故名，曾撰《茶录》。带銙：带銙，腰带上的扣板，方形或者椭圆形，这里指做成带銙形的茶饼。　[20]茶钤（qián）：茶钤用于夹取饼茶，在微火上炙烤，功能类似镊子。　[21]芼（mào）：杂在汤里的菜，这里指配茶的果品。　[22]胡桃：核桃。松实：松子。

［点评］

　　杂类有茶、苎麻、苘（qǐng）麻、木绵、茶、枸杞、紫草（紫色染料）、红花（红色染料）、蓝（蓝色染料）等。麻类和木绵在《农器图谱》都有涉及，这里着重说一下大家都熟悉的茶。同样，茶的原产地也是中国，与咖啡、可可并列为世界三大饮料。我们知道古代有举世闻名的"丝绸之路"，其实也有以茶为名的"茶马互市"和"茶马古道"，茶与丝绸、瓷器，千年以来一直是中国制造的品牌，享誉世界。19世纪，英国东印度公司将茶引种到印度、斯里兰卡等地，改变了当时的世界贸易格局。美国独立战争的直接起因是"茶叶税"，可以说这是中美关系史上一个著名的"蝴蝶效应"。茶以小博大，深刻影响着世界历史的进程。

集之十一

备荒论 附

　　盖闻天灾流行，国有代有。尧有九年之水，汤有七年之旱，虽二圣人亦不能逃其适至之数也[1]。春秋二百四十二年，书"大有年"仅二，而水旱螟螽[2]，屡书不绝。然则年谷之丰，盖亦罕见。为民父母者，当为思患豫防之计[3]。故古者三年耕，必有一年之食；九年耕，必有三年之食。以三十年之通制国用[4]，虽有旱干水溢，而民无菜色者，蓄积多而备先具也。其蓄积之法，

备荒首要注意蓄积。参见《农桑通诀·蓄积篇》。

北方高亢多粟，宜用窦窖，可以久藏；南方垫湿多稻，宜用仓廪，亦可历远年。仓、廪、窦、窖详见《农器谱》。

　　其备旱荒之法，则莫如区田。区田者，起于汤旱时伊尹所制。斸地为区，布种而灌溉之。救水荒之法，莫如柜田。柜田者，于下泽沮洳之地[5]，四围筑土，形高如柜，种艺其中，水多浸淫，则用水车出之。可种黄绿稻[6]，地形高处亦可陆种诸物。区田、柜田详见《农器谱》。此皆救水旱、永远之计也。备虫荒之法，惟捕之乃不为之灾。然蝗之所至，凡草木叶靡有遗者，独不食芋、桑与水中菱、芡，宜广种此。其余则果食之脯，米豆之麨[7]。栖于山者，有粉葛、取葛根肉为粉[8]。蕨萁、取蕨根捣碎[9]，以水淘汰，停粉为萁。蒟蒻、橡栗之利[10]；濒于水者，有鱼、鳖、虾、蟹、蛤、螺、芹、藻之饶[11]，皆可以济饥救俭。

　　其或怀金立鹄，易子炊骸[12]，荒饥之极，则辟谷之法[13]，亦可用之。辟谷方者，出于晋惠帝时，黄门侍郎刘景先遇太白山隐士所传[14]。曾见石本[15]，后人用之多验，今录于此：

灾荒过后，要通过补种成熟期短的谷物自救。

中国抗美援朝的时候战士就用麨做干粮。

灾荒过后之悲惨景象。

昔晋惠帝时，永宁二年，黄门侍郎刘景先表奏：臣遇太白山隐士，传济饥辟谷仙方。上进，言"臣家大小七十余口，更不食别物，惟水一色。若不如斯，臣一家甘受刑戮。"今将真方镂板广传，见下：大豆五斗，净淘洗，蒸三遍，去皮。又用大麻子三斗，浸一宿，漉出，蒸三遍，令口开。右件二味，豆黄捣为末，麻仁亦细捣，渐下豆黄同捣，令匀，作团子如拳大，入甑内蒸。从初更进火[16]，蒸至夜半子时住火，直至寅时出甑。午时晒干，捣为末。干服之，以饱为度，不得食一切物。第一顿得七日不饥，第二顿得四十九日不饥，第三顿得三百日不饥，第四顿得二千四百日不饥，更不服，永不饥也。不问老少，但依法服食，令人强壮，容貌红白，永不憔悴。渴即研大麻子汤饮之，转更滋润脏腑。若要重吃物，用葵子三合许为末[17]，煎，冷服，取下其药如金色[18]，任吃诸物，并无所损。前知随州朱顗教民用之有验[19]，序其首尾，勒石于汉阳军大别山太平兴国寺[20]。

又传写方：用黑豆五斗，淘净，蒸三遍，晒

这当然是不可能的，只是会增加饱腹感，暂时抵抗饥饿而已。

干，去皮细末。秋麻子三斗，温浸一宿，去皮，晒干，为细末。细糯米三斗，做粥，熟和捣前二味为剂。右件三味合捣，为如拳大，入甑中蒸一宿，从一更发火，蒸至寅时日出，方才取出甑。晒至日午，令干，再捣为末。用小枣五斗，煮去皮核，同前三味为剂，如拳头大，再入甑中蒸一夜。服之，以饱为度。如渴者，淘麻子水饮之，便更滋润脏腑。芝麻汁无，白汤亦得。少饮，不得别食一切之物。

又许真君方，武当山李道人传，累试有验。避难歇食方：用白面六两，黄蜡三两[21]，白胶香五两[22]。右件，将前面冷水炼令熟，如打面一同[23]。然后为圆，如黑豆大，日晒干。再将蜡溶成汁了，将圆子投入内，打令匀。候冷，单子裹，安在净处。如服时，每日早晨空心可服三五十丸，冷水咽下，不得热食。如要吃时，任意不妨。

又服苍术方[24]：用苍术一斤，好白芝麻香油半斤。右件，将术用白米泔浸一宿，取出，切成片子，前香油炒令熟，用瓶盛取。每日空心服一撮，用冷水汤咽下，大能壮气、驻颜色、辟邪，又能行履，饥即服之。

详此数方，其间所用品味，不出乎谷，民间亦难卒得。若官中预蓄品味，饥岁荒年给赐饥民，无资粮赈济之劳，而可延饿莩时月之命，实益世之方，安可秘而不流传哉？

时时在给父母官提醒，要做好灾荒准备。

[注释]

[1]适至：刚好遇到。　[2]螽（zhōng）：蝗虫。　[3]豫防：事先防备。　[4]以三十年之通制国用：用三十年长期通盘考量制定国家预算。　[5]下泽沮洳之地：低湿之地。　[6]黄绿稻：黄穋（lù）稻，自种至收不过六十日。　[7]麨（chǎo）：米麦炒熟后磨成的粉做干粮，类似今天的油炒面。　[8]粉葛：葛即葛根。　[9]蕨萁（jī）：蕨根粉。　[10]蒟蒻（jǔ ruò）：魔芋。　[11]蛤（gé）：蛤蜊。　[12]易子炊骸：父母交换孩子蒸煮来吃，言灾后极其悲惨的景象。　[13]辟谷：不吃五谷，原是道家方士修炼成仙的方法。　[14]黄门侍郎：侍从皇帝传达诏命的官。太白山：秦岭主峰。　[15]石本：石碑拓本。　[16]初更：古时每夜分为五个更次，晚七时至九时即戌时为初更（一更），亥时为二更，子时为三更，所以称三更半夜。　[17]葵子：冬苋菜子。三合许：大约三合，十合为一升。　[18]取下其药如金色：拉出的屎为金色。　[19]知随州：任随州知州。颺：音yáng。　[20]勒石：刻石。汉阳军：军是特殊的具有突出军事功能的行政区划，汉阳军治所在今天武汉汉阳。　[21]黄蜡：蜜蜡。　[22]白胶香：枫香脂。　[23]如打面一同：就像揉面一样。　[24]苍术（zhú）：多年生草本植物，根茎可入药。

［点评］

这篇《备荒论》为《谷谱》第十一集仅存的一篇，另外两篇《豳七月诗说》《食时五观》有目无文，已亡佚。我们说王祯的《农桑通诀》十六篇自成体系，从天地人三才论开篇，以大田农业从垦耕到收获、蓄积的诸环节概说为主体，再加上种植、蓄养、蚕缲等副业作为补充，附以祈报，成为一个完整的农学体系。救荒备荒是中国传统农学的内容之一，这篇《备荒论》正是这一体系的重要补充。如何应对灾荒是农业社会管理的重要问题，因为天灾往往引发人祸，带来文中所说的"易子炊骸"的惨剧。中国皇权社会时期农民起义、改朝换代往往由灾荒作为导火索，所以说如何应对灾荒是社会治理的重要部分。王祯敏锐地关注到这一问题，也提出了自己的想法，主要还是要预先准备，灾荒后首先要抢种自救。一些灾荒时可以用来暂时抵御饥饿的食谱也被记载下来，尽管蒙上了一层不该有的神秘面纱。虽然如此，应该说他的救荒思想还是先进的。明初的藩王朱橚（sù）组织编写了《救荒本草》，记载植物414种，除谷物、豆类、瓜果、蔬菜等常见作物之外，还记载了一些野生植物，包括需要经过加工处理才能食用的有毒植物，以便解救荒年之饥困。这是对王祯救荒思想的进一步拓展和补充，徐光启就很看重《救荒本草》，将其与王祯的《农书》一起都收入他主编的《农政全书》。

主要参考文献

王祯农书　王毓瑚校　农业出版社　1981 年版

元刻农桑辑要校释　（元）大司农司编撰　缪启愉校释　农业出版社　1988 年版

中国农业科学技术史稿　梁家勉主编　农业出版社　1989 年版

齐民要术校释　（后魏）贾思勰原著　缪启愉校释　中国农业出版社　1998 年版

中国科学技术史·机械卷　陆敬严、华觉明主编　科学出版社　2000 年版

东鲁王氏农书译注　（元）王祯撰　缪启愉、缪桂龙译注　上海古籍出版社　2008 年版

王祯《农器图谱》新探　史晓雷著　中国科学院研究生院 2010 年博士学位论文

中国传统农器古今图谱　潘伟著摄　广西师范大学出版社　2015 年版

中国古代机械复原研究　陆敬严著　上海科学技术出版社　2019 年版

《中华传统文化百部经典》已出版图书

书　名	解读人	出版时间
周易	余敦康	2017 年 9 月
尚书	钱宗武	2017 年 9 月
诗经（节选）	李　山	2017 年 9 月
论语	钱　逊	2017 年 9 月
孟子	梁　涛	2017 年 9 月
老子	王中江	2017 年 9 月
庄子	陈鼓应	2017 年 9 月
管子（节选）	孙中原	2017 年 9 月
孙子兵法	黄朴民	2017 年 9 月
史记（节选）	张大可	2017 年 9 月
传习录	吴　震	2018 年 11 月
墨子（节选）	姜宝昌	2018 年 12 月
韩非子（节选）	张　觉	2018 年 12 月
左传（节选）	郭　丹	2018 年 12 月
吕氏春秋（节选）	张双棣	2018 年 12 月
荀子（节选）	廖名春	2019 年 6 月
楚辞	赵逵夫	2019 年 6 月
论衡（节选）	邵毅平	2019 年 6 月
史通（节选）	王嘉川	2019 年 6 月
贞观政要	谢保成	2019 年 6 月
战国策（节选）	何　晋	2019 年 12 月
黄帝内经（节选）	柳长华	2019 年 12 月
春秋繁露（节选）	周桂钿	2019 年 12 月
九章算术	郭书春	2019 年 12 月
齐民要术（节选）	惠富平	2019 年 12 月
杜甫集（节选）	张忠纲	2019 年 12 月
韩愈集（节选）	孙昌武	2019 年 12 月
王安石集（节选）	刘成国	2019 年 12 月
西厢记	张燕瑾	2019 年 12 月

书　　名	解读人	出版时间
聊斋志异（节选）	马瑞芳	2019 年 12 月
礼记（节选）	郭齐勇	2020 年 12 月
国语（节选）	沈长云	2020 年 12 月
抱朴子（节选）	张松辉	2020 年 12 月
陶渊明集	袁行霈	2020 年 12 月
坛经	洪修平	2020 年 12 月
李白集（节选）	郁贤皓	2020 年 12 月
柳宗元集（节选）	尹占华	2020 年 12 月
辛弃疾集（节选）	王兆鹏	2020 年 12 月
本草纲目（节选）	张瑞贤	2020 年 12 月
曲律	叶长海	2020 年 12 月
孝经	汪受宽	2021 年 6 月
淮南子（节选）	陈　静	2021 年 6 月
太平经（节选）	罗　炽	2021 年 6 月
曹操集	刘运好	2021 年 6 月
世说新语（节选）	王能宪	2021 年 6 月
欧阳修集（节选）	洪本健	2021 年 6 月
梦溪笔谈（节选）	张富祥	2021 年 6 月
牡丹亭	周育德	2021 年 6 月
日知录（节选）	黄　珅	2021 年 6 月
儒林外史（节选）	李汉秋	2021 年 6 月
商君书	蒋重跃	2022 年 6 月
新书	方向东	2022 年 6 月
伤寒论	刘力红	2022 年 6 月
水经注（节选）	李晓杰	2022 年 6 月
王维集（节选）	陈铁民	2022 年 6 月
元好问集（节选）	狄宝心	2022 年 6 月
赵氏孤儿	董上德	2022 年 6 月
王祯农书（节选）	孙显斌	2022 年 6 月
三国演义（节选）	关四平	2022 年 6 月
文史通义（节选）	陈其泰	2022 年 6 月